测控计算机系统工程

Telemetry and Control Computer Systems Engineering

王宗陶　编著

U0310117

国防工业出版社

·北京·

内 容 简 介

本书介绍了计算机技术在导弹和航天领域的应用理论与应用实践。全书共分11章:第1章为概论,界定了测控计算机系统及其组成和特点;第2章至第10章介绍了测控计算机系统设计与实现相关原理、技术与方法;最后一章总结了测控计算机系统设计与实现中应遵循的原则与实施要点。

本书可供从事导弹与航天测控系统建设的测控计算机系统总体设计技术人员和测控软件研制技术人员参考,也可作为有关院校计算机应用专业的教材或参考书。

图书在版编目(CIP)数据

测控计算机系统工程/王宗陶编著. —北京:国防工业
出版社,2013.6
ISBN 978-7-118-08862-5

Ⅰ. ①测...　Ⅱ. ①王...　Ⅲ. ①计算机控制系统
Ⅳ. ①TP273

中国版本图书馆 CIP 数据核字(2013)第 116043 号

※

*国防工业出版社*出版发行

(北京市海淀区紫竹院南路23号　邮政编码100048)
北京嘉恒彩色印刷责任有限公司
新华书店经售

*

开本710×960　1/16　印张17½　字数311千字
2013 年 6 月第 1 版第 1 次印刷　印数1—2000 册　定价52.00 元

(本书如有印装错误,我社负责调换)

国防书店:(010)88540777　　发行邮购:(010)88540776
发行传真:(010)88540755　　发行业务:(010)88540717

前　言

　　测控系统是服务于导弹飞行试验、卫星发射与运行以及载人航天工程,实现飞行器跟踪、测量与控制功能的技术系统。测控系统中的计算机系统习惯上称为测控计算机系统。测控计算机系统一般有广义测控计算机系统和狭义测控计算机系统两种理解,广义测控计算机系统包括支持星载、箭载测控设备的计算机系统(一般为嵌入式系统),以及支持地面测控设备、测控站和测控中心的计算机系统;狭义测控计算机系统特指支持地面测控设备、测控站和测控中心的计算机系统。本书未涵盖嵌入式系统的内容,因此,文中所出现的测控计算机系统仅是狭义测控计算机系统的一个子集,也就是说,测控计算机系统在本书中的含义是:测控站和测控中心所使用的非嵌入式计算机系统。

　　系统工程是组织管理的技术。我国著名科学家钱学森在《组织管理的技术——系统工程》一文中对系统工程的定义是:"把极其复杂的研制对象称为系统,即由相互作用和相互依赖的若干组成部分结合成具有特定功能的有机整体,而且这个系统本身又是它所从属的一个更大系统的组成部分。……系统工程学则是组织管理这种系统的规划、研究、设计、制造、试验和使用的科学方法,是一种对所有系统都具有普遍意义的科学方法。"

　　测控计算机系统工程是用系统工程的原理、方法来指导测控计算机系统的论证规划、工程设计、研制开发以及运行维护管理工作的一门工程技术学科。测控计算机系统工程可以看作系统工程的一个分支,或者说是关于系统工程原理在测控计算机领域的应用与实践的一门学科。

　　本书从工程实践和应用的角度出发,首先对测控计算机系统建设过程中涉及的技术、方法和原理进行了一般性的阐述,最后从系统设计、开发与过程管理的角度,对测控计算机系统建设过程中的技术运用进行了讨论与总结。

　　由于作者水平有限,加之工作繁忙,时间仓促,错误之处在所难免,敬请广大读者批评指正。

编著者

2013 年 3 月

目　录

第1章 概 论

1.1 测控系统与测控计算机

测控系统是服务于导弹飞行试验、卫星发射与运行以及载人航天工程,实现飞行器跟踪、测量与控制功能的技术系统。典型测控系统组成示意图如图 1-1 所示。

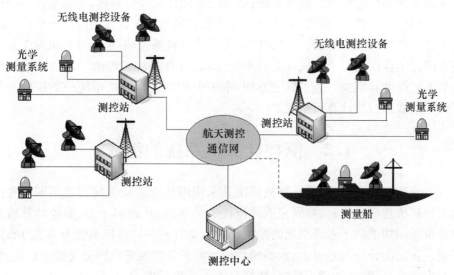

图 1-1 典型测控系统组成示意图

组成测控系统的基本单元为测控设备,测控设备包括光学测量设备、无线电外测设备、遥测设备和遥控设备。其中,光学测量设备和无线电外测设备用于获取弹、箭、航天器的弹(轨)道参数和物理特性参数,拍摄和记录导弹、运载火箭的飞行状态(含姿态)图像;遥测设备主要用于获取飞行器的工作状态参数和环境数据,有些飞行器载仪器的测量数据也可通过遥测链路下传;遥控设备用于导

1

弹、运载火箭发射时的安全控制和航天器的轨道控制、姿态控制及航天器所搭载仪器设备的工作状态控制,或向航天器控制计算机注入数据。

在测控系统中,计算机是无处不在、不可或缺的。首先,对于测控设备而言,计算机尤其是微型计算机(微机)或嵌入式计算机已经成为测控设备的一个组成部分。目前,测控设备中的终端机(如测量雷达的终端机和遥控设备的控制系统)采用微机作为逻辑部件已成为系统设计的惯例。其次,对于测控站(包括地面测控站、船载测控站、机载测控站和车载测控站)和测控中心(包括任务控制中心和发射控制中心)而言,计算机可以看作是其大脑和中枢神经。

综上所述,计算机系统是测控系统中信息获取、汇聚、处理分析和实施指挥控制的基础单元,是测控系统的粘合剂、效能倍增剂和中枢神经。习惯上将服务于导弹、航天器飞行试验任务测控的计算机系统称为测控计算机。

测控计算机系统可分为三类。第一类为中心计算机系统,主要包括发射指挥控制中心计算机系统、任务操作控制中心计算机系统;第二类为测控站计算机系统,主要包括地面测控站计算机系统、船载测控站计算机系统、机载测控站计算机系统和车载测控站计算机系统;第三类为测控设备计算机,主要指作为测控设备一部分的微机、单板机、单片机等计算机。虽然测控设备中的计算机正在由嵌入式计算机、独立单机向网络化的分布式计算机系统演变,但计算机对于测控设备而言毕竟仅是一个组成部分而不是全部,计算机需实现的功能也因测控设备的不同而差异很大。为了叙述方便,本书中的测控计算机系统一般指中心计算机系统或测控站计算机系统。

1.2　测控计算机系统的组成

从物理角度来看,测控计算机系统是采用网络互连设备将担负不同任务的独立计算机连接在一起、协同完成测控任务的系统;从逻辑上看,测控计算机系统是由不同功能的子系统组成的系统,因此,也称测控计算机系统为功能分布式系统。在功能分布的意义上,典型的测控计算机系统通常由网络交换子系统、数据收发子系统、数据处理子系统、数据存储子系统等组成。

网络交换子系统一般由千兆核心交换机、汇聚层交换机和接入层交换机等网络设备组成,用于构建测控计算机系统内部的传输平台,是测控计算机系统内部各子系统进行信息交换的枢纽。

数据收发子系统是测控计算机系统对外(与测控网内其他测控计算机系统或国际连网计算机系统)进行信息交换的枢纽。一般由配置有广域网接口卡(对外)和局域网接口卡(对内)的通用计算机系统和相应的数据收发软件共同实现数据收发功能。

数据处理子系统是测控计算机系统中最主要的子系统,其主要功能是利用数学模型对各种测量信息进行处理(如轨道计算和遥测参数处理等),对计算结果进行输出、存储,进行遥控发令等。数据处理子系统通常由数量不等的(依据处理能力要求而定)、形成双机功能热备份的双机系统组成,在实时性要求不高的情况下,也可由数量不等的通用计算机形成动态备份的多机系统。

数据存储子系统主要功能是保存数据,为各类用户和软件提供信息存储、浏览、读取、备份等服务。它通常由两台存储服务器和一台磁盘阵列所组成,再配置相应的数据系统以构成信息的存储服务和 WEB 服务等。

1.3　测控计算机系统的特点

测控计算机系统是通用计算机组成的系统,具有以下特点:

(1)测控计算机系统是测控系统的大脑和中枢神经。从组成上看,由分布于不同地理位置的若干测控设备(如外测设备和遥测遥控设备)和若干测控计算机系统(测站计算机系统和中心计算机系统)通过广域通信网互连就组成了测控系统。从信息处理的角度来看,测控设备(通过合作方式或非合作探测方式)获取飞行器的弹(轨)道参数和工作参数并传给测控站计算机系统。测控站计算机系统对参数或状态进行初步的信息择优和信息融合后,将信息汇集到中心计算机系统。中心计算机系统完成外测、遥测数据综合处理,计算飞行器的飞行参数和各种控制量,并产生相应的遥控指令和上行注入数据。最后,遥控指令和上行注入通过遥控设备发往飞行器,从而形成一个信息获取、实时处理、实时控制的闭合回路。

(2)测控计算机系统是功能分布式系统。在测控计算机系统的组成中提到,典型的测控计算机系统通常由网络交换子系统、数据收发子系统、数据处理子系统、数据存储子系统等组成。这些子系统除网络交换子系统是由不同类型的交换机构成外,其余子系统都是由不同数量的通用计算机组成。各子系统具有不同的功能,具有独立性和自治性,在统一的测控计算机软件的调度下合作,完成测控信息的处理、决策分析和控制回馈任务。

(3)测控计算机系统是强实时系统。实时性是指在限定的时间内完成规定的功能,并能够对外来的异步事件做出正确响应的能力。实时性的基本衡量指标是对事件的响应和处理时间。一般来说,测控计算机系统的强实时性要求体现在两个方面:首先,要求在几十毫秒或更短时间内对事件做出反应;其次,绝对不允许系统错过事件处理时限,因为这可能导致严重甚至灾难性后果的发生。

在导弹和航天器发射的主动段,目标运动速度可达几公里每秒,为了及时进行安全判决和控制,并及时为航区测控站提供引导信息,要求整个测控系统以 50ms 为基本运行周期。这意味着测控系统中的测控计算机系统在收到测量数据后必须在一定的时限内,进行综合处理,完成弹道计算,提供显示信息,帮助安全判决,发出控制命令,引导测控设备并对测控、通信设备工作状态进行连续监视。因此,测控计算机系统在时间同步、事件响应、优先任务抢占调度能力方面一般要达到毫秒级,主频达到典型处理周期不超过 50ms 的标准。

(4)测控计算机系统是高可靠系统。测控计算机系统是测控网的中枢神经,一旦测控计算机系统出现故障,将导致不可挽回的严重后果。一般来说,测控计算机系统的 MTBF 应高出本级测控系统 MTBF 要求的数倍。测控计算机系统中,在通用计算机单机可靠性的基础上,要采用双机(多机)容错技术(如双工热备份、多机备份)进一步提高系统的可靠性。

第2章 计算机体系结构

2.1 计算机系统的功能和结构

2.1.1 计算机系统的层次结构

计算机系统由硬件和软件组成,二者是不可分割的整体。硬件是计算机系统中的实际装置,是系统的基础和核心,一般由 CPU、MEM、I/O 接口、BUS 和外部设备等组成。软件指的是操作系统、汇编程序、编译程序、文本编辑程序、调试程序、数据库管理系统、文字处理系统、诊断程序以及各种应用程序等。

计算机语言是用以描述控制流程的、有一定规则的字符集合。计算机系统中使用的语言概念已经超出了软件的范畴,有了更广义的含义。例如,微指令是机器内部最基础的一级语言;机器指令称为机器语言,是面向用户的最基础一级的语言;操作系统提供的命令从应用角度来看,也可以视为提供给用户使用的某种"语言",用以建立用户的应用环境;符号化的机器指令(包括功能扩充的宏汇编)称为汇编语言;再上一级就是用户通用的高级语言;各种应用领域还有适合自己专用的语言。基于对语言广义的理解,可以把计算机系统看作是由多级虚拟计算机所组成的,如图 2-1 所示。每一层次都是一个虚拟计算机,虚拟计算机指这个计算机只对观察者而存在,它的功能体现在广义语言上,对该语言提供解释手段,然后作用在信息处理或控制对象上,并从对象上获得必要的状态信息。对某一层次的观察者而言,只能是通过该层次的语言来了解和使用计算机,至于内层如何工作和实现功能就不必关心了。简而言之,虚拟计算机即是由软件实现的机器。

第 0 级机器由硬件实现(图 2-1 中未表示),第 1 级机器由微程序(固件)实现,第 2 级至第 6 级机器由软件实现。称由软件实现的机器为虚拟机器,以区别于由硬件或固件实现的实际机器。

第 0 级和第 1 级是具体实现机器指定功能的中央控制部分。它根据各种指令操作所需要的控制时序,配备一套微指令,控制信息在各寄存器之间的传送。实现这些微指令本身的控制时序只需要很少的逻辑线路,可采用硬联逻辑实现。

5

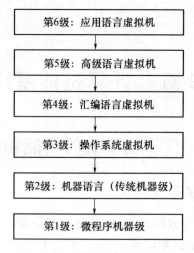

图 2-1　计算机系统层次结构

第 2 级是传统机器语言机器。这级的机器语言是该机的指令系统。用这级指令系统编写的程序由第 1 级的微程序进行解释。

第 3 级是操作系统机器。这级的机器语言中的多数指令是传统机器的指令，如算术运算、逻辑运算和移位等指令。此外，这一级还提供操作系统级指令，如打开文件、读/写文件、关闭文件等指令。用这一级语言编写的程序，传统机器指令直接由微程序实现，操作系统级指令部分由操作系统进行解释。

第 4 级是汇编语言机器。这级的机器语言是汇编语言。用汇编语言编写的程序首先翻译成第 3 级或第 2 级语言，然后再由相应的机器进行解释。完成翻译的程序称为汇编程序。

第 5 级是高级语言机器。这级的机器语言就是各种高级语言。用这些语言所编写的程序一般是由编译程序翻译到第 4 级或第 3 级上的语言，个别的高级语言也用解释的方法实现。

第 6 级是应用语言机器。这级的机器语言是应用语言。这种语言使非计算机专业人员也能直接使用计算机，只需在用户终端用键盘或其他方式发出服务请求就能进入第 6 级的信息处理系统。

总之，要把计算机系统当作一个整体。它既包含硬件，也包含软件，软件和硬件在逻辑功能上是等效的，即某些操作由软件（也可以由硬件）实现，反之亦然。故软、硬件之间没有固定不变的分界面，主要受实际需要及系统性能价格比所支配。例如，第 1 级为物理机（硬件）与虚拟机（软件）界面。一般而言，从用户来看，机器的速度、可靠性、可维护性是主要的硬件技术指标。具有相同功能的计算机系统，其软件、硬件之间的功能分配可以有很大差异。随着组成计算机的基本元器件的发展,其性能不断提高,价格不断下降。与此同时,随着应用不断发展,软件成本在计算机系统中所占比例上升。这就造成了软件、硬件之间的界面推移,某些软件完成的工作也可以由硬件去完成(软件硬化)。

2.1.2 计算机系统结构的定义

计算机系统结构(computer architecture)也称为计算机体系结构。这是 1964 年 G. M. Amdahl 首先提出的。Amdahl 指出,计算机系统结构是程序设计者所看到的计算机的属性,即计算机系统的概念结构和功能特性,这实际上是计算机系统的外特性。从计算机系统的层次结构概念出发,不同级的程序设计者所看到的计算机属性显然是不一样的。因此,计算机系统结构应该指计算机系统中对各级界面的定义及其上层、下层的功能分配。也就是说,针对不同计算机系统层次都会有其不同的系统结构。这里,把计算机系统结构定义为仅针对机器的语言层。换句话说,本书的计算机系统结构是指对机器语言虚拟机的软件、硬件功能分配和对界面的定义。具体包括以下几个方面:

(1) 数据表示——定点数、浮点数编码方式,硬件能直接识别和处理的数据类型和格式等;

(2) 寻址方式——最小寻址单位、寻址方式种类、地址计算等;

(3) 寄存器定义——通用寄存器、专用寄存器等定义,结构,数量和作用等;

(4) 指令系统——指令的操作类型和格式、指令间排序和控制(微指令)等;

(5) 存储结构——最小编址单位、编址方式、主存和辅存容量、最大编址空间等;

(6) 中断系统——中断种类、中断优先级和中断屏蔽、中断响应、中断向量等;

(7) 机器工作状态定义和切换——管态、目态等定义及切换;

(8) I/O 系统——I/O 接口访问方式,I/O 数据源、目的、传送量,I/O 通信方式,I/O 操作结束和出错处理等;

(9) 总线结构——总线通信方式、总线仲裁方式、总线标准等。

2.1.3 计算机系统结构的分类

指令流(instruction stream)是指机器执行的指令序列。数据流(data stream)是指由指令流调用的数据序列(包括输入数据和中间结果)。多倍性(multiplicity)是指在系统的瓶颈部件上,同时处于同一执行阶段的指令或数据的最大的个数。由于计算机系统的基本工作过程涉及指令流和数据流,因此,Michael. J.

Flynn 于 1966 年提出按指令流和数据流的多倍性对计算机系统结构分类,即

（1）单指令流单数据流（Single Instruction stream Single Data stream,SISD）;

（2）单指令流多数据流（Single Instruction stream Multiple Data stream,SIMD）;

（3）多指令流单数据流（Multiple Instruction stream Single Data stream,MISD）;

（4）多指令流多数据流（Multiple Instruction stream Multiple Data stream,MIMD）。

其中,SISD 系统结构如图 2 - 2（a）所示。在 SISD 结构中,指令是顺序执行的,而在指令内的执行阶段则可能有重叠（如采用流水线处理）。在这类结构中,可能设置多个并行存储体和多个执行部件。但是,只要指令部件一次只对一条指令进行译码并且只对一个执行部件分配数据,则均属于 SISD 类。所以,SISD 一般代表单处理机系统（可以采用流水线处理）,可以有一个以上的功能部件。所有功能部件均由一个控制部件管理。

SIMD 系统结构如图 2 - 2（b）所示。在同一个控制部件管理下,有多个处理单元 PU,所有 PU 均接收从控制部件送来的同一条指令,但操作对象却来自不同数据流的数据。这类结构的计算机除阵列处理机外还包括相联处理机。从处理数据的并行性角度分析,该系统还可分成位片式（位串行字并行）和字片式（位、字全并行）。

MISD 系统结构如图 2 - 2（c）所示。系统中共有 n 个处理单元 PU,各配有相应的控制部件 CU。每个处理单元接收不同的指令,但运算对象是同一个数据流及其派生数据流（如中间结果）。在这个宏观流水线中,每个处理器的输出结果是下一个处理器的输入操作数。这类系统结构无实用价值,目前没有对应的实际机器。

MIMD 系统结构如图 2 - 2（d）所示。MIMD 结构的计算机意味着多个处理机之间存在相互作用,而处理机之间相互依赖程度决定了结构的耦合类型。典型的 MIMD 结构因为处理机之间的依赖关系而表现为紧密耦合型。如果各个处理机之间不存在依赖关系,则可视为多 SISD（MSISD）操作,这只不过是 n 个独立的 SISD 单处理机系统的集合,属松散耦合型。

Flynn 分类法反映了大多数计算机的并行性、工作方式和结构特点。但是,基本上是对冯·诺依曼型计算机进行分类,对非冯·诺依曼型计算机（如数据流计算机）没有包括进去。另外,将冯·诺依曼型的流水线处理机划归为哪一类,现在也会有不同意见。一般倾向于把标量流水线处理机划入 SISD,而将向量流水线处理机划入 SIMD。

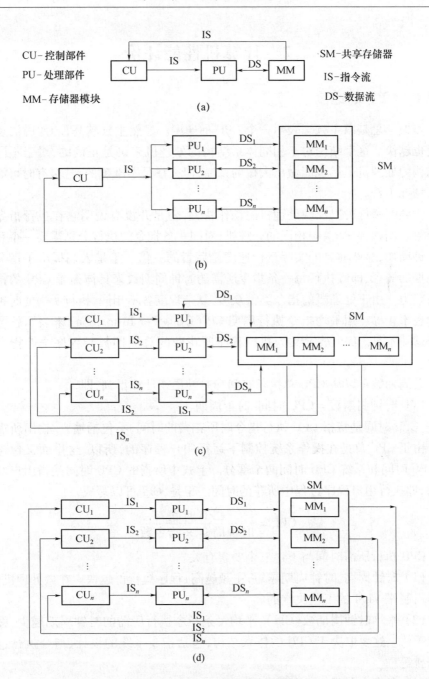

图 2-2　Flynn 分类法的系统结构

（a）SISD 计算机；（b）SIMD 计算机；（c）MISD 计算机；（d）MIMD 计算机。

2.2　计算机性能评价

2.2.1　CPU 的速度

习惯上总是以主频来表示一个 CPU 的速度。显然主频越高,芯片内的运行速度也越快。这个结论对于相同体系结构的处理机来讲是正确的,对于不同体系结构的处理机虽然也能做出大概的判断,但往往是不准确的,甚至有时可能与实测情况不符。

主频的高低可以反映处理机的动作快慢,但是并没有说明它在执行指令时的效果。例如,两个主频相同的处理机,对同一条指令的执行分别需要一个和两个时钟周期,显然前者的实际运行速度是后者的一倍。于是人们提出了指令执行周期的概念,即以执行每一条指令所需的时钟周期数来具体衡量 CPU 的指令执行能力。由于处理机的指令类型众多,复杂程度各不相同,执行所需的时钟数当然也不相等。用平均指令执行周期 CPI(Cycle Per Instruction)来表示就可以弥补这一不足。CPI 被定义为执行程序所花费的总周期数与程序全部指令数之比。

总周期数可以从 CPU 总执行时间和时钟周期计算得到,即

CPU 时钟周期数 = CPU 时间/时钟周期

其中,CPU 时间是特指 CPU 执行指令时所花费的时间,不包括输入/输出所需时间。由于 CPU 总是在操作系统控制下运行用户程序的,所以,这里面又包含用户 CPU 时间和系统 CPU 时间两个部分。上式中所指的 CPU 时间是指用户 CPU 时间,即执行用户程序过程中所花的时间。于是,CPI 可以写成

$$CPI = \frac{CPU\ 时间}{时钟周期\ \times\ 指令数}$$

CPU 执行所需时间与下述三个要素有关。

(1)时钟周期:时钟周期越短,主频越高,程序执行得越快。在微处理机中,这是由制作 VLSI 的工艺决定的。

(2)平均时钟周期数(CPI):平均每条指令执行所需的时钟周期越少,程序执行越快。这要取决于 CPU 的体系结构,包括指令系统的设计、指令执行过程的安排等。

(3)程序中所用指令条数:在 CPI 一定的情况下,所用指令的条数直接影响 CPU 运行所花费的时间。这主要与 CPU 的体系结构中指令系统的设计有关,同时也与编译程序对机器指令的优化程度有关。

注意:CPU 时间是可从某个程序执行中得到的,且指令数也与具体程序有关。显然,如果在同一个处理机上运行不同的程序,所得的 CPI 也很可能是不同的。所以,作为衡量 CPU 运行速度的指标 CPI,通常是一种概率统计的结果。

可以选取一些典型的运行程序,如数值运算、数据库运行、图形处理等程序。考查它们编译后形成的指令流,统计各类指令在其中所占的比例,并从指令表中查出该类指令执行所需的周期数,就可得到统计的平均 CPI。

假定通过许多程序的统计,得知第 i 类指令的使用概率为 P_i,而执行该类指令所需的时钟周期数为 CPI_i,而全部指令的类别数为 n,该处理机的统计平均 CPI 就为

$$CPI = \sum_{i=1}^{n} (CPI_i \times P_i)$$

2.2.2　系统运行速度

在计算机上运行一个程序时并不是由 CPU 一个部件独自完成的,而必须是系统中各部件联合动作的结果。如果考虑到磁盘读写所需的时间、存储器存取花费的时间、与外设通信耗费的时间以及操作系统对多道作业的调度延迟等因素,实际系统中执行一个程序所花费的时间总要远远超过 CPU 运行时间,因此提出了反映计算机性能的指标——系统运行速度。

2.2.2.1　MIPS 和 MFLOPS

虽然这两个指标并不能很准确地反映一个系统的实际运行时间,但却一直是大多数系统都提供的一个速度基准。

MIPS(Million Instruction Per Second)称为每秒百万条指令,如一个系统号称速度为 2MIPS,其运行速度为每秒 200 万条指令。实际上 MIPS 也常被用来表示一个 CPU 的速度。显然,这个指标可以从一个程序运行所需的时间和它的全部指令数换算得到,即

$$MIPS = \frac{指令条数}{执行时间 \times 10^6} = \frac{时钟频率}{CPI \times 10^6}$$

从定义式可以看出,系统的 MIPS 数值越大,表明其运行速度也越快,但这并不能完全解释计算机系统运行速度的内涵。

首先,在采用不同指令系统的机器之间,MIPS 没有可比性。不同指令系统的机器在处理同一个问题时,采用的解决方法可能不同,需要的指令条数也会不同,虽然可能得到相同的效果,但计算所得的 MIPS 可能会有显著的差别。

其次,在采用不同的程序进行测试时,所得的结果缺乏一致性。不同类型的程序可用不同的指令,例如,有些多媒体指令可能需要较长的执行周期,而一些

简单算术运算程序可能只要那些一个周期即可完成的指令,两者计算所得的MIPS 就会有很大的差别。

最后,由于 MIPS 缺乏反映程序和指令多样性的能力,往往会得到所测 MIPS 数值与实际运行效果相反的结论。例如,一个配置有浮点运算部件的系统,可以直接运行浮点指令获取浮点运算的结果,这类指令肯定会耗用较多的时钟周期,即每秒钟运行的指令数较低。如果用整数处理指令在整数部件上实现浮点运算任务,需要很多指令才能完成相同的运算,总耗时会大大增加。但是按照 MIPS 的定义,由于后者使用的指令多,计算所得的 MIPS 反而可能很高。这种现象在一些具有多媒体处理功能的处理机中也存在,MIPS 反映的"快慢"与实际呈现的"速度"正好相反。

MFLOPS(Million Floating Point Operations Per Second)称为每秒百万次浮点运算。例如,一个系统的运算速度为 2MFLOPS,表示它的浮点运算速度为每秒200 万次。与 MIPS 相仿,MFLOPS 也可以用程序中浮点运算次数和所需的运行时间计算获得,可用下式作为它的定义:

$$MFLOPS = \frac{程序中的浮点运算次数}{运行时间 \times 10^6}$$

一个系统的 MFLOPS 数值越大,意味着在单位时间内运行的浮点运算越多,但是这个指标同样具有局限性,也不能完整地反映系统全部性能。

首先,MFLOPS 仅仅反映了浮点运算的快慢,而一个计算机在运行的过程中,浮点运算只是其中的一部分,而且有时还并不是主要的部分,所以,仅有MFLOPS 还看不出系统速度的全部面貌。

其次,MFLOPS 以浮点运算次数作为衡量标准,虽然避免了不同系统之间因为指令不同而难以比较的困难,但同时也带来了这种标准是否能真实反映系统性能高低的疑惑。例如,以一个具有浮点除法的系统与无浮点除法的系统相比较,前者只要一次浮点运算就可以完成除法运算,同样的工作,后者可能要多次浮点操作才能完成。虽然前者所用的时间比后者可能少了许多,但是计算出的MFLOPS 却可能是后者高出前者许多。

最后,MFLOPS 的计算也与所用的程序有关,难以用一个确定的 MFLOPS 值表示一个系统的浮点运算性能。

直到现在,最新出品的微处理机往往也还给出 MIPS 和 MFLOPS 值,以此表示其速度有多快。根据上面的分析,鉴于 MIPS 和 MFLOPS 在表示系统运算速度方面都有明显的缺陷,所以只能将这些值作为参考,必须进一步考查计算机的其他方面能力,以求对全面性能的了解。

2.2.2.2　基准测试程序

人们在考核计算机系统运行速度上的追求从来就没有停止过,继一开始所用的 CPI 和 MIPS 等指标后,从 20 世纪 80 年代起又推出了一些基准测试程序。这是一些专门编写的测试程序,它们涵盖了计算机在各领域中所处理的内容,包括各种浮点运算、定点运算、图形或多媒体处理等。基准测试程序通常用高级语言编写,由各系统自带的编译程序编译成适合在本机中运行的机器码,记录各程序运行所花费的时间,然后按一定的规则计算其执行时间。基准测试程序通常可以分为两类:一类用以测试系统中所用的元部件,如 CPU、硬盘等;另一类则用来对全系统的性能进行测试。

SPEC(Standard Performance Evaluation Corporation)是由多千个工作站生产商发起成立的标准性能评估联合体的简称,是基准程序测试方面影响最大的一个组织。1989 年 10 月推出了 SPEC 1.0 版本的测试程序集,其中包括 10 个基准程序,大约 15 万行源程序,以 C 语言和 FORTRAN 语言发布。这些程序中有 6 个浮点运算程序和 4 个基准定点程序,被认为其中已经包括了各种可能碰到的运算类型。

SPEC 基准测试程序对于测试结果的处理可以分为两个方面:一方面是对每个测试程序的运行结果给出一个衡量标准;另一方面是对全部测量结果给出一个总体评价。

作为衡量单个测试程序运行结果的一种方法,早期是将一个基准程序在 DEC 公司的 VAX 11/780(一种超级小型机)上运行所需时间定为 SPEC 参考时间。其他机器运行的时间与这个参考时间相比,得到一个 SPEC 速率,借以表现一个系统运行该程序时的相对速度。例如,SPEC 程序集中有一个 gcc 程序,它的 SPEC 参考时间为 1482s,如果另一个系统运行同样程序所花的时间为 100s,那么这个机器的 SPEC 速率就是 14.82。

在考虑整个基准程序集的测试结果时,SPEC 推荐使用几何平均值作为标准,即

$$\text{SPEC 数} = \sqrt[n]{\prod_{i=1}^{n} \text{SPEC 速率}_i}$$

式中表示,将 n 个测试程序所得的结果相乘,然后开 n 次方。这种做法的优势在于,不论系统对哪一个基准程序测试做了改进,都能完整地反映在 SPEC 数中,使众多的测试程序没有重要与否之分。

iCOMP(intel Comparative Microprocessor Performance)是英特尔公司在 1993 年为对自己生产的各种微处理机进行比较而设定的一个相对性能指数,其表现形式是一个简单的数字,称为 iCOMP 指数。开始时使用 iCOM P1.0 版本,后来

13

改用 iCOMP 2.0,最近推出并使用 iCOMP 3.0。在这项基准测试中包括若干个不同侧重点的独立测试程序,覆盖了流行的 CPUmark32、Norton Utilities Si32、SPEC 的 cint95 和 cfp95 等测试程序,特别是在最新版本中,增强了 3D、多媒体和网络技术及其软件等的测试。

在 iCOMP 测试方法中,设定了一个基准数,即以一个程序在 486SX – 25 处理机上的运行得分为 100。被测系统在运行相应的程序后,也得到一个分值,然后按一定的规定加权,从而计算出全部测试程序运行后所得的 iCOMP 指数。计算公式如下:

$$\text{iCOMP} = 100 \times \left[\left(\text{Mark}_1 / \text{Base\_Mark}_1 \right) P_1 + \ldots + \left(\text{Mark}_n / \text{Base\_Mark}_n \right) P_n \right]$$

式中:Mark_n 为被测系统在运行第 n 个测试程序时的得分;Bsae_Mark_n 为第 n 个程序在 486SX – 25 上运行时的得分;P_n 为第 n 个测试程序在整个测试中的权重。

iCOMP 指数以简明的方式表明一个处理机的性能水平,可以作为评估英特尔系列微处理机性能的有效工具。但是,这个指数还只是个相对比较值,实用上仍有许多不如人意的地方。例如,新推出的 iCOMP 3.0 指数中强调了许多处理机的新功能,对于新型处理机必须用相应的指令解释,否则它们所表现出来的性能与老处理机差别不大,而一旦采用新的指令,老的处理机将无法使用。所以,iCOMP 3.0 指数与 iCOMP1.0 所得的指数没有可比性。同时,对于 CPU 的测试离不开对被测系统的配置,在不同的系统上,由于存储器、总线等各种部件性能差异,得出的测试结果也可能是不同的。另外,在 iCOMP 指数中采用了加权计算方法,英特尔选定的加权方法对其他微处理机可能是个不公平的方法,使不同结构形态处理机之间性能的可比性也大打折扣。

2.2.2.3 加速比

Amdahl 等人在考虑向量计算机中标量运算、向量运算及向量数据处理对计算机性能影响时,提出了 Amdahl 定律,用数学方法定义了加速比的概念。这个定律同样可以用在多机系统中,用以考查并行处理相对于串行处理所获得的性能提升。这个方法还可以推广应用于计算机系统的某一部件性能改进对整机性能的影响分析,如采用流水线技术对性能的提高能起多大作用等。

加速比 S_n 可定义为

$$S_n = T_0 / T_n$$

式中:T_0 为在作为比较基准的运行条件下计算机运行所需的时间;T_n 为改变了运行条件后完成同样任务所需的时间。例如,T_0 和 T_n 可以分别指没有采用流水线和采用了流水线后完成同样任务所需的时间;可以分别是单处理机与多处理机条件下完成同样任务所需时间;也可以是如 Pentium 处理机系列中没有加入 MAX 与加入 MAX 处理部件时,对多媒体程序运行所需的时间等。

2.3　流水线技术

2.3.1　流水线的概念

依据指令的处理步骤,将处理机分解成一系列独立的工作部件,让指令顺序地通过各个部件,完成该指令的处理全过程,这就是流水线结构的工作机理。流水线技术是通过对指令的重叠执行,从而提高处理机的平均执行速度。由于在流水线中同时有多条指令在运行,所以,通常将这种方式看作是时间上的并行执行。直观地看,如果将指令的处理步骤分割得更细一些,同时被并行执行的指令也会更多些,平均速度也将更高。

时空图可以直观地表现流水线的工作过程。时空图中,横轴表示时间,即各条指令在处理机中经历各个操作时占用的时间段。如果各级操作执行所需的时间相等,在横轴上应表现为等距离的时间段。纵轴表示空间,即流水线的各个子操作过程,通常也称为"功能段"。

假定只有两个功能部件的简单流水线,两个功能部件所需时间相等,均为 t。对每条指令而言,必须经过两个功能段的处理才能完成,即必须要 $2t$ 时间,但是由于流水线的重叠工作方式,用 $5t$ 时间完成了 4 条指令的执行过程。如果过程延续下去,$100t$ 可以执行 99 条指令,$1000t$ 则可执行 999 条指令,随着时间的推移,越来越接近每条指令平均只用 $1t$ 的时间极限。

2.3.2　流水线的种类

按照实现流水作业的范围可以把流水线区分为不同的级别。其中功能部件级为最低级别的流水线,处理机级为更高级别的流水线,其区别就在所实现的"流水"是发生在部件之间还是在处理机之间。

按流水线功能复杂度可以分为单功能流水线和多功能流水线。如果一条流水线只能完成一种单一的任务,就称为单功能流水线,而那种能够在一个时间段内或不同时间段间改变部件之间的连接,从而达到改变其功能的流水线,则称为多功能流水线。例如,一个浮点流水线可以通过不同的连接,分别用作浮点加法和浮点乘法运算,就是一个多功能浮点运算流水线。多功能流水线根据改变部件连接的时机不同,又可以分为静态流水线和动态流水线。当执行某一规定功能的指令全部流出后,才允许改变部件间连接的流水线,称为静态流水线。而动态流水线则没有这种时间上的限制,可以在任何时候根据需要改变其连接,但是不管如何改变,同一部件同时只能实现一种功能。

根据是否有部件通过反馈在一条指令执行过程中实现重复使用的能力,流水线可以分为线性和非线性两种。线性流水线是那种在部件上没有反馈连接的流水线。在这种流水线中,指令依次通过各个部件仅一次,即可完成指令执行的全过程。目前所使用的流水线绝大部分都是这类线性流水线。非线性流水线是指在各部件除了串行的连接外,还通过反馈使某些部件得以重复使用。指令在通过这种流水线时,可能在反馈部件上重复运行若干次。

2.4 先行控制技术

先行控制(Look - Ahead)又称为预测控制,是处理机中实行指令重叠执行技术的基础。按照冯·诺依曼计算机的工作方式,计算机总是按照"取指—执指"的次序重复地从存储器中取出预先存储的指令进行工作。尽管各种计算机在执行指令时所历经的步骤可能不尽相同,但它们都必须经过对指令码的译码分析该指令要执行的操作,从寄存器或存储器中取得运行所需的操作数,然后进入具体的执行过程。所以,一条指令的执行过程可以粗略地分为取指令、译码和执行三个阶段,且这个次序是不能改变的。

如果连续执行一段程序,计算机对前后相邻指令的执行过程可以有两种不同的选择。最简单的是采用顺序执行方式,即等前一条指令执行完毕,紧接着执行下一条指令,程序的总运行时间就是每条指令执行时间的总和。假定每条指令执行过程中的三部分时间相等,均为 t,那么运行一段 n 条指令的程序所需的时间就是 $T = 3nt$。

另外一种选择是采用重叠执行方式。比较简单的是一次重叠执行方式,即让前后连续的指令在处理机内以重叠的方式执行,即当第 k 条指令进入执行阶段时,第 $k + 1$ 条指令就开始取指令阶段,其中有 $1/3$ 的时间是重叠的。如仍以每阶段所需时间相等计,除第一条指令需要 $3t$ 时间外,后面所有的指令都只需 $2t$,每条指令节约了一个 t。整段程序的运行时间为 $T = (1 + 2n)t$,比较顺序运行方式节约了近 $1/3$ 的时间。

当然,还可以采用二次重叠执行方式,可以使指令的执行时间缩短近 $2/3$,整段程序的运行时间为 $T = (2 + n)t$。

顺序执行计算机中,处理机中只有一条指令在运行,所有部件的动作全都由该指令中的操作码决定,用一个统一的指令控制器就可以使各部件按预定次序运行。采用重叠执行方式后,由于各部件中所运行的是不同的指令,为保证实现正确的重叠执行,三个部件必须能完全独立地运行。为此应将统一的指令控制器分解成三个控制器,即存储控制器(存控)、指令控制器(指控)和运算控制器(运控),分别控制对存储器的存取、指令分析和指令执行过程的进行,保证每个部件只执行进入本部件的指令中所规定的操作。

在正常操作情况下,指令运行的三个阶段都可能发生对存储器的访问请求。取指令时,处理机必须按指令计数器的指示访问存储器;分析指令时,可能需要从存储器中获取操作数;而执行指令时,也可能要求将结果写回到存储器中。这些在顺序执行时不成问题的操作,在重叠执行时却成了一个难题。因为处理机中三个独立的部件正在执行的是三条不同的指令,它们很可能同时提出对存储器读写的请求,从而发生存储器访问冲突。

在这种存储器访问的冲突中,如果是因为同时读指令和读数据而引起的,可以考虑将指令存储器和数据存储器分别编址,允许两个存储器同时执行读操作,这种计算机称为哈佛结构计算机。对于汇编程序设计人员来说,如何使用这两个存储器是他们必须解决的问题。在高档微型计算机中,往往采用 Cache(高速缓冲存储器)来提高处理机的读写效率,其中第一级 Cache(最接近处理机的 Cache)一般都分成程序 Cache 和数据 Cache 两部分,用以减少读指令和读数据时发生冲突的可能性。此外,如果采用低位交叉存储器结构,也能减少冲突的发生,但是,解决冲突的最根本办法是采用先行控制技术。

先行控制的基本原理是:在存储控制器和指令分析器之间加了一个指令缓冲栈,指令分析器所用的指令都从这个缓冲栈中取得。根据缓冲栈先进先出的工作特点,其中所存的是指令分析器以后要用的指令,所以称其为先行指令栈。一旦先行指令栈中有空单元时,就会通过存储控制器从存储器中取得后续指令。应当注意,这时所取的指令并不是正在执行那条指令的下一条指令,而是缓冲栈中最新读入指令的后一条指令。所以,先行指令栈中必须有一个自己专用的指令计数器,称为先行指令计数器 PC1,从而保证正确地预取指令序列。把控制送入指令分析器的计数器称为现行指令计数器 PC。先行指令栈中的控制逻辑保证缓冲栈能实现正常的先进先出工作,并控制及时、正确地从存储器中取得指令填补栈中的空缺。

指令分析器的作用是对取自先行指令栈的指令进行预处理。对于一些程序控制型的指令,如条件或无条件转移等指令,指令分析器就可以直接完成指令的执行;对于一些运算型的指令,指令分析器要将它们变换成寄存器—寄存器型指令(RR 型),即将参与运算的数据预先存到寄存器中,让这些指令得以快速执行。分析时,对于立即寻址方式的指令,直接将数据放入先行读数据栈;对于变址寻址或存储器型指令,分析器要计算操作数的地址,并送入先行读数栈,由先行读数栈到存储器中去取得该数据,并存入栈中备用。完成预处理的指令已经成为 RR 型指令,原来的操作数地址改为新确定的寄存器地址。为了区别两种不同的 RR 指令,把经预处理的指令称为 RR^* 指令。这些待执行的指令送入先行操作栈中,由运算控制器按次序取用,显然先行操作栈是指令分析器与运算控制器之间的缓冲栈。

先行读数栈通常由一组缓冲寄存器和控制逻辑组成。每一个缓冲寄存器包括三个部分,即先行地址寄存器、先行读数寄存器和标志字段。也有的将地址和数据寄存器合二为一,轮流使用,即当从指令分析器中接到地址时,将其作地址寄存器用;当从存储器取数据后,又当作数据寄存器用。标志位可以表明当前寄存器内容的含义。运算器直接从该栈中获取运算数据,所以,先行读数栈平滑了处理机与存储器之间的读数关系。先行读数栈一般也采用先进先出的方式工作。

当指令分析器遇到 RR^* 型的写操作时,除了把改成 RR^* 的指令存入先行操作栈中外,还把计算所得的写存储器地址放入后行写数栈中。后行写数栈也是一组寄存器,且包含自己独有的控制逻辑。每个寄存器中必须有地址寄存器和数据寄存器,两者不能合用,标志寄存器表明对应寄存器中的地址和数据是否有效。当运算器执行完该条指令时,按指令规定将数据写入指定的后行写入栈寄存器中,由该缓冲栈向存储控制器提出写数据要求,被统一安排写入存储器的时间。这个写数据是前面已执行指令的"后行"数据。

从上面的叙述中可以看出,先行控制技术中采取了两个根本的措施:指令预处理技术和缓冲技术。由于指令和数据的缓冲,保证了指令分析和指令的执行都能全速地运行。这种结构较好地解决了重叠运行带来的基本问题。

2.5　指令系统设计风格

一段程序的执行时间等于其中的指令条数乘以每条指令的执行时间,而每条指令执行时间等于每条指令的平均指令执行周期数(CPI)和每周期的执行时间(主频的倒数)的乘积,用公式表示为 $T_{CPU} = I_N \times CPI \times T_C$。为减少程序执行时间,有两种指令系统设计风格。一种指令系统设计风格是力图通过减少 I_N 值(程序中指令总数)来减少 T_{CPU},这就是传统的复杂指令集计算机(Complex Instruction Set Computer, CISC)指令的基本设计思想。CISC 风格的指令集由微程序来实现,也就是说它的每一个操作均由若干微操作的程序组合来实现,并尽量采用大量的复杂功能指令,力图缩小机器语言与高级语言之间的语义差距,但由于指令系统复杂而导致 CPI 值(每条指令执行所需的平均机器周期数)有所增加。此外由于指令系统复杂,CISC 风格的控制器部分(存放微程序的控制存储器)变得复杂与庞大。从而使得缩小时钟周期时间 T_C 变得异常困难。相反,还有一种指令系统的设计风格是力图使 CPI 值减小,使其尽量接近 1,这就是精简指令集计算机(Reduced Instruction Set Computer,RISC)指令风格。由于 RISC 结构不设复杂功能指令,因此只能用简单的指令串来代替复杂指令,这样虽然会使 I_N 值增大,但由于指令系统简单,因而控制部件(用硬联线实现)也就异常简单,这样就可能使 T_C 值取得较小。

2.5.1　CISC 的设计思想

传统的计算机系统结构有过几次重大的发展,都基本遵循了冯·诺依曼结构的原则。20 世纪 70 年代以前,人们普遍认为计算机的指令越丰富越好,还特别在增添复杂指令上下了很大的功夫。因为这样可以使机器指令更"高级",更接近高级语言的语句,以减轻编译软件的负担,缓解已经出现的软件危机。在所增添的指令中,较多地增加了对存储器直接操作的指令。因为当时的存储器是一项极为宝贵的资源,甚至将"代码长度"和"存储效率"作为衡量一个计算机体系结构优劣的重要指标。

这种设计思想也是当时的软/硬件发展水平的必然产物。20 世纪 60 年代中期,以微程序实现的计算机成为主流体系结构,这种计算机只保留一个固定不变的核心,所有功能的改变(升级)都通过改变微程序来实现。正是由于这种方法上的灵活性,只要增加一组微指令,就可以实现一条更加复杂的指令。这种方式在物理上也得到较好的配合,当时采用磁芯作存储器,其读写时间是 CPU 执行周期的 5 ~ 10 倍,这意味着,从存储器读入一条指令与在 CPU 内执行 5 ~ 10 条微指令指定的微操作在时间上是匹配的。即使到 20 世纪 70 年代半导体存储器出现后,由于速度和价格方面的原因,仍然难以立即改变这种倾向,"节约"存储器的使用一直是计算机系统设计中的一个重要原则。这也使传统的计算机系统结构的设计思想可概括为:"指令系统越丰富越好"、"指令系统功能越强越能改善系统结构的质量"和"指令系统越复杂越便于软件的兼容"。

2.5.2　RISC 设计思想的产生

1. 20% 与 80% 定律

随着指令的复杂化,小型机与微型机的指令系统都已经达到 200 ~ 300 条的规模。这些指令的使用效率究竟如何呢? 在这个问题上展开的研究表明,实际上绝大部分的复杂指令都很少使用,这就是所谓的"20% ~ 80% 定律":一个指令系统中大约有 20% 的指令是经常被使用的,所占的比例约为全部程序的

80%；而剩下的80%指令很少被用到，只占全部程序的20%。

2. 硬件与软件复杂性的权衡

20世纪70年代后期，VLSI技术有了长足的进步，人们开始重新评价系统设计中硬件与软件复杂性如何合理划分的问题。普遍认为要保持一个系统具有较高的性能价格比，单靠增加硬件的复杂性是不行的，须把硬件和软件结合起来相互配合，均衡考虑，才能提高性能价格比。要使计算机系统设计达到最高的有效速度，只有将那些对系统产生净增益的功能用硬件来实现。如大量增加内部通用寄存器堆，可以使操作仅在内部寄存器间进行，从而达到提高速度的目的。

3. VLSI的发展

VLSI工艺突飞猛进的发展，使得在一块芯片上能方便地做出大量的寄存器，促使系统设计者能使用较快的寄存器—寄存器指令。这样指令系统就可以更加精简，控制部件更加简化，整个系统效率更高。

2.5.3 RISC设计风格的特点

RISC风格的设计目标是排除功能实现复杂的指令，仅保留确能提高机器性能的指令，以达到使指令集精简的目的，同时，将编译器作为机器的基本功能。RISC设计风格具有以下特点：

（1）实现了指令功能与指令执行周期数的平衡。CISC设计中往往追求指令功能的复杂，甚至希望一条指令的功能相当于一条高级语言的语句。指令功能复杂使得硬件实现的复杂程度大大提高，也使得指令的周期延长或增加，这样反而降低了计算机的性能。RISC设计中为避免这种情况，优先考虑那些经常使用的基本指令的实现，对于那些功能复杂、硬件实现也复杂的指令是否引入RISC指令集采取了慎重的态度，从而在指令功能复杂程度与指令执行周期数之间取得了很好的平衡。

（2）引入多级指令Cache。RISC设计中仅有存数指令、取数指令才访问主存，通过Cache进而实现处理器中寄存器与寄存器之间的高速运算。但采用Cache后就存在如何保证对同一地址一条存数指令的执行结果与最近的取数指令所获取结果的一致性问题。要解决这个问题的一个简单想法是增加Cache的命中率，而提高命中率就要增大Cache的容量（考虑到高速Cache的成本，往往采用多级Cache结构来实现）。当然，Cache的一致性问题还涉及Cache的组织结构、替换算法和写控制策略等。在多处理器系统中，还要同时更新所有处理器的Cache内容，以保证Cache的一致性。这也涉及进程的动态调度、I/O共享系统总线等复杂关系。

（3）面向存储器堆的结构。CISC 设计中的访内指令的功能看起来很强,其实执行的效率很低。原因在于 CPU 与存储器数据的传输不仅仅是芯片与芯片之间的传输,有可能是 CPU 板与存储板之间的传输,其传输带宽远不能与 CPU 和寄存器堆的芯片内传送带宽相比。RISC 结构设计就是面向寄存器堆结构,重视寄存器—寄存器操作指令,充分利用 VLSI 工艺技术中的高速芯片上的带宽来进行数据传输。同时,大量使用寄存器—寄存器指令,使得指令控制逻辑简化,缩小了占用的芯片面积,为在一片芯片上增加更多的寄存器堆提供了可能。

（4）充分提高流水线的效率。流水线技术已在一般计算机的设计中被广泛采用,在 RISC 技术中更为重要。即便 RISC 结构采用了流水线结构的并行技术,要使一条指令在一个机器周期内完成,甚至一个机器周期内完成几条指令的想法仍是 RISC 结构设计者梦寐以求的。因此,产生了单发射结构(在一个机器周期内发射一条指令)和多发射结构(在一个周期内发射多条指令),也出现了一些属于指令级并行处理的新结构,以达到在一个机器周期内能执行多条指令的目的。

（5）指令格式的简单化和规整化。RISC 风格的指令基本上是一个字(32bit)的长度,而且指令中操作码字段、操作数字段都尽可能具有统一的格式。格式的规整也使指令的操作规整,利于流水线的执行,提高译码操作的效率,并使译码控制逻辑简化。

（6）RISC 技术中的编译技术不仅支持代码生成,而且支持代码优化。RISC 技术强调编译优化技术,编译出来的代码要重新组织、调度指令的执行次序,充分利用 RISC 的内部资源,发挥其内部操作的并行性,从而提高流水线的执行效率。例如,编译优化时,将参加操作的操作数尽可能地放在寄存器堆内反复使用,减少访问存储器的操作次数。

2.6　总线结构

计算机系统是由许多具有独立功能的模块(如中央处理器、存储器、输入/输出端口等)互相连接而成的。同时,随着计算机的不断发展和广泛应用,各生产厂商除了向用户提供整套系统外,还设计和提供各种功能的插件模块,让用户根据自己的需要构成自己的应用系统或扩充原有的系统。这些模块间需要互相通信,需要有高速、可靠的信息交换通道,这就产生了总线的概念。简言之,模块间各种信号线的集合就是总线。它不仅是互连信号线的逻辑定义,而且还包括这些信号线的工作时序、电气特性、插座信号线的排列、信号线的个数、几何尺寸、机械特性等一系列指标。

总线是信号线的集合,它是组成整个计算机系统各模块的标准信号通路。这些信号线可分成4种类型。

(1)数据和地址线。决定数据总线的宽度和直接寻址的范围。

(2)控制、时序和中断信号线。决定总线功能的强弱、适应性的好坏。对这类信号线要求控制功能强,时序简单,使用方便。

(3)电源线。决定使用电源电压的种类、地线的分布及其用法。

(4)备用线。为进一步扩展而预留。

2.6.1　总线的分类

总线按其功能、规模及所处的位置可分成三大类。

1. 片总线

片总线(Chip Bus)又称元件级总线(Component - Level Bus)。它是指用微处理器芯片组成的一个很小的系统或者构成一块 CPU 插件板所使用的总线。当然,也可以推广到微处理器芯片内采用的总线结构和单片微计算机所用的总线结构。它通常包括数据总线、地址总线和控制总线三类。

2. 内总线

内总线(Internal Bus)又称微计算机总线(Microcomputer Bus)或板级总线(Board - Level Bus)或系统总线(System Bus)。它是微型计算机系统内插件间的并行通信总线,如 CPU 模块与存储器模块之间的通信总线。

3. 外总线

外总线(External Bus)又称通信总线(Communication Bus)。它是指系统与系统之间的通信,如微型计算机系统与微型机算计之间的通信等。随着多处理机、计算机网络的发展,也有为它们设置的外总线标准。

2.6.2　总线通信方式

在系统内各模块之间的信息通信或系统间的信息通信过程中,每一时刻只能有一组信息在总线上传输,若有多组信息要传输,只能按顺序分别传输。这样对每一组信息的传输就形成一个传输周期,而且这个传输周期又分成4个传输阶段,分别完成特定的功能。

(1)申请分配阶段。一组信息在总线上传输,总是有一个要求通过总线进行数据通信的提出者,又有一个被要求进行通信的对象。可以简称提出者为主模块(包括系统),通信对象为从模块(同样可以是系统)。当主模块要求在总线上通信时,它首先要向总线管理机构——总线仲裁器提出使用总线的申请。总线仲裁器经过判断认为可以批准主模块使用总线,它就把下一个传输周期的使用权给主模块。

（2）寻址阶段。获得使用总线的主模块要在总线上提出它要进行通信的从模块的"地址"以及进行何种通信的控制信息。当这些信息被从模块接收后,从模块就做好了相应的通信准备。

（3）数据交换阶段。这时,主模块与相应的从模块彼此已建立了通信的机制,可以进行实际的数据交换。各种信息则由发送模块(可以是主模块或从模块)传送到接受模块(可以是从模块或主模块)。

（4）撤消阶段。一组信息传输完毕,主模块应通知总线仲裁器,并把总线使用权交还总线仲裁器,以便让别的模块能使用总线进行通信。即使刚使用过总线的模块需要继续使用总线进行通信,也需要重新向总线仲裁器提出申请,这样才能保证各模块使用总线的机会均等。

为了保证总线上通信的高速和可靠,在上述 4 个阶段划分的基础上形成了通常使用的 4 种总线通信方式:同步通信方式、异步通信方式、半同步通信方式、分离式通信方式。

1. 同步通信方式

在同步通信方式中,模块之间的通信传输周期是固定的。有精确、稳定的系统时钟作为传输周期的"标尺",通信双方的模块必须严格按时钟标尺进行各自相应的操作。

下面以图 2－3 来说明同步通信方式的一般过程。

把系统时钟 $T_1 \sim T_4$ 作为一个传输周期,当主模块(如 CPU)准备与从模块(如内存储器)进行某一通信操作(如读取一个数据)时,主模块首先在传输周期开始的第一个系统时钟 T_1 时,送出准备与之通信的从模块的地址于总线上,并且在地址信号趋于稳定后,送出一个控制信号(地址有效)。总线上与这个有效地址符合的模块即是主模块要求通信的从模块,这个过程就是寻址阶段。

主模块在系统时钟 T_2 送出有关操作控制信号(读/写,这里假设是读操作)。从模块在操作控制信号的作用下,把主模块所需的数据从相应的存储单元放置到总线上,当然这是需要一定时间的(存取周期)。在系统时钟 T_3 的后半周,数据趋于稳定。主模块在系统时钟 T_4 的前半周把总线上的数据取回主模块内相应的单元(如寄存器),这就是数据交换阶段。

主模块在完成自己所需的操作后,在系统时钟 T_4 的后半周送出一个控制信号(撤消),表明一个传输周期的结束。这里要说明一点,例子中没有体现申请分配阶段,主要是因为这是只有一个主模块的简单系统的例子,无需申请、分配,因为总线的使用权始终是属于这个主模块的。如果系统中各模块是平等的(如DMA 系统),在任一模块都可以通过申请而成为主模块的情况下,申请分配阶段

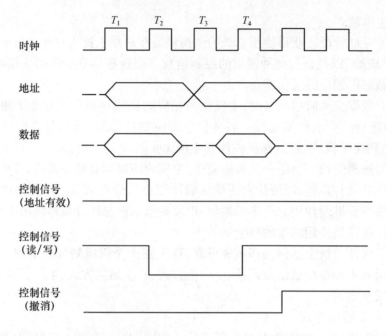

图 2 - 3 同步通信方式

就是不可缺少的。当然总线的仲裁器也是必不可少的。

2. 异步通信方式

为了使不同操作速度的模块之间也能进行速度匹配,顺利地进行彼此间的通信,提出了异步通信方式。这种方式不再需要主模块、从模块的操作,也不要求严格按系统时钟进行。只是为主模块、从模块之间不同速度的配合,增设了两条应答信号线,又称握手交互信号线(Handshaking),分别称为请求和响应。

下面仍以在同步通信方式里的例子来说明异步通信方式,如图 2 - 4 所示。

主模块希望与某一从模块通信(以 CPU 读取存储器数据为例),主模块把从模块的地址送到总线上(A)。在地址趋于稳定后,主模块发出一个操作控制信号(读信号)(B),这个信号同时作为异步通信方式里的请求信号。只有地址符合的从模块才能在操作控制信号的作用下进行译码、取数据等一系列内部操作,从模块把数据送到总线(C)。当数据趋于稳定后,从模块发出应答信号(D)。主模块只有在接收到应答信号后,才认为这时总线上的数据是正确的。于是把数据读到相应的单元里,同时发出撤消信号。这里利用读信号的上升跳变(E)来表示。这个撤消信号使从模块回复应答信号,数据结束和地址有效结束,从而表明一个传输周期的完成。

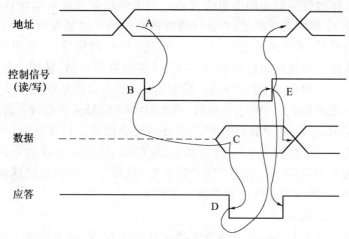

图 2-4　异步通信方式

3. 半同步通信方式

上面介绍的两种方式里,同步通信方式比较简洁,但受系统时钟限制过死,而异步通信方式虽比较灵活,但要增加请求应答信号线。介于这二者之间,提出了另一种通信方式——半同步通信方式。半同步通信方式在同步通信方式的基础上增加一条控制信号线。仍以 CPU 读取存储器为例说明其工作过程,如图 2-5 所示。

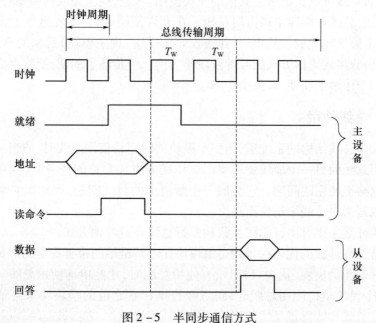

图 2-5　半同步通信方式

整个工作过程类似于同步通信方式。当主模块要读取从模块数据时,它仍在系统时钟 T_1 时刻发出地址,并确定操作控制信号和地址有效信号。主模块在发送这些信号后,就不断地去测试一个"等待"的控制信号,它是由从模块发出的。如果从模块不能在系统时钟 $T_3 \sim T_4$ 间送出数据的话,从模块就使"回答"信号有效。主模块在 T_2 测出"回答"信号有效,就主动在系统时钟 T_2 后插入一个附加的系统时钟 T_w。当 T_w 结束时,再测"回答"信号是否有效。若有效,则继续插入 T_w。插入 T_w 的个数视"回答"有效的长短而定。只有测到"回答"无效,主模块才进入系统时钟 T_3。这也意味着,主模块、从模块速度的不匹配是依靠"回答"信号来解决的,而"回答"信号的长短,从模块可根据自己速度与主模块速度差异确定(差异以系统时钟周期为单位)。

4. 分离式通信方式

同步通信方式和半同步通信方式都存在一个问题,当主模块送出地址等信息后,就处于等待状态,而从模块由被寻址到把有效数据送到总线上的这段时间取决于从模块的工作速度。在这段等待时间里,总线仍被主模块占用而不能做任何有效工作,于是提出了分离式通信方式,其本质是异步方式。

这种通信方式的核心思想是把一个读周期一分为二。当主模块把要寻址的从模块地址等信息送给总线后,主模块就把总线使用权交还总线仲裁器。当从模块在被启动后,便进行自己的内部操作。在从模块进行内部操作的这段时间内,系统的总线可以让出来给其他的模块使用。当从模块完成内部操后,它要变成主模块向总线仲裁器申请占用总线。在允许使用后,它要发出原主模块的地址,而原主模块就变成了从模块,并接收原从模块(现主模块)送来的有效数据。由此可见,分离式通信方式把寻址阶段作为前一个传输子周期,把数据交换阶段作为后一个传输子周期,参见图 2-6。

2.6.3　总线仲裁

在采用总线结构的系统里,当多个模块同时申请使用总线时,或当一个模块正在使用总线而另一个模块要求使用总线完成更加紧迫的任务时,就存在一个总线究竟给谁使用的问题。它类似于中断请求的裁决问题,因此也必须有一个总线仲裁器来对总线申请作出裁决。

总线仲裁主要有串行总线仲裁和并行总线仲裁两种方式。

串行总线仲裁的优先权排列是由模块在逻辑链接的位置决定的。每个模块只有在它前面的模块(优先权高)没有使用总线时,才能申请使用总线。换句话说,当某个模块申请使用总线时,则意味着排在它之前的模块均未申请使用总线。一旦总线仲裁器把总线使用权交给某一模块时,一方面该模块获得使用权,

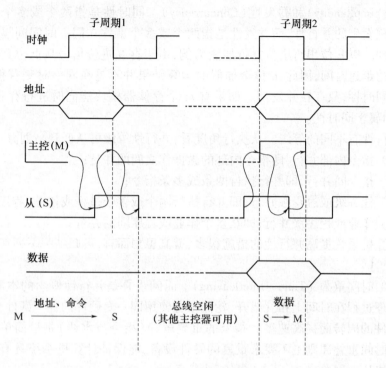

图 2-6　分离式通信方式

另一方面要通知它后面的模块(优先权低的)不能再申请使用总线。这个信息是沿着串行链逐个传递下去的,所以称为串行总线仲裁。

在并行总线仲裁系统中,实际上是利用外部逻辑进行硬件编码来进行模块的判优问题。外部逻辑构成一个并行优先权网络,每个模块按优先权顺序把申请信号接到外部逻辑上。这样每个模块都是并行地接入外部逻辑。当有模块申请使用总线时,它把申请信号提交给外部逻辑。该外部逻辑由优先权编码器和译码器组成,它允许当前申请使用总线的模块中最高优先权的模块使用总线。

2.7　计算机系统中的并行性

2.7.1　并行性的概念

并行性(Parallelism)是指:在同一时刻或同一时间间隔内完成两种或两种以上性质相同或不同的工作,它们在时间上能互相重叠。或者说只要计算机所完成的工作存在时间上的相互重叠,即可以认为存在并行性。并行性又可分为同时性(Simultaneity)和并发性(Concurrency)。同时性是指两个或多个事件在同一时刻发生的并行性,而并发性是指两个或多个事件在同一时间间隔内发生的并行性。以 n 位串行进位并行加法为例,由于存在进位信号从低位到高位逐位递进的延迟时间,因此,n 位全加器的运算结果并不是在同一时刻获得的,故不存在同时性,只存在并发性。如果有 m 个存储器模块能同时进行存、取信息操作,则属于同时性。

并行性有不同的等级。从执行角度看,并行性等级可从低到高划分:

(1) 指令内部并行,即指令内部的微操作之间的并行;

(2) 指令间并行,即并行执行两条或多条指令;

(3) 任务级或过程级并行,即并行执行两个或多个过程或任务(程序段);

(4) 作业或程序级并行,即在多个作业或程序间的并行。

计算机系统提高并行性的措施很多,就其思想而言,可归纳为下列三种技术途径。

(1) 时间重叠(Time – Interleaving)。时间重叠是并行性概念的本质特征,多个处理过程在时间上相互错开,轮流重叠使用同一套硬件的各个部件,目的是加快部件的周转而提高速度。指令的重叠解释(指令流水线)是最简单的时间重叠。时间重叠原则上不要求重复的硬件设备,能保证计算机系统具有较高的性能价格比。

(2) 资源重复(Resource – Replication)。在并行性概念中引入空间因素,根据以数量取胜原则重复设置硬件资源,以大幅度提高计算机系统的性能。随着硬件价格不断下降,从单处理机到多处理机,资源重复已经成为提高系统并行性的有效手段。

(3) 资源共享(Resource – Sharing)。利用软件方法使多个用户分时使用同一个计算机系统。例如,多道程序、分时系统就是资源共享的产物。它是提高计算机系统资源利用率的有效措施。

在一个计算机系统内,可以通过多种技术途径,采用多种并行措施,既有执行程序的并行性,又有处理数据的并行性。例如,执行程序的并行性达到任务或过程级,处理数据的并行性达到字并位串级,即可认为该系统已经进入并行处理领域。所以,并行处理是信息处理的一种有效形式。通过开发计算过程中的并行事件,可使并行性达到较高的级别。

2.7.2　单机系统中并行处理的发展

单处理机并行性开发主要通过时间重叠这个途径。实现时间重叠的基础是部件功能专用化(Functional Specialization),即将一件工作按功能分割成若干相对独立的部分,每一部分由指定的专门部件来完成,然后按时间重叠的原则把各部分执行过程在时间上重叠起来,使所有部件依次分工完成一组同样工作。

如果把指令解释过程分解成多个子过程,分别由多个专用部件完成,并采用先行控制技术,可实现同时解释多条指令。如把功能专用化深入到处理机的执行部件内部,将该部分再分成多个专用功能段,进行流水处理,从而对数据处理的并行性由字串位并发展到全并行,这就是操作流水线。

如果并行的指令间无任何联系,原来用多指令对向量各元素分别处理,现在可以用一条向量指令对向量的各个元素进行流水处理,从而实现由指令间并行性向指令内并行性的转变,在一条向量指令内对数据处理达到了全并行。在指令内并行的基础上,增加指令间并行性,这就是向量处理机。向量处理机的出现表征单处理机进入了并行处理领域。

把时间重叠原理应用于任务一级,对各任务设置专用处理机,按流水线方式工作,就构成了宏流水线,即进入了多处理机领域。这种多处理机称为非对称型(Asymmetrical)或异构型多处理机(Heterogeneous Multiprocessor System)。它们由多个不同类型担负不同功能的处理机构成,按作业要求的次序,利用时间重叠原理,依次执行多个任务,各自实现规定的操作。

在高性能的单机系统中,随着硬件价格的下降,资源重复也逐渐普遍起来。资源重复主要是为了提高系统的可靠性,即在关键部件上采用冗余技术。(也是为了提高系统的速度)。不论处理机是否采用流水线技术,在系统结构中采用多操作部件和多存储体,都是资源重复的结构。当一条指令正在某操作部件上执行时,只要下一条指令所需要的操作部件没有被占用,就可以安排执行,从而实现指令间并行。

进一步发展,可以把原来具有各个专门功能的操作部件演变成通用处理单元,为向量并行处理创造了条件。通过重复设置多个相同的处理单元,在一个控制器的指挥下,按照同一指令(一条向量指令)要求,各处理机同时对各向量元素进行操作,这就是并行处理机。它在指令内部实现了数据处理的全并行,将单机系统的并行性上升一档,进入了并行处理领域。并行处理机普遍采用阵列结构形式,故称作阵列机。

相联存储器是一种按内容寻址的、具有信息处理功能的存储器,能按字并位串或全并行的方式对所有存储单元的内容进行操作。以相联存储器为核心,加上中央处理机、指令存储器和 I/O 接口,就可以构成以存储器并行操作为特征的相联处理机。它是将并行处理思想应用于相联存储器内部。

显然,并行处理机和相联处理机还属于单机系统范畴,虽然数据处理已达到全部并行程度,但系统中只有一个控制指令部件,指令的并行性最高只能达到指令间的并发执行。如要进一步提高到任务级并行,则每个处理单元均需配备自己的控制器,能独立地解释、执行指令而成为一台处理机,这就进入了多处理机系统范畴。这种多机系统称为对称型(Symmetrical)或同构型多处理机系统(Homogeneous Multiprocessor System)。它们由多个同类型、同功能的处理机构成,能同时处理同一作业中可并行执行的多个任务。

在单机系统中,要达到任务或作业级并行,也可以利用资源共享。从多道程序发展到分时系统,其实质是单机模拟多机功能。分时系统适用于多终端情况,对于远程用户,可配接远程终端。如果在终端内配上微处理器,使其不仅有I/O功能和通信功能,还具有特定的信息存储、分析和处理能力,这就成为智能终端。智能终端的出现,使原来"集中"形态向"分布"形态方向发展。如把智能终端升级为一台计算机,则就进入了多机系统,这种多机系统称为分布式处理系统(Distributed Processing System)。将若干台具有独立功能的处理机或计算机相互连接起来,在操作系统(或分布式操作系统)的控制下,统一协调地运行,这就是分布式处理系统。分时系统是以"集中"为特征,分布系统是以"分布"为特征,表面上两者有巨大的差别,但其思想基础是一致的。分时系统是以虚拟方法模拟多处理机功能,而分布系统是用真实处理机代替虚拟处理机。分时系统实现的并行性是并发性,分布系统实现的并行性是同时性。

2.7.3 多机系统中并行处理的发展

多机系统包括多计算机系统(Multi–Computer System)和多处理机系统(Multiprocessor System)。前者指多台独立的计算机构成的系统,后者指多台处理机构成的系统,每台处理机有自己的控制器,可以独立执行程序,共享公共主存和所有外设。从概念上分析,多计算机系统和多处理机系统区别明显,但是实际上多处理机系统除了共享一个公共主存外,每个处理机带有各自的局部存储器,其本身已逐渐成为一台完整的计算机。此时,两者在结构上的区别就不重要了,然而,在操作系统和并行性方面两者仍有区别。多计算机系统中各个计算机各有自己的操作系统,它们之间往往通过通道和通信线路实现通信,以完整文件或数据集合进行信息传递,从而实现作业和任务级的并行。而多处理机系统则有统一的操作系统控制,由于共享存储器,各处理机之间不但能以完整的文件或数据集合进行信息传递,也能以向量或单个数据进行通信,因此,它的并行性可深入到同一任务中指令间并行,甚至可以在多处理机上同时执行多条指令,对同一数组进行处理,达到处理数据的全并行。需要指出的是,处理机是具有控制器(能分析指令)和算术逻辑部件(能执行命令)的,因此,多处理机系统能够同时分析、执行多条指令。而处理单元仅有算术逻辑部件,它不能分析指令,多处理单元的阵列处理机只有一个控制器,同一时刻只能分析一条指令,所以它属于单机系统,而不是多处理机系统。

多机系统的耦合度反映了多机系统中各机器之间物理连接的紧密程度和交互作用能力的强弱。耦合度可分为最低耦合、松散耦合、紧密耦合等几类。

最低耦合(Least - Coupled System)是指多机系统仅通过中间存储介质互相通信,除此之外,各机器间并无物理连接,也无共享的联机硬件资源。例如,独立的外围计算机与主机之间的连接媒介为磁盘或磁带,外围计算机通过磁盘或磁带对主机的输入、输出予以支持,这是最早的双机合作方式。

松散耦合(Loosely - Coupled System)也称为间接耦合系统(Indirectly - Coupled System),机器之间是通过通道或通信线路实现互连,共享某些外围设备(例如,磁盘、磁带、光盘等)。它的特点是连接的频率较低,一般基于文件和数据集合进行相互通信。松散耦合系统有两种形式:一种是多台计算机通过通道与共享的外围设备连接,各个机器实现不同的功能(功能专用化),机器处理结果以文件和数据集合形式送到共享外设,供其他机器使用;另一种是计算机网络,各结点计算机通过通信线路连接,在网络操作系统管理下实现软/硬件资源的调度与共享,这是当前松散耦合多机系统的典型形式。

紧密耦合(Tightly - Coupled System)也称为直接耦合系统(Directly - Coupled System),机器之间是通过总线或高速开关实现互连,共享主存储器,机器间通信频率高、信息传输率和吞吐量大,是当前并行处理的首选形式。

多机系统也沿着时间重叠、资源重复、资源共享的技术途径向前发展,有三种不同的发展方向,在技术措施上与单机系统有所区别。

在单机系统中为实现时间重叠,设置了多个专用功能部件,而多机系统则将处理功能分解给各个专用处理机完成,实现功能专用化。各处理机之间按照时间重叠原理工作。早期是把一些辅助功能从主机内分离出来,如将输入、输出功能分离出来由通道负责处理。由此,通道逐渐发展成 I/O 处理机(IOP)。后来将其他辅助功能,如系统测试诊断和终端信息预处理分离出来,采取松散耦合方式构成松散耦合的多机系统。进一步发展下去,许多主要功能,如数组运算、高级语言编译、数据库管理等,也逐渐分离出来,分别由专用处理机完成,机间耦合程度也逐渐加强,发展成异构的多处理机系统。

早期的多机系统并非为了提高系统的处理速度而开发的,而是为了提高系统的可靠性而设置多台相同类型的计算机,使可靠性从单机系统的部件级冗余提升到处理机一级。各种不同的容错方案,如多数表决、备份等,对多机系统间互连网络的要求是不同的,但正确性和可靠性是最低要求。在提高互连网络的灵活性和可重构性的基础上,发展出可重构系统(Reconfigurable System),这种系统正常运行时几台计算机按默认配置要求协同工作,如同多处理机系统一样。出现故障时,系统就重新组合,以降低规格继续运行,直至故障排除为止,实现了系统结构一级的容错。随着硬件的大幅度降价,现在多处理机系统的并行处理被更多地用于追求并提高整个系统的处理速度。此时,对机间互连网络的通信速率提出了更高的要求。所以,高传输速率的机间互连网络是实现高速处理的必要条件,也是实现在程序段或任务一级并行工作的必要条件,在此基础上发展出各种紧密耦合系统。为了使并行处理时任务调度能在处理机之间随机地、方便地调度,达到各处理机负荷基本平衡,发挥系统的最大效能,要求各个处理机具有相同功能,从而形成了同构型多处理机系统。

分布式系统与同构型多处理机系统以及异构型多处理机系统在概念上有交叉。从处理机之间的分工而言,它既包含同构型多处理机的任务分布,也包含异构型多处理机的功能分布,但三者工作方式是不同的。同构型多处理机是把一道程序(作业)分解为若干相互独立的程序段或任务,分别由各个处理机并行执行。异构型多处理机是将作业分解成串行执行的若干个任务,分别由不同功能的处理机分工完成,依靠流水作业的原理,对多个作业重叠地进行处理。分布处理系统各处理机尽量完成本地作业,当其资源和能力不够时才与其他处理机协同,即较少地依赖集中的程序、数据和硬件。在系统控制方式上,三者也不同。同构型多处理机常采用浮动控制方式,即整个系统的管理由一台处理机控制,但这台处理机不是固定地作为控制处理机,其他处理机也可以承担,这是因为这种类型的各个处理机具有相同的系统结构。异构型多处理机往往采用专用控制,由一台专门处理机实现整个系统的集中控制。分布处理系统则采用分布控制方式,即由多台处理机协同完成系统的控制,系统内部不存在明显的层次控制。

2.7.4　并行程序设计模型

在顺序程序设计中,常用的程序设计模型针对单处理器计算机,主要是结构化程序设计与面向对象设计。并行程序设计模型则是专门针对多处理机、向量机、大规模并行计算机以及集群系统而设计的。

并行程序的基本计算单位是进程,它与有关代码段执行的操作相对应。进程的粒度在不同的程序设计模型和应用程序中是不一样的。并行程序设计的基本问题主要集中在相同或不同处理机并行进程的规范说明、创建、挂起、再生、迁移、终止、同步以及数据交换等方面。因此,并行程序设计具有多种模型,主要包括共享变量模型、消息传递模型、数据并行模型、面向对象模型等。

共享变量模型用限定作用范围和访问权限的方法对进程寻址空间进行共享或限制。简单地说,就是利用共享变量来实现并行进程间的通信。为了保证能有序地进行 IPC(Inter – Process Communication)，可利用互斥特性保证数据一致性与同步。共享变量模型与传统的顺序程序设计有许多类似之处。程序员只关心对程序中可并行化进程的划分，而无需关心进程数据交换问题。共享变量的数据一致性、临界区的保护性访问由编译器与并行操作系统来维护。适合采用该模型的并行系统一般是共享存储多处理机，如对称多处理机(Symmetric Multi Processors，SMP)。

消息传递模型是指程序中不同进程之间通过显式方法(消息发送操作和消息接收操作)传递消息来相互通信，实现进程之间的数据交换、同步控制等。消息包括指令、数据、同步信号等，所以，程序员不仅要关心划分程序中可并行的成分，而且还需关心进程间的数据交换。消息的发送接收处理将增加并行程序开发的复杂度，但是它适用于多种并行系统，如多处理机、可扩展集群系统等，而且具有灵活、高效的特点。

数据并行模型是一种单指令流(或控制流)多数据流的并行计算模型，数据被分成多个小块分配到多个处理机结点上，所有处理机在同一时刻对不同的数据执行相同的操作。数据并行模型的特点是程序在各处理机间复制，而数据在各处理机间分布。数据并行性按照处理单元的粒度又可细分为 SIMD(Single Instruction Multiple Data)模式和 SPMD(Single Program Multiple Data)模式。数据并行操作的同步是在编译时而不是在运行时确定的。

面向对象模型是近几年随着面向对象技术发展而提出来的。它基于消息传递，但是并行处理单位是对象。在这种模型中，对象是动态建立和控制的。处理是通过对象间发送和接收消息来完成的。

并行程序设计模型的选择一般与实际并行系统的特点关系密切。共享变量模型具有编程简单、易于控制的特点，但是只适用于共享存储多处理机系统，而不能用于其他类型的多处理机系统和集群系统。消息传递模型具有灵活高效的特点，可充分发挥并行系统的性能，并适用于不同类型的多处理机系统和集群系统。数据并行模型中的 SIMD 模式可用于向量机、多处理机等并行计算机，而 SPMD 模式则可用于多处理机、集群系统，但相对而言缺乏灵活性。面向对象模型具有简洁灵活的特点，适合多种平台，但系统开销较大。

2.8　多处理机系统

由多个处理机及存储器模块构成的并行计算机称为多处理机系统(Multiprocessor System)，有时也称为多处理机。

P. H. Enslow 对多处理机作了下列定义：

（1）包含两个或两个以上功能大致相同的处理器；

（2）所有处理器共享一个公共内存；

（3）所有处理器共享 I/O 通道、控制器和外围设备；

（4）整个系统由统一的操作系统控制，在处理器和程序之间实现作业、任务、程序段、数组和数组元素等各级的全面并行。

值得说明的是，属于 Flynn 分类中的单指令流多数据流（SIMD）计算机也应该属于多处理机系统，但是我们知道，SIMD 的基本工作特征是让处理机阵列中的每一个处理机同时执行同一条指令，使所有的数据同时得到处理。这的确是体系结构在并行性上的一个改进，使某些数据的处理过程得以并行进行，但实现这种并行性的前提是必须识别出可进行循环处理所需的一组有关联的数据（可以看作一个向量），这注定 SIMD 计算机只能适用于特殊的应用场合。如果程序中没有很多的此类循环，即没有对结构化数据的重复操作，就失去了使数据并行处理的理由，而对于一些非结构化的数据处理更无法并行处理。于是在很多情况下，SIMD 计算机就蜕化成一个 SISD 计算机。

考虑到航天测控系统对计算机并行性处理要求的特点，本书中把多处理机系统界定为多指令流多数据流（MIMD）计算机。有兴趣了解单指令流多数据流（SIMD）计算机的读者可参考相关书籍。

2.8.1　多处理机的结构

按照 P. H. Enslow 的定义，多处理机系统中的所有处理器共享一个公共内存，根据这一本质属性，也可以把多处理机系统称为共享存储型多处理机（Shared Memory Multiprocessors）。同样，根据不同的存储器共享方式，可以把多处理机分成以下三种结构。

1. 集中共享存储器结构（UMA）

具有集中共享存储器结构的多处理机系统均设置一个能为所有处理机提供相同访问时间的中央存储器。这个中央存储器又称作主存储器、共享存储器、全局存储器或者集中共享存储器。集中共享存储器通过互连网络与所有的处理机连接在一起。共享存储器可以是一个大容量的存储器模块，也可以是多个存储器模块，较为多见的是后者。因为这样可以使存储器的带宽得以加宽，带宽一般等于一个存储器模块的带宽乘上模块数。较宽的带宽可以保证多个处理机同时访问存储器并在未发生地址冲突的前提下不发生数据读写冲突。在这种结构中，每个处理机在访问任一个存储器模块或 I/O 设备时，都具有同等的能力（包括字宽、读写时间等），所以，又可以称其为具有均匀存储器访问（（Uniform - Memory - Access ，UMA）的结构，参见图2 - 7。

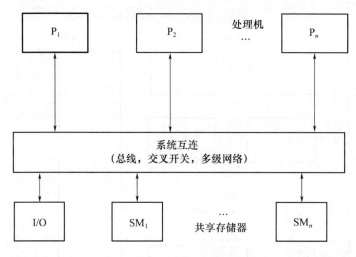

图 2 - 7　UMA 多处理机模型

具有 UMA 结构的多处理机有时也称作对称型多处理机(Symmetric Multi-Processors,SMP)。一个多处理机系统要成为对称多处理机必须满足两个条件：首先存储器必须是集中共享的,其次系统所用的互连网络必须是对称型的。显然,使用总线作互连网络的多处理机系统可以是对称型的(SMP),因为总线是对称的。通常,SMP 多处理机中所包含的处理机数量比较少。

集中共享存储器结构并不妨碍每个处理机拥有自己专用的 Cache,这样不但可以使各个处理机充分发挥自身的速度优势,也使 Cache 通过互连网络与存储器实现快速数据交换。

2. 分布共享存储器结构(NUMA)

采用分布共享存储器的多处理机结构中,存储器被分成多个模块。每一个模块与一个处理机紧密相连,主要供该处理机使用,所以也称该存储器模块为本地存储器。当处理机访问本地存储器时,不需要通过互连网络就可直接进行,但是,系统中的任一个处理机仍然可以通过互连网络访问系统中任一个存储器模块。当然访问分布在其他处理机下的存储器时,时间要长一些。一个处理机对本地存储器模块的访问称为本地访问,而对非本地存储器模块的访问称为远程访问。由于存储器访问时间与该存储器模块所在位置有关,所以称这种计算机具有非均匀访问(Non - Uniform - Memory - Access,NUMA)的结构,参见图2 - 8。

3. 只用 Cache 存储器结构(COMA)

COMA(Cache Only Memory Architecture)模型如图 2 - 9 所示,它是一种只用高速缓存的多处理机。COMA 模型是 NUMA 模型的一种特例,只是将后者中分布主存储器换成了高速缓存,在每个处理机结点上没有存储器层次结构,全部高

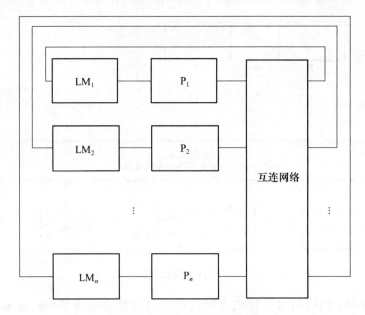

图 2-8　NUMA 多处理机模型

速缓冲存储器组成了全局地址空间。远程高速缓存访问则借助于分布高速缓存目录进行。

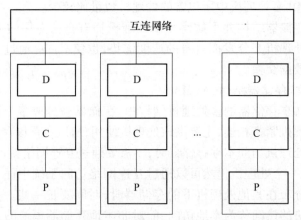

图 2-9　COMA 多处理机模型(P:处理机 C:高速缓存 D:目录)

　　多处理机系统拥有统一的寻址空间,程序员不必参与数据分布和传输。早期的多处理机系统几乎都是基于总线的共享存储系统,它们的发展得益于两方面的原因:一个是微处理器令人难以置信的性能价格比,另一个是在基于微处理器的并行处理系统中广泛使用的 Cache 技术。这些因素使得将多个处理器通过总线或高速交叉互联网络而共享单一存储器成为可能,并通过 Cache 将所有处理器访问存储器所需的存储带宽降低到可以接受的水平。

2.8.2　多处理机系统的特点

多处理机系统的主要特点包括:

1. 具有更大的灵活性和更强的通用性

多处理机系统中存在有多指令流,因而在不同的处理机上可同时执行不同的操作,所以,多处理机系统的应用范围比较宽,具有很强的通用性。同时多处理机系统可以灵活地开发数据并行性和功能并行性。

2. 支持作业或任务级的并行

单处理机或 SIMD 计算机一般实现指令级的并行,有的甚至是微指令级的并行。这种并行一般是在程序的编译过程中由编译程序识别出来,并利用硬件实现指令的同时执行。多处理机中解决的并行问题层次较高,其并行性往往不在指令中,而存在于程序中的各个任务间。一方面要考虑到系统的通用性,另一方面要适应用户程序的不同并行性需求,这导致识别、分离程序并行性的难度加大。一般为了达到较高的程序并行度,通常综合利用算法、程序语言、编译、操作系统,甚至指令、硬件等条件,挖掘各种可能产生并行的潜力。

3. 具有并行任务派生功能

多处理机系统中,各处理机分别执行同一个程序的不同程序段,存在程序段之间的并行执行关系,需要专门的指令来表示它们的并发关系并控制它们的并发执行,以便一个任务开始被执行时就能派生出可以并行执行的另一些任务,这个过程称为并行任务派生。派生的并行任务数目是随程序和程序流程的不同而变化着的,多处理机执行这些并行任务时,需要多少就分配多少,如果不够,那些暂时不能分配到空闲处理机的任务就进入排队器,处于等待状态,这样就使多处理机有可能达到较高的效率。

4. 并发执行的进程间的同步需采取特殊措施

单处理机或 SIMD 计算机实现操作级的并行,所有处于活动状态的处理单元同时执行共同的指令操作,受同一个控制器控制,工作自然是同步的,但多处理机所实现的是指令、任务和程序级的并行。一般说来,在同一时刻,不同的处理机执行着不同的指令。由于执行时间互不相等,故它们的工作进度不会也不必保持相同。并行任务被派生以后,要根据分配到空闲处理机的先后次序陆续投入运行,因而开始执行的时刻也不可能一致,还要由进程之间的数据相关和控制依赖决定它们执行时的正确顺序。在单处理机或 SIMD 计算机看来,由于执行单指令流,程序的性质基本上是串行的,所以,虽也有指令重叠,但要遵守进程之间的正确顺序是比较容易的,而在多处理机中,情况就要复杂得多,特别是要区分进程之间的多种不同的依赖关系。如果并发进程之间有数据交换或控制依赖,那么,执行过程中有的进程就要中途停下来进入等待状态,直到它所依赖的执行条件满足为止。这就要求多处理机采取特殊的同步措施,才能使并发进程之间保持程序语义所要求的正确顺序。

2.8.3　多处理机系统中的 Cache 一致性问题

在单处理机系统中,Cache 一致性问题主要指 Cache 中的信息副本与主存中的信息原本之间的一致,这可通过全写法或写回法解决。在多处理机中,每个处理机都有自己专用的 Cache。由于它们都在为同一个程序服务,就可能会有同一数据拷贝出现在不同 Cache 中的现象。如果出现同一拷贝内容不相同(不管它们在什么地方)的现象,就可能危及系统的正常运行。

产生不一致的原因有三个,它们分别是共享可写数据引起的不一致、进程迁移引起的不一致和 I/O 传输引起的不一致。

在共享可写数据的情形中,假定一个只有两个处理机的系统,它们共享一个公用的存储器,并且各自拥有自己专用的 Cache。在进行写操作前,P_1 处理机的高速缓存 C_1 中有一份拷贝 X,P_2 处理机的高速缓存 C_2 中也有同一份拷贝 X,它们与存储器中的原始拷贝 X 内容相同。改写 Cache 中内容的一种方法是写直通,即当 Cache 中的内容被改写时,同时也对存储器同一内容作改写操作,以保持两者的一致。这样,当出现 P_1 对 C_1 进行改写时,原数据拷贝成了 X'。同时,存储器中的原始拷贝也改写成了 X',但是请注意,与 P_2 相连的 C_2 中那份拷贝仍然是 X,因为这个拷贝并没有被改写成最新的内容。

如果采用写回方式,即当 Cache 中的内容改写后,并不立即改变存储器中的原始拷贝,而是要到 Cache 放弃该拷贝时才一次性地改写存储器中的同一拷贝。那么在 Cache 放弃拷贝之前,可能出现两个高速缓存 C_1 和 C_2 中所存的拷贝分别为 X' 和 X,即产生了不一致。同时,C_1 中的拷贝与存储器中的原始拷贝也发生了不一致。

在进程迁移过程中,假定 X 数据是两个处理机共享的,两个处理机的 Cache 内已经有一个拷贝 X。如果采用写直通方式工作,当 P_2 处理机对 Cache 中的内容作修改时,使 C_2 和存储器中该拷贝都成了 X',但是 C_1 并没有修改,内容仍是 X。如果由于某种原因,在 P_2 运行的进程迁移到 P_1 中运行,该进程直接处理的对象就成了没有修改过的 X,出现了与该进程运行内容不一致的问题。

用写回方式工作的高速缓冲存储器也有类似的问题。假定开始时,C_1 中有 X 拷贝,C_2 中尚没有装入该数据块。P_1 对 X 进行了修改,使之成为 X',但是存储器中的原始拷贝尚未修改,仍为 X。由于某种原因,该进程迁移到 P_2 中运行,这个进程要从存储器中读入 X 拷贝,于是出现了正在运行的进程所用的是尚未修改的老拷贝,造成了可能的计算错误。

在 I/O 传输过程中,假定起始时,P_1 和 P_2 中都有同一个拷贝 X。当 I/O 处理机将一个新的拷贝 X' 代替存储器中的 X 时,就造成了 Cache 与存储器在同一拷贝上的不一致。如果 Cache 采用写回方式工作,当 P_1 改写了 C_1 中的 X,使之成为 X',而在 Cache(指 C_1)放弃该拷贝前存储器的内容恰好要被 P_2 用以输出,显然所输出的内容不是修改后的 X',说明发生了错误。

为了解决由 I/O 操作引起的不一致问题,一种直接的方法是将 I/O 处理机(对应每个处理机)与各个专用 Cache 直接相连,形成了主处理机与 IO 处理机共享 Cache 的结构,于是只要解决了各 Cache 之间,以及 Cache 与存储器之间的数据一致性,就可以保证 I/O 操作的一致性。

解决 Cache 不一致问题主要有两种办法:一种是监听协议,即各处理机的每次写操作都公开发布,为所有的处理机所知道,那么各处理机就根据监听的信息对自身的数据采取保持一致的措施;另一种是基于目录的协议,这是当处理机的写操作无法为大家所知时,通过修改目录间接地向其他处理机报告,以便其他处理机采取措施。

2.8.4　多处理机的互连网络

多处理机的主要特点是各台处理机共享一组存储器和 I/O 设备。这种共享是通过两个互连网络实现的:一个是处理机和存储器模块之间的互连网络;另一个是处理机和 I/O 子系统(I/O 接口和 I/O 设备)之间的互连网络。互连网络可以采用不同的物理形式,一般可有下列 4 种基本结构。

第一种是总线结构。多处理机结构最简单的互连方式是把所有功能模块(或部件)连接到一条公共通信通路上,公共通信通路也称为时分或公共总线。这种总线结构的特点是简单、容易实现,也容易扩展(重构)。总线是一个无源部件,通信完全由发送和接收的总线接口控制。由于总线是共享资源,所以必须有总线请求和仲裁的机构,以避免发生总线冲突。

第二种是交叉开关。这种互连网络称为无阻塞交叉开关。由于每个存储器或存储模块有其内部总线,所以,交叉开关实现了处理机与存储器模块的全连接。因此,可同时进行通信的个数是受总线的带宽、速度以及存储器数目的限制而非通路数的限制。交叉开关的特点是开关和功能部件的接口非常简单,而且支持所有存储器模块同时通信。每个交叉点不仅应支持交换通道的切换,而且必须能解决在同一存储器周期内访问同一个存储器模块的多个请求之间的冲突,通常用预设的优先级来处理冲突。

第三种是多端口存储器。如果把分布在交叉开关矩阵网络上的控制、转接、优先级仲裁等逻辑功能转移到存储器模块的接口上,就形成了多端口存储器系统,这种系统既适合于单处理机,也适合于多处理机。对于访问存储器的冲突,常用的解决方案是每个存储器端口分配一个永久优先级,而各个主控模块相对于某个存储器模块有一个优先级别序列。

第四种是多级交叉开关网络。即使用多个小规模交叉开关"串联"和"并联"组成多级交叉开关网络,以取代单级的大规模交叉开关。

由于多级交叉开关网络的基础是交叉开关,所以总线结构、交叉开关、多端口存储器互连结构可以作为三种基本类别。

2.8.5　多处理机的程序并行性分析

多处理机中的并行通常表现在程序级或任务级,能否将顺序执行的程序转换成语义等价的、可并行执行的程序,主要取决于程序的结构形式,特别是其中的数据相关性。

假设有一个程序包含 $P_1, P_2, \cdots, P_i, \cdots, P_j, \cdots, P_n$ 等 n 个顺序执行的程序段,在 P_i 和 P_j 之间存在 3 种可能的数据相关情况。第一种情况称为"数据相关",若 P_i 的输出变量出现在 P_j 的输入变量集内时,则称 P_j 数据相关于 P_i。为了保证程序执行的语义正确性,必须保证先执行 P_i 的写操作后方可执行 P_j 中的读操作,即必须先写后读。第二种情况称为"数据反相关",若 P_j 的输出变量出现在 P_i 的输入变量集内时,则称 P_i 数据反相关于 P_j。为保证语义正确性,必须等 P_i 将要输入变量读出后,P_j 方可对输出变量进行写入操作,即必须先读后写。第三种情况称为"数据输出相关",若 P_i 和 P_j 的输出变量相同,则称 P_j 数据输出相关于 P_i。为保证语义正确性,必须保证 P_i 先写入,然后允许 P_j 再写入。

除了上述三种相关外,还存在一种特殊情况:即两个程序段的输入变量互为输出变量。此时,两者必须同步并行执行,方可保证语义的正确性。

程序并行性检测主要是判别程序中是否存在前述的各种数据相关。伯恩斯坦(Bernstein)提出了一种自动判别数据相关的准则。假设每个程序段 P_i 在执行过程中通常要使用输入和输出这两个分离的变量集,若用 I_i 表示 P_i 程序段中操作所要读取的存储单元集,用 O_i 表示 P_i 要写入的存储单元集,则 P_i 和 P_j 两个程序段能并行执行的伯恩斯坦准则如下:

(1) $I_i \cap O_j = \varnothing$,即 P_i 的输入变量集与 P_j 的输出变量集不相交;

（2）$I_j \cap O_i = \varnothing$，即 P_j 的输入变量集与 P_i 的输出变量集不相交；

（3）$O_i \cap O_j = \varnothing$，即 P_i 和 P_j 的输出变量集不相交。

2.8.6　多处理机的并行程序设计语言

程序的并行性需要在源程序和目标程序中进行描述，通常可采用显式及隐式两种方法。显式方法要求程序员通过某种语言结构显式地表示并行性。隐式方法则主要由编译程序来判断程序中哪些部分是可以并行执行的，并自动地将顺序程序转换成并行程序。

并行语言的开发通常有两种方法：一是在现有高级语言的基础上加以扩展，增加可表示并行进程的结构成分，称为扩展式并行程序语言；二是设计全新的并行语言。

扩展并行语言中一般使用 FORK – JOIN 语句或块结构语言来表示并发性。FORK 语句的执行将导致从一个进程派生出一个可与之并行执行的新进程，JOIN 语句则用于等待以前派生进程的结束。具体来讲，FORK 的操作可有以下三种形式：

（1）FORK A：在地址 A 派生一个新进程，当前进程仍继续执行。

（2）FORK A,J：除具有 FORK A 的功能外，在地址 J 将计数器内容加 1。

（3）FORK A,J,N：除有 FORK A 的功能外，在地址 J 将计数器内容置为 N。

JOIN 的操作较简单。只有"JOIN J"一种形式，表示将地址 J 处的计数器值减 1。当计数器值变为 0 时，将启动地址 J + 1 处的进程；否则，释放执行 JOIN 语句的处理机。因此，所有进程以执行"JOIN J"作为终止，但最后一个执行"JOIN J"语句的将是例外，此时进程将在 J + 1 处继续执行下去。

块结构语言与 FORK – JOIN 语句在概念上是等价的，但使用更为方便。它用 cobegin – coend（或 parbegin – parend）将所有可并行执行的语句或进程前后括起来，以显式表明它们可并行执行。

2.9　集　群　系　统

集群（Cluster）系统也属于多指令流多数据流（MIMD）计算机，从严格意义上讲，集群系统是一种多计算机系统（Multicomputer System）。集群系统是利用高速通用网络将一组高性能工作站或高档 PC 按某种结构连接起来，并在并行程序设计以及可视化人机交互集成开发环境支持下，统一调度，协调处理，实现高效并行处理的系统。从结构和结点间的通信方式来看，它属于分布存储系统，主要利用消息传递方式实现各主机之间的通信,由建立在独立操作系统之上的并行编程环境完成系统的资源管理及相互协作,同时也屏蔽结点及网络的异构性,对程序员和用户来说,集群系统是一个整体的并行系统。集群系统中的主机和网络可以是同构的,也可以是异构的。目前已实现的集群系统大多采用现有商用工作站和通用 LAN 网络,这样既可以缩短开发周期又可以利用最新的微处理器技术。大多数集群系统的并行编程环境是建立在一般的 UNIX(Linux)操作系统之上。

2.9.1　集群系统的特点

集群系统之所以能够从技术可能发展到实际应用,主要是它与传统的并行处理系统相比有以下几个明显的特点:

(1)系统开发周期短。由于集群系统大多采用商用工作站和通用 LAN 网络,既不用重新研制计算结点,又不用重新设计操作系统和编译系统,开发的重点在通信和并行编程环境上,这就节省了大量研制时间。

(2)用户投资风险小。用户在购置传统巨型机或大规模并行计算机(Massively Parallel Processor,MPP)系统时很不放心,担心使用效率不高,系统性能发挥不好,从而浪费大量资金。而集群系统不仅是一个并行处理系统,它的每个结点同时也是一台独立的工作站,即使整个系统对某些应用问题并行效率不高,它的结点仍然可以作为单个工作站使用。

(3)系统价格低。由于生产批量小,传统巨型机或 MPP 的价格都比较昂贵。工作站或高档 PC 售价较低,由近十台或几十台工作站组成的集群系统可以满足多数应用的要求,而价格却比较低。

(4)系统扩展性好。从规模上说,集群系统大多使用通用网络,系统扩展容易;从性能上说,对大多数中、粗粒度的并行应用都有较高的效率。

(5)用户编程方便。集群系统中,实现程序的并行化一般只需在原有的 C、C++或 Fortran 串行程序中插入相应的通信原语。用户使用的仍然是熟悉的编程环境,不需重新适应新的环境,这样就可以继承原有软件财富。

(6)单一系统映像。一组由网络联结起来的工作站不一定就是一个集群系统,集群系统必须提供单一系统映像(Single System Image,SSI)。单一系统映像是为了让用户所看到的集群系统在使用、控制和维护上就像一台计算机一样。单一系统映像是一个内容十分丰富的概念,包括单一入口点、单一文件层次结构、单一 I/O 空间、单一网络、单一作业管理系统、单一存储空间和单一进程空间等。

2.9.2　集群系统通信技术

集群系统是由若干微机或工作站通过普通 LAN 互连而成的松耦合计算机系统,这与大规模并行计算机(MPP)有较大差别,MPP 通常是采用专用网络以紧耦合方式进行结点间的互连。与 MPP 相比,集群系统具有可扩展性好、性能/价格比高的特点,但网络带宽通常较低。另外,局域网所使用的通信协议通常是 TC P/IP 协议,这种协议处理开销比较大,影响了网络硬件特性的发挥。

随着交换式网络带宽的不断提高,以及采用了 MPP 专用的交换技术、直通式路由技术和 8 位并行传输技术的 Myrinet 高速网络的出现,集群系统通信技术主要聚焦到如何降低通信协议造成的延迟。下面介绍三种对传统的通信协议进行修改的方法。

1. 直接在用户空间实现通信协议

该协议可以直接控制网络硬件动作并旁路操作系统,以达到减少数据拷贝次数,节约通信花费时间的目的。由此带来的问题是如何管理有限的网络资源,特别是当多个进程复用网络时。

2. 简化通信协议

通信协议的简化包括两个含义,一是删除某些不必要的功能,另一个就是减少协议的层数。图 2 – 10 是 Solaria 2.4 中的通信协议,由设备驱动程序、数据链路层接口(Data Link Provider Interface,DLPI)、IP 层、TCP 层以及 Socket 接口组成。由于数据链路层接口已经提供了数据包无差错传送的机制,因此就有可能在用户层上设计一个简化的通信协议,跳过 TCP 和 IP 层,直接与链路层接口,使新的协议变得更为简洁和高效。

3. 活动消息(Active Message)通信机制

活动消息通信方式是一种全新的机制,对于提高通信系统的性能具有突破性的作用。活动消息是一种通过消息驱动的异步通信方式。数据包在传送时,添加了两项内容,即处理该数据的程序指针 Handler 以及参数。当消息到达目的结点后,系统立即产生一个优先级很高的中断,由中断立即启动消息处理程序(根据指针)。消息处理程序从网络接口卡中取出消息,并给发送方发送一个应答消息。

活动消息处理方式与网络硬件的处理方式相一致。对大多数网络硬件系统来说,当它接收到一个消息数据包后,立即会产生一个优先级很高的中断,通知操作系统消息已经到达,此时操作系统会调用相应的中断处理程序来接收并处理到达的消息,这是一个完全异步的消息处理过程。活动消息正是直接使用了网络硬件提供的功能,让消息包的发送方预先指定好接收方用于处理该消息的

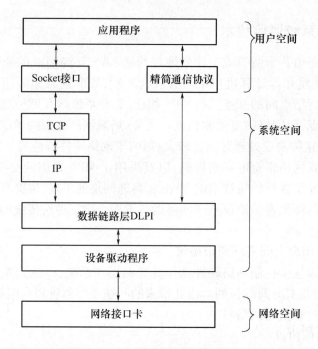

图 2 - 10　精简通信协议的结构

函数,当消息数据包到达接收方时,这个预先指定的函数被调用来处理此消息。可见活动消息通信机制恰好顺应了网络硬件的通信过程,使得它能够更有效地发挥网络硬件的性能,有利于通信效率的提高,而传统的通信机制实现同步通信和异步消息传输两种方式则不同。前者通常采用"停—等"协议实现消息的可靠传输,与硬件的消息处理方式并不一致;后者则是通过引入复杂的缓冲管理机制来实现的,由于所有收到的消息首先要存放在缓冲器中,然后等待应用程序来处理,因此其软件处理开销较大,降低了通信系统的效率。研究表明,软件、硬件操作模式之间的差异越大,则通信效率越低。使软件操作模式与网络硬件的消息处理方式相一致,从而提高通信效率,是提出这种活动消息通信机制的基本思想。

　　活动消息通信机制是一种消息驱动的异步通信方式。异步通信最大的优点是能够实现通信与计算的重叠。与传统的异步通信方式相比,首先是消息驱动能使 CPU 获得较高的利用率;其次是接收方收到的数据是由消息处理程序 Handler 提交给应用程序的,特别是当这种提交过程能由网卡上的处理器来完成时,就可使得 CPU 的计算与数据提交能够同时进行。

　　活动消息通信机制能够简化缓冲管理。对数据接收方而言,由于在用户程序中已经预先分配了存储空间,接收到的数据可以直接存放到那里,因此在接收方可以取消缓冲;对数据发送方而言,如果消息是大数据包,则需要把大数据包分割成若干块小的数据包放到缓冲中进行管理。如果消息是小数据包,由于活动消息通信处理小数据包的开销小,网络不易拥塞,使得网卡自身拥有的缓冲就足够用了,不需要另行分配缓存。

2.9.3　集群系统并行程序的设计环境

广义地说,并行程序设计环境应包括硬件平台、操作系统和并行程序语言、编译、调试及性能分析工具等,狭义的并行程序设计坏境仅指系统核心之上的工具软件部分。作为一个并行程序的支撑环境,至少应包括以下两个方面:

(1) 并行语言支持或并行操作库函数支持;

(2) 一种或多种并行编程模型。

为了能够充分利用集群系统的资源,用户要解决的问题必须从算法上描述为一组可以并发执行的子问题或子任务,而它们必须通过使用并行模型、并行语言以及并行环境来实现。在集群系统上的并行程序设计环境大致可分为两种:一种是基于共享存储器模型的,在这种设计环境下,整个存储器空间对于集群系统中任何一个结点都是全局可寻址的,称为共享存储空间,由统一的操作系统负责把分布式存储空间转换成全局可寻址的单一存储空间。另一种是基于消息传递模型的,这也是目前集群系统使用最广泛和最有效的并行程序设计环境。

比较著名的基于消息传递的并行程序设计环境有并行虚拟机器(Parallel Virtual Machine,PVM)和消息传送接口(Message Passing Interface,MPI)。

1. PVM

PVM 支持用户采用消息传递方式编写并行程序,编程模型可以是 SPMD(Single Program Multiple Data)或 MPMD(Multiple Program Multiple Data),计算以任务(Task)为单位,一个任务通常就是一个进程,每个任务都有一个 Taskid 来标识(不同于进程号)。PVM 支持在虚拟机中自动加载任务运行,任务间可以相互通信以及同步。在 PVM 系统中,一个任务被加载到哪个结点上去运行,一般来说对用户是透明的,这样就方便了用户编写并行程序。当然,PVM 也允许高级用户指定任务被加载的结点。

PVM 支持应用程序、结点机以及网络级的异构性,允许应用任务选择最适合于它做计算的结点去运行。如果两台机器的数据表示格式不同,PVM 在内部会自动解决数据转换的问题,PVM 允许虚拟机采用多种不同的网络进行互连。

PVM 系统中,各机器间的通信基于 TCP/IP,同时它也支持多处理机内部结点的通信直接利用多处理机本身提供的通信函数。

PVM 的特点可以总结为：

（1）PVM 系统支持多用户及多任务运行，多个用户可将系统配置成相互重叠的虚拟机，每个用户可同时执行多个应用程序。

（2）系统基于用户编程与网络接口分离的设计理念，提供了一组便于使用的通信原语，可实现一个任务向其他任务发消息，或向多个任务发消息，以及阻塞和非阻塞收发消息等功能。系统还实现了通信缓冲区的动态管理机制，每个消息所需的缓冲区由 PVM 运行时动态申请，消息长度只受结点上可用存储空间的限制。

（3）PVM 支持进程组，可以把一些进程组成一个 group，一个进程可属于多个进程组，而且可以在执行时动态改变。

（4）支持异构计算机联网构成并行虚拟计算机系统。

（5）具有容错功能，当发现一个结点出故障时，PVM 会自动将之从虚拟机中删除。

PVM 系统由两部分组成，第一部分是 pvmd，它是一个 daemon 进程，驻留在构成虚拟机的每一台机器上，主要负责 PVM 系统的配置、用户任务的内部管理以及任务之间的通信等任务。第二部分是 PVM 用户接口 libpvm3.a，它包含了所有用户可使用的 PVM 库函数，像消息通信、任务创建等，用户程序在编译时必须连接该库。

2. MPI

MPI 支持 C 和 Fortran 两种语言，编程模型采用 SPMD，它的编程要比 PVM 容易。MPI 系统的特点如下：

（1）MPI 提供了缓冲区管理的函数，用户可以决定是完全由系统对发送、接收缓冲区进行管理，还是用户参与部分管理（向系统提交或释放自己的缓冲区），以便更实际地控制系统的缓冲区空间，提高系统的安全性。

（2）MPI 能运行于异构的网络环境中，另外，MPI 还提供了一些结构和函数，允许用户构造自己的复杂数据类型，使得通信更加方便。

（3）MPI 通过通信上下文（context）提供通信的安全性，也就是说，MPI 中所有的通信都是上下文相关的。接收操作只能接收到同一上下文中发送的消息，即使别的上下文中有任务在发送消息，它也不会去接收。这样，不同上下文中发送的消息也不会混淆。

（4）MPI 实现了两个任务间的多种通信方式，如阻塞式、非阻塞式通信，还有标准式、同步式、缓冲式和预备式发送操作。

（5）集群通信（collective communication）。MPI 实现了组内所有任务之间的通信、数据交换及数据处理。在集群通信中，MPI 提供了丰富的数据操作函数，还允许用户定义自己的数据操作函数,使得通信和数据处理能更有效地结合起来。

(6) 错误处理。由于 MPI 提供了可靠的数据传输机制,发送的消息总能被对方正确地收到,用户不必检查传输错误、超时错误或其他错误条件。因此 MPI 未提供处理通信失败或处理机失败的机制,它只处理应用程序级的错误。MPI 能处理的每个错误都会产生一个 MPI 异常信息。

2.9.4　集群系统中的负载平衡

在集群系统中,一个大的任务往往由多个子任务组成。这些子任务被分配到各个处理结点上并行执行,称之为负载。对于由异构处理结点构成的集群系统而言,由于各结点的处理能力不同,相同的负载在其上运行的时间和资源占用率也会不同。因此,准确的负载强度定义应是绝对的负载量与结点处理能力的比值。当整个系统任务较多时,各结点上的负载可能产生不均衡现象,这就会降低整个系统的利用率,从而导致负载不平衡问题。负载不平衡问题解决得好与坏,直接影响到系统性能,因此它就成为并行处理中的一个重要问题。

为了充分利用高度并行的系统资源,提高整个系统的吞吐率,就需要负载平衡技术的支持。负载平衡技术的核心是调度算法,即将各个任务比较均衡地分布到不同的处理结点并行运行,从而使各结点的综合利用率达到最大。

一个负载平衡良好的并行多处理机系统在系统响应时间和平均执行时间上应该是比较短的。另外,当系统规模大小发生变化,或者负载轻重发生变动时,系统能有很强的适应调整能力。当某些结点发生故障时,系统能够调整任务,并启动调整后的任务继续运行。对于集群系统而言,由于并行环境所支撑的资源调整功能比较弱,而且各结点的体系结构和资源情况也有很大差异。所以,除了在程序设计时考虑并行要求外,还有必要动态地监视系统资源的利用情况,及时做出资源调整。在多用户的条件下,前台与后台相比应该使之具有更高一些的优先级。所以,往往采取给承担前台操作较多的结点分配较少任务的策略,使其有足够的资源及时处理前台操作。

负载平衡系统的一般评价标准包括:

(1) 吞吐率(throughput):并行系统上运行的应用程序的响应时间或平均完成时间,这是负载平衡系统最主要的衡量尺度。

(2) 可扩展性(scalability):系统规模增大或总负载大小变化时系统的适应能力。

(3) 容错性(fault-tolerant):发生处理机故障后任务恢复运行的能力。

2.9.5 实现负载平衡的主要技术因素

1. 负载平衡决策时机

从任务分配决策时机的角度出发,负载平衡技术可分为静态和动态两大类。静态方法就是在编译时针对用户程序中的各种信息(如各个任务的计算量大小、依赖关系和通信关系等)以及集群系统本身的状况(如网络结构,各处理结点计算能力等)对用户程序中的并行任务作出静态分配决策,而在运行该程序的过程中依照静态分配方案将任务分配到相应结点。理论证明,静态算法求最优调度方案属于 NP – Complete 问题,因此在实践中往往采用求次优解的算法。静态算法要求获知完整的任务依赖关系信息,但在高度并行的多计算机领域,特别是在多用户方式下,需处理的任务负载是动态产生的,很难事先作出准确的预估。因此,静态负载平衡方法多用作理论研究和辅助工具。

动态负载平衡方法则是在应用程序运行过程中实现负载平衡的。它通过分析集群系统的实时负载信息,动态地将任务在各处理机之间进行分配和调整,以消除系统中负载分布的不均匀性。由于各处理机上的任务是动态产生的,因此在程序执行期间,某台处理机上的负载就可能突发性地增加或减少。这时,重载(负载较重)的处理机应及时地把多余的任务分配到轻载的处理机上去(或者轻载的处理机及时地向重载的处理机申请任务)。动态负载平衡的特点是算法简单,可实时响应系统负载的变化,但同时也增加了系统的额外开销。

2. 负载平衡控制模式

动态负载平衡控制模式可分为集中式和分布式。

集中式负载平衡控制一般通过 Master/Slave 的方式来实现,最典型的是任务池(pool of tasks)方法。该方法由 Master 创建和维护任务池(一般组织成队列形式),并向空闲的 Slave 处理机分派任务。如果每个任务粒度不同,则粒度较大的任务一般处于队列头。在 Master/Slave 方式的负载平衡控制中,各 Slave 只服从 Master 的命令,互相间不进行通信。另一种比较典型的集中式负载平衡方法是换维平衡法(Dimension Exchange Method),该方法基于一种全局控制的、完全同步的策略。它首先将 N 个处理机组织成 $\lg N$ 维,然后每次在某一维的处理机集合中进行负载平衡。通过更换不同维的处理机集合,利用维与维之间处理机的重叠特性,达到全局负载平衡的效果。

在分布式负载平衡控制中,各处理机分别进行调度。它又可分为合作型以及非合作型两类。前者的调度决策基于整个系统状况,准确度高但网络开销大;而后者的调度决策则基于局部信息,相对而言网络开销小,但决策准确度低,所以,实际的系统实现往往是这两种类型的折衷。采用分布式负载平衡控制的系统不会因单个结点的故障而崩溃,故健壮性较强。

3. 负载信息的收集与评估

动态调度中需要获得各结点负载信息,这包括 CPU 处理能力、CPU 利用率、CPU 就绪队列长度和进程响应时间等。CPU 处理能力反映的是不同类型的处理机计算能力的强弱。CPU 利用率定义为单位时间内 CPU 处理用户进程与处理核心进程的时间比,当 CPU 利用率很低时,可以认为 CPU 处于空闲状态,可以通过 CPU 就绪队列长度衡量负载轻重。由于 UNIX 系统是有优先级的固定时间片分时系统,故还可采用测试特定进程响应时间的方法来估计系统负载。另外,磁盘可用空间、内存以及 I/O 设备利用率也会对判断负载情况起到辅助作用。

在集中式负载平衡控制中,各结点收集本地负载信息,并以一定时间间隔向控制结点报告。这里时间间隔的设置对性能影响很大,太短会引起通信拥挤,太长则影响调度的准确性。在分布式控制中,各结点也必须收集本地负载信息,在信息交换时可以有两种选择,既可以定时交换,也可以只在发生任务调度时交换。

4. 负载调度策略

负载调度策略的作用是决定调度由谁发起,和由谁接受任务。常用的调度策略包括直接传递方式(direct)、全局信息方式(focused addressing)和竞争方式(bidding)。

在直接传递方式下,各结点根据本身及相邻结点信息发出任务或申请任务。根据平衡调整的主动发起者的不同,又分为发送者发起(Sender – Initiated,SI)和接受者发起(Receiver – Initiated, RI)两种类型。

SI 策略利用处理机邻域的负载信息,由重载处理机主动发起负载平衡,将过多的负载发送到邻域中的轻载处理机上,因此它是一种高度分布的方案。在SI 系统中,全局负载平衡通过重载区域向轻载区域扩散负载来实现。为了实现SI 系统,应确定一个处理机负载的阈值和选择任务负载目标迁移结点的算法。SI 方式在系统平均负载较轻的情况下更有效。

RI 方式又称为选拔法。在 RI 系统中,负载平衡由轻载处理机主动发起申请,邻域中的重载处理机在收到该申请后,将适量的负载传递给轻载处理机。由于轻载处理机承担了绝大部分负载平衡的开销,因此 RI 方法在系统平均负载较重的情况下性能较好。RI 方式采用重叠域思想,是目前分布式负载控制技术中,特别适合于支持大规模并行系统解决各种应用问题的优选方法。

在全局信息方式下,每个结点都保留一份全局负载信息表,在任务派生时将任务直接发送给最轻载的处理机。竞争方式则是在结点发生任务派生时向各个结点发出申请,各个结点根据自身负载情况进行竞争,最终将任务发送给负载最轻的结点。

第 3 章 计算机操作系统

3.1 操作系统的主要功能

操作系统(Operating System,OS)的主要任务,是为程序的运行提供良好的运行环境,并能最大程度地提高系统中各种资源的利用率和方便用户的使用。为实现上述任务,操作系统应具有这样几方面的功能:处理机管理、存储器管理、设备管理和文件管理。为了方便用户使用操作系统,还须向用户提供方便的用户接口。

3.1.1 处理机管理功能

在传统的多道程序系统中,处理机的分配和运行都是以进程为基本单位,因而对处理机的管理可归结为对进程的管理。在引入了线程的 OS 中也包含对线程的管理。处理机管理的主要功能是创建和撤消进程(线程),对诸进程(线程)的运行进行协调,实现进程(线程)之间的信息交换,以及按照一定的算法把处理机分配给进程(线程)。

1. 进程控制

在多道程序环境下,要使作业运行,必须先为它创建一个或几个进程,并为之分配必要的资源。当进程运行结束时,立即撤消该进程,以便能及时回收该进程所占用的各类资源。进程控制的主要功能是为作业创建进程,撤消已结束的进程,以及控制进程在执行过程中的状态转换。在现代 OS 中,进程控制还应具有为一个进程创建若干个线程的功能和撤消(终止)已完成任务线程的功能。

2. 进程同步

进程是以异步方式运行的,并以人们不可预知的速度向前推进。为使多个进程能有条不紊地运行,OS 中必须设置进程同步机制。进程同步的主要任务是为多个进程(含线程)的运行进行协调,有两种协调方式:①进程互斥方式,这是指诸进程(线程)在对临界资源进行访问时,应采用互斥方式;②进程同步方式,指在相互合作去完成共同任务的诸进程(线程)间,由同步机构对它们的执行次序加以协调。

3. 进程通信

在多道程序环境下,为了加速应用程序的运行,应在系统中建立多个进程,并且再为一个进程建立若干个线程,由这些进程(线程)相互合作去完成一个共同的任务,而在这些进程(线程)之间又往往需要交换信息。进程通信的任务是实现在相互合作的进程之间的信息交换。当相互合作的进程(线程)处于同一计算机系统时,通常在它们之间是采用直接通信方式,即由源进程利用发送命令直接将消息挂到目标进程的消息队列上,然后由目标进程利用接收命令从其消息队列中取出消息。

4. 调度

在传统的操作系统中,调度包括作业调度和进程调度两步。作业调度的基本任务是从后备队列中按照一定的算法,选择出若干个作业,为它们分配其必需的资源(首先是分配内存)。在将它们调入内存后便分别为它们建立进程,使它们都成为可能获得处理机的就绪进程,并按照一定的算法将它们插入就绪队列;而进程调度的任务,则是从就绪的进程队列中选出一新进程,把处理机分配给它,并为它设置运行现场,使进程投入执行。值得提出的是,在多线程 OS 中,通常是把线程作为独立运行和分配处理机的基本单位,为此,须把就绪线程排成一个队列,每次调度时,是从就绪线程队列中选出一个线程,把处理机分配给它。

3.1.2　存储器管理功能

存储器管理的主要任务,是为多道程序的运行提供良好的环境,方便用户使用存储器,提高存储器的利用率以及能从逻辑上扩充内存。为此,存储器管理应具有内存分配、内存保护、地址映射和内存扩充等功能。

1. 内存分配

内存分配的主要任务是为每道程序分配内存空间,使它们"各得其所";提高存储器的利用率,以减少不可用的内存空间;允许正在运行的程序申请附加的内存空间,以适应程序和数据动态分配的需要。

OS 在实现内存分配时,可采取静态和动态两种方式。在静态分配方式中,每个作业的内存空间是在作业装入时确定的。在作业装入后的整个运行期间,不允许该作业再申请新的内存空间,也不允许作业在内存中"移动";在动态分配方式中,每个作业所要求的基本内存空间,也是在装入时确定的,但允许作业在运行过程中继续申请新的附加内存空间,也允许作业在内存中"移动"。

为了实现内存分配,在内存分配的机制中应具有这样的结构和功能:①内存分配数据结构,该结构用于记录内存空间的使用情况,作为内存分配的依据;②内存分配功能,系统按照一定的内存分配算法,为用户程序分配内存空间;

③内存回收功能,主要用于完成用户不再需要的内存的回收,一般通过用户的内存释放请求触发。

2. 内存保护

内存保护的主要任务是确保每道用户程序都只在自己的内存空间内运行,彼此互不干扰。进一步说,绝不允许用户程序访问操作系统的程序和数据,也不允许转移到非共享的其他用户程序中去执行。

为了确保每道程序都只在自己的内存区中运行,必须设置内存保护机制。一种比较简单的内存保护机制是设置两个界限寄存器,分别用于存放正在执行程序的上界和下界。系统须对每条指令所要访问的地址进行检查,如果发生越界,便发出越界中断请求,以停止该程序的执行。如果这种检查完全用软件实现,则每执行一条指令,便须增加若干条指令去进行越界检查,这将显著降低程序的运行速度,因此,越界检查都由硬件实现。当然,对发生越界后的处理,还须与软件配合来完成。

3. 地址映射

一个应用程序(源程序)经编译后,通常会形成若干个目标程序。这些目标程序再经过链接便形成了可装入程序。这些程序的地址都是从"0"开始的,程序中的其他地址都是相对于起始地址计算的。由这些地址所形成的地址范围称为"地址空间",其中的地址称为"逻辑地址"或"相对地址"。此外,由内存中的一系列单元所限定的地址范围称为"内存空间",其中的地址称为"物理地址"。

在多道程序环境下,每道程序不可能都从"内存空间"的"0"地址开始装入,这就导致地址空间内的逻辑地址和内存空间中的物理地址不相一致。为使程序能正确运行,存储器管理必须提供地址映射功能,以将地址空间中的逻辑地址转换为内存空间中与之对应的物理地址。

4. 内存扩充

存储器管理中的内存扩充任务并非是去扩大物理内存的容量,而是借助于虚拟存储技术,从逻辑上去扩充内存容量,使用户所感觉到的内存容量比实际内存容量大得多,或者是让更多的用户程序能并发运行。这样,既满足了用户的需要,改善了系统的性能,又基本上不增加硬件投资。为了能在逻辑上扩充内存,系统必须具有内存扩充机制,用于实现下述各功能:

(1)请求调入功能。允许在装入一部分用户程序和数据的情况下,便能启动该程序的运行。在程序运行过程中,若发现要继续运行时所需的程序和数据尚未装入内存,可向 OS 发出请求,由 OS 从磁盘中将所需部分调入内存,以便继续运行。

(2)置换功能。若发现在内存中已无足够的空间来装入需要调入的程序和数据时,系统应能将内存中的一部分暂时不用的程序和数据置换至硬盘上,以腾出所需的内存空间。

3.1.3　设备管理功能

设备管理用于管理计算机系统中所有的外围设备,其主要任务是完成户进程提出的 I/O 请求;为用户进程分配其所需的 I/O 设备;提高 CPU 和 I/O 设备的利用率;提高 I/O 速度;方便用户使用 I/O 设备。为实现上述任务,设备管理应具有缓冲管理、设备分配和设备处理以及虚拟设备等功能。

1. 缓冲管理

CPU 运行的高速性和 I/O 处理的低速性间的矛盾自计算机诞生时起便已存在。而随着 CPU 速度迅速、大幅度的提高,此矛盾更为突出,间接降低了 CPU 的利用率。如果在 I/O 设备和 CPU 之间引入缓冲,则可有效地缓和 CPU 和 I/O 设备速度不匹配的矛盾,提高 CPU 的利用率,进而提高系统吞吐量。因此,在现代计算机系统中,都毫无例外地在内存中设置了缓冲区,而且还可通过增加缓冲区容量的方法改善系统的性能。

可以采用不同的缓冲区机制。最常见的缓冲区机制有单缓冲机制,能实现双向同时传送数据的双缓冲机制,以及能供多个设备同时使用的公用缓冲池机制。上述这些缓冲区都应由 OS 中的缓冲管理机构将它们管理起来。

2. 设备分配

设备分配的基本任务是根据用户进程的 I/O 请求、系统的现有资源情况以及按照某种设备分配策略,为之分配其所需的设备。如果在 I/O 设备和 CPU 之间还存在着设备控制器和 I/O 通道时,还须为分配出去的设备分配相应的控制器和通道。

为了实现设备分配,系统中应设置设备控制表、控制器控制表等数据结构,用于记录设备及控制器的标识符和状态。这些表格可以表明指定设备当前是否可用,是否忙碌,以供进行设备分配时参考。在进行设备分配时,应针对不同的设备类型而采用不同的设备分配方式。对于独占设备(临界资源)的分配,还应考虑该设备被分配出去后,系统是否安全。设备使用完后,还应立即由系统回收。

3. 设备处理

设备处理程序又称为设备驱动程序。其基本任务是用于实现 CPU 和设备控制器之间的通信,即由 CPU 向设备控制器发出 I/O 命令,要求它完成指定的 I/O 操作;反之由 CPU 接收从控制器来的中断请求,并给予迅速的响应和相应的处理。

3.1.4　文件管理功能

在现代计算机管理中,总是把程序和数据以文件的形式存储在磁盘和磁带上,供所有的或指定的用户使用。为此,在操作系统中必须配置文件管理机构。文件管理的主要任务是对用户文件和系统文件进行管理,以方便用户使用,并保证文件的安全性。为此,文件管理应具有对文件存储空间的管理、目录管理、文件的读/写管理以及文件的共享与保护等功能。

1. 文件存储空间的管理

为了方便用户的使用,对于一些当前需要使用的系统文件和用户文件,都必须存在可随机存取的磁盘上。在多用户环境下,若由用户自己对文件的存储进行管理,不仅非常困难,而且必然是十分低效的,因而,需要由文件系统对诸多文件及文件的存储空间实施统一的管理。其主要任务是为每个文件分配必要的外存空间,提高外存的利用率,并能有助于提高文件系统的运行速度。

为此,系统应设置相应的数据结构,用于记录文件存储空间的使用情况,以供分配存储空间时参考。系统还应具有对存储空间进行分配和回收的功能。为了提高存储空间的利用率,对存储空间的分配通常是采用离散分配方式,以减少外存碎片,并以盘块为基本分配单位。

2. 目录管理

为方便用户在外存上查找所需的文件,通常由系统为文件建立目录项。目录项包括文件名、文件属性、文件在磁盘上的物理位置等。由若干个目录项又可构成一个目录文件。目录管理的主要任务是为每个文件建立其目录项,并对众多目录项加以有效的组织,以实现方便的按名存取。即用户只需提供文件名,即可对该文件进行存取。其次,目录管理还应能实现文件共享,这样,只需在外存上保留一份该共享文件的副本。此外,还应能提供快速的目录查询手段,以提高对文件的检索速度。

3. 文件的读/写管理和保护

文件的读/写管理功能是根据用户的请求,从外存中读取数据或将数据写入外存。在进行文件读(写)时,系统先根据用户给出的文件名去检索文件目录,从中获取文件在外存中的位置,然后,利用文件读(写)指针,对文件进行读(写)。一旦读(写)完成,便修改读(写)指针,为下一次读(写)做好准备。由于读和写操作不会同时进行,故可合用一个读/写指针。

文件保护功能主要是为了防止系统中的文件被非法窃取和破坏,在文件系统中必须提供有效的存取控制功能,以实现下述目标:①防止未经核准的用户存取文件;②防止冒名顶替存取文件;③防止以不正确的方式使用文件。

3.1.5　用户接口

为了方便用户使用操作系统,操作系统须向用户提供用户与操作系统的接口。该接口通常是以命令或系统调用的形式呈现在用户面前的,前者提供给用户在键盘终端上使用,后者提供给用户在编程时使用。目前的操作系统中,还向用户提供了图形用户接口(Graphic User Interface,GUI)。

1. 命令接口

为了便于用户直接或间接地控制自己的作业,操作系统向用户提供了命令接口。用户可通过该接口向作业发出命令以控制作业的运行。该接口又进一步分为联机用户接口和脱机用户接口。联机用户接口由一组键盘操作命令及命令解释程序组成,当用户在终端或控制台上每键入一条命令后,系统便立即转入命令解释程序,对该命令加以解释并执行该命令。在完成指定功能后,控制又返回到终端或控制台上,等待用户键入下一条命令。脱机用户接口是为批处理作业的用户提供的,故也称为批处理用户接口。接口由一组作业控制语言(Job Control Language,JCL)组成。批处理作业的用户不能直接与自己的作业交互,只能委托系统代替用户对作业进行控制和干预。这里的作业控制语言 JCL 便是提供给批处理作业用户使用的,为实现所需功能而委托系统代为控制的一种命令语言。用户用 JCL 把需要对作业进行的控制和干预事先写在作业说明书上,然后将作业连同作业说明书一起提供给系统。当系统调度到该作业运行时,又调用命令解释程序,对作业说明书上的命令逐条地解释执行。如果作业在执行过程中出现异常现象,系统也将根据作业说明书上的指示进行干预。

2. 程序接口

程序接口是为用户程序在执行中访问系统资源而设置的,是用户程序取得操作系统服务的唯一途径。它是由一组系统调用组成的,每一个系统调用都是一个能完成特定功能的子程序,每当应用程序要求 OS 提供某种服务(功能)时,便调用具有相应功能的系统调用。早期的系统调用都是用汇编语言提供的,只有在用汇编语言书写的程序中才能直接使用系统调用。但在高级语言以及 C 语言中,往往提供了与各系统调用一一对应的库函数,这样,应用程序便可通过调用对应的库函数来使用系统调用。但在近几年所推出的操作系统中,如 UNIX、OS/2 版本中,其系统调用本身已经采用 C 语言编写,并以函数形式提供,故在用 C 语言编制的程序中,可直接使用系统调用。

3. 图形用户接口

虽然可以通过联机用户接口来取得 OS 的服务,但这时要求用户能熟记各种命令的名字和格式,并严格按照规定的格式输入命令,这既不方便又花时间,于是,图形用户接口便应运而生。图形用户接口采用了图形化的操作界面,用非常容易识别的各种图标来将系统的各项功能、各种应用程序和文件直观、逼真地表示出来。用户可用鼠标或通过菜单和对话框,来完成对应用程序和文件的操作。

3.2　操作系统结构

操作系统是一个十分复杂的大型软件。为了控制该软件的复杂性,引入了分解、模块化、抽象和隐蔽等设计方法。从而产生了不同的操作系统结构。按设计方法的不同可分为模块化结构、分层式结构和微内核结构。

1. 模块化 OS 结构

模块化程序设计技术是 20 世纪 60 年代出现的一种程序设计技术。该技术基于"分解"和"模块化"原则来控制大型软件的复杂度。在模块化结构的操作系统中,为使 OS 具有较清晰的结构,OS 不再是由众多的过程直接构成,而是将 OS 按其功能划分为若干个具有一定独立性和大小的模块。每个模块具有某方面的管理功能,如进程管理模块、存储器管理模块、I/O 设备管理模块和文件管理模块等,并规定好各模块间的接口,使各模块之间能通过该接口实现交互。然后再进一步将各模块细分为若干个具有一定管理功能的子模块,如把进程管理模块又细分为进程控制、进程同步、进程通信和进程调度等子模块,同样也要规定各子模块之间的接口。

2. 分层式 OS 结构

分层设计思想也是用来控制大型软件的复杂度的,其最大优点是将整体问题局部化,把可能的变化分别封装在不同的层中。最终,系统被规划为一个单向依赖的分层体系,利于修改、扩展和替换。分层式 OS 结构就是采用分层设计思想而产生的一种操作系统结构,其结构设计的基本原则是:每一层都仅使用其底层所提供的功能和服务,这样可使系统的调试和验证都变得容易。

3. 微内核 OS 结构

该结构是在模块化、层次化结构的基础上,采用了客户/服务器模式和面向对象的程序设计技术而产生的。微内核是指精心设计的、能实现现代 OS 核心功能的小型内核,它与一般的 OS 不同,它更小更精炼,不仅运行在核心态,而且开机后常驻内存,它不会因内存紧张而被换出内存。微内核并非是一个完整的 OS,而只是为构建通用 OS 提供一个重要基础。由于在微内核 OS 结构中,通常都采用了客户/服务器模式,因此 OS 的大部分功能和服务都是由若干服务器来提供的,如文件服务器、作业服务器和网络服务器等。

3.3　进程管理

3.3.1　进程的基本概念

在未配置 OS 的系统中,程序的执行方式是顺序执行的,即必须在一个程序执行完后才允许另一个程序执行。在多道程序环境下,则允许多个程序并发执行。程序的这两种执行方式间有着显著的不同,也正是多道程序环境下程序并发执行的要求,才使得在操作系统中引入进程的概念。

3.3.1.1　程序并发执行时的特征

程序的并发执行不同于程序顺序执行,具有以下特征:

1. 间断性

程序在并发执行时,由于它们共享系统资源以及为完成同一项任务而相互合作,致使在这些并发执行的程序之间形成了相互制约的关系。简言之,相互制约将导致并发程序具有"执行—暂停—执行"这种间断性的活动规律。

2. 失去封闭性

封闭性是指程序在封闭的环境下执行,即程序运行时独占全机资源,而资源的状态(除初始状态外)只有本程序才能改变它,程序一旦开始执行,其执行结果不受外界因素影响。在并发执行时,由于多个程序共享系统中的各种资源,因而这些资源的状态将由多个程序来改变,致使程序的运行失去了封闭性。这样,某程序在执行时,必然会受到其他程序的影响。例如,当处理机这一资源已被某个程序占有时,另一程序必须等待。

3. 不可再现性

可再现性是指只要程序执行时的环境和初始条件相同,当程序重复执行时,不论它从头到尾不停顿地执行还是"停停走走"地执行,都将获得相同的结果。程序在并发执行时,由于失去了封闭性,也必将导致其失去可再现性。

3.3.1.2　进程的定义

在多道程序环境下,程序的执行属于并发执行,此时它们将失去封闭性,并具有间断性及不可再现性的特征。这决定了通常的程序是不能参与并发执行的,因为程序执行的结果是不可再现的。这样,程序的运行也就失去了意义。为使程序能并发执行,且为了对并发执行的程序加以描述和控制,人们引入了"进程"概念。

曾有许多人从不同的角度对进程下过定义,其中较典型的进程定义有:

(1) 进程是程序的一次执行。

（2）进程是一个程序及其数据在处理机上顺序执行时所发生的活动。

（3）进程是程序在一个数据集合上运行的过程，它是系统进行资源分配和调度的一个独立单位。

3.3.1.3　进程的状态

运行或执行这一进程的本质属性决定了进程可能具有多种状态。事实上，运行中的进程可能有以下三种基本状态：

（1）就绪（Ready）状态。当进程已分配到除处理机以外的所有必要资源后，只要再获得处理机便可立即执行，进程这时的状态称为就绪状态。在一个系统中处于就绪状态的进程可能有多个，通常将它们排成一个队列，称为就绪队列。

（2）执行（Executing）状态。进程已获得处理机，其程序正在执行。在单处理机系统中，只有一个进程处于执行状态；在多处理机系统中，则可能有多个进程处于执行状态。

（3）阻塞（Blocking）状态。正在执行的进程由于发生某事件而暂时无法继续执行时，便放弃处理机而处于暂停状态，亦即进程的执行受到阻塞，把这种暂停状态称为阻塞状态，有时也称为等待状态。导致进程阻塞的典型事件有请求I/O、申请缓冲空间等。通常将这种处于阻塞状态的进程也排成一个队列。有的系统则根据阻塞原因的不同而把处于阻塞状态的进程排成多个队列。

处于就绪状态的进程，在调度程序为之分配了处理机之后，该进程便可执行，相应地，它就由就绪状态转变为执行状态。正在执行的进程也称为当前进程，如果因分配给它的时间片已完而被暂停执行时，该进程便由执行状态又回复到就绪状态；如果因发生某事件而使进程的执行受阻（例如，进程请求访问某临界资源，而该资源正被其他进程访问），使之无法继续执行，该进程将由执行状态转变为阻塞状态。

3.3.2　进程控制与调度

进程控制是进程管理中最基本的功能。它用于创建一个新进程，终止一个已完成的进程，或终止一个因出现某事件而使其无法运行下去的进程，还可负责进程运行中的状态转换。如当一个正在执行的进程因等待某事件而暂时不能继续执行时，将其转变为阻塞状态，而当该进程所期待的事件出现时，将该进程转换为就绪状态，等等。进程控制一般是由 OS 的内核来实现的。

进程调度用来决定就绪队列中的哪个进程应获得处理机，然后再由分派程序（Dispatches）执行把处理机分配给该进程的具体操作。进程调度是最基本的一种调度，进程调度可采用下述两种调度方式：

（1）非抢占方式（Non-preemptive Mode）。在采用这种调度方式时,一旦把处理机分配给某进程后,便让该进程一直执行,直至该进程完成或发生某事件而被阻塞时,才再把处理机分配给其他进程,决不允许某进程抢占已经分配出去的处理机。在采用非抢占调度方式时,可能引起进程调度的因素可归结为这样几个:①正在执行的进程执行完毕,或因发生某事件而不能再继续执行;②执行中的进程因提出 I/O 请求而暂停执行;③在进程通信或同步过程中执行了某种原语操作,如 P 操作（wait 操作）、Block 原语、Wakeup 原语等。

（2）抢占方式（Preemptive Mode）。这种调度方式允许调度程序根据某种原则去暂停某个正在执行的进程,将已分配给该进程的处理机重新分配给另一进程。抢占的原则如下:

① 优先权原则。通常是对一些重要的和紧急的进程赋予较高的优先权。如果某就绪状态进程的优先权比正在执行进程的优先权高,便停止正在执行（当前）的进程,将处理机分配给优先权高的进程,使之执行。或者说,允许优先权高的处于就绪状态的进程抢占当前进程的处理机。

② 短进程优先原则。当处于就绪状态的进程的预期执行时间比正在执行的进程的预期完成时间明显短时,将暂停当前长（时）进程的执行,将处理机分配给新到的短（时）进程,使之优先执行。或者说,短（时）进程可以抢占当前长（时）进程的处理机。

③ 时间片原则。各进程按时间片运行,当一个时间片用完后,便停止该进程的执行,重新进行调度。

3.3.3　进程同步

多道程序环境下,当程序并发执行时,由于资源共享和进程合作,使同处于一个系统中的诸进程之间可能存在着两种形式的制约关系。一般将源于资源共享的制约关系称为间接相互制约关系,而将源于进程间的合作的制约关系称为直接相互制约关系。

我们把在一段时间内只允许一个进程访问的资源称为临界资源或独占资源（Critical Resource）,而把在每个进程中访问临界资源的那段代码称为临界区（Critical Section）。显然,若能保证诸进程互斥地进入临界区,便可实现诸进程对临界资源的互斥访问。为实现进程互斥地进入临界区,可采用专门的同步机制来协调各进程间的运行。所有同步机制都应遵循下述四条准则:

（1）空闲让进。当无进程处于临界区时,表明临界资源处于空闲状态,应允许一个请求进入临界区的进程立即进入该临界区,以有效地利用临界资源。

（2）忙则等待。当已有进程进入临界区时,表明临界资源正在被访问,因而其他试图进入临界区的进程必须等待,以保证对临界资源的互斥访问。

(3) 有限等待。对要求访问临界资源的进程,应保证在有限时间内可以进入临界区,以免陷入"死等"状态。

(4) 让权等待。当进程不能进入临界区时,应立即释放处理机,以免进程陷入"忙等"。

荷兰学者 Dijkstra 提出的信号量(Semaphores)机制是一种卓有成效的进程同步工具。在长期且广泛的应用中,信号量机制又得到了很大的发展,它从最初的整型信号量发展为记录型信号量,进而发展为"信号量集"机制。现在,信号量机制已被广泛地应用于单处理机和多处理机系统以及计算机网络中。

3.3.4 进程通信

进程通信是指进程之间的信息交换,而进程之间的互斥和同步,也可看作是一种进程通信的特例。在进程互斥中,进程通过只修改信号量来向其他进程表明临界资源是否可用。进程通信方式可归结为三大类:共享存储器方式、消息传递方式以及管道通信方式。

在共享存储器方式中,相互通信的进程共享某些数据结构或共享存储区,进程之间能够通过这些空间进行通信。共享存储器方式又可再分为两种类型:一种是基于共享数据结构的通信方式。在这种通信方式中,要求诸进程共用某些数据结构,借以实现诸进程间的信息交换。这种通信方式的特点是,操作系统只提供共享存储器,而公用数据结构的设置以及对进程间同步的处理都是由程序员负责。另一种是基于共享存储区的通信方式。为了传输大量数据,存储器中划出了一块共享存储区,诸进程可通过对共享存储区中数据的读或写来实现通信。在使用基于共享存储区的通信时,进程先向系统申请获得共享存储区中的一个分区,并指定该分区的关键字。若系统已经给其他进程分配了这样的分区,则将该分区的描述符返回给申请者,由申请者把获得的共享存储分区连接到本进程上。此后,便可像读、写普通存储器一样读、写该公用存储分区,从而实现进程间的通信。

在消息传递方式中,进程间的数据交换是以格式化的消息为单位的。程序员直接利用系统提供的一组通信命令(原语)进行通信。操作系统隐藏了通信的实现细节。在进程之间通信时,源进程可以直接或间接地将消息传送给目标进程,由此可将基于消息传递的进程通信再分为直接和间接两种通信方式。直接通信方式是指发送进程利用 OS 所提供的发送命令,直接把消息发送给目标进程。此时,要求发送进程和接收进程都以显式方式提供对方的标识符。间接通信方式是指进程之间的通信需要通过作为共享数据结构的中间实体。该实体用来暂存发送进程发送给目标进程的消息,接收进程则从该实体中取出对方发送给自己的消息,通常把这种中间实体称为信箱。

管道(Pipe)通信方式中的"管道"是指用于连接一个读进程和一个写进程以实现它们之间通信的一个共享文件。向管道(共享文件)提供输入的发送进程(即写进程)是以字符流形式将大量的数据送入管道的;而接收管道输出的接收进程(读进程)则是从管道中接收(读)数据。由于发送进程和接收进程是利用管道进行通信的,故称为管道通信。

3.4　实 时 调 度

实时系统最重要的特点就是实时性,即系统的正确性不仅仅依赖于计算的逻辑结果的正确性,还取决于输出结果时间的及时性。从这个角度看,实时系统是"一个能够在指定或者确定的时间内完成系统功能和对外部环境做出响应的系统。"按对实时性能要求的程度,实时系统可分为两类:

(1)硬实时系统(也称为强实时系统):要求可确定性强,具有明确的实时约束,在某个限定的时刻之前不能完成任务将造成灾难性的后果。

(2)软实时系统(也称为弱实时系统):也对时间敏感,但偶尔发生不能满足严格实时要求的情况也是允许的。

在实时系统中,硬实时任务和软实时任务都联系着一个截止时间。为保证系统能正常工作,实时调度必须能满足实时任务对截止时间的要求,为此,实现实时调度应具备下述几个条件:

1. 提供必要的信息

为了实现实时调度,系统应向调度程序提供有关任务(被调度对象)的下述一些信息:

(1)就绪时间。这是该任务成为就绪状态的起始时间,在周期任务的情况下,它就是事先预知的一串时间序列;而在非周期任务的情况下,它也可能是预知的。

(2)开始截止时间和完成截止时间。对于典型的实时应用,只须知道开始截止时间或者知道完成截止时间。

(3)处理时间。这是指一个任务从开始执行直至完成所需的时间。在某些情况下,该时间也是系统提供的。

(4)资源要求。这是指任务执行时所需的一组资源。

(5)优先级。如果某任务的开始截止时间已经错过就会引起故障,则应为该任务赋予"绝对"优先级;如果对系统的继续运行无重大影响,则可赋予"相对"优先级,供调度程序参考。

2. 采用抢占式调度机制

在含有硬实时任务的实时系统中,广泛采用抢占机制。当一个优先权更高的任务到达时,允许将当前任务暂时挂起,而令高优先权任务立即投入运行,这样便可满足该硬实时任务对截止时间的要求,但这种调度机制比较复杂。对于一些小的实时系统,如果能预知任务的开始截止时间,则对实时任务的调度可采用非抢占调度机制,以简化调度程序和任务调度时所花费的系统开销。但在设计这种调度机制时,应使所有的实时任务都比较小,并在执行完关键性程序和临界区后,能及时地将自己阻塞起来,以便释放出处理机,供调度程序去调度那些截止时间即将到达的任务。

3. 具有快速切换机制

为保证要求较高的硬实时任务能及时运行,在实时系统中还应具有快速切换机制,以保证能进行任务的快速切换。该机制应具有如下两方面的能力:

(1) 对外部中断的快速响应能力。为使在紧迫的外部事件请求中断时系统能及时响应,要求系统具有快速硬件中断机构,还应使禁止中断的时间间隔尽量短,以免耽误时机。

(2) 快速的任务分派能力。在完成任务调度后,便应进行任务切换。为了提高分派程序进行任务切换时的速度,应使系统中的每个运行功能单位适当得小,以减少任务切换的时间开销。

3.5 死锁的产生条件与处理方法

进程在运行过程中,可能发生死锁,但死锁的发生也必须具备一定的条件。死锁的发生必须具备下列四个必要条件。

(1) 互斥条件:指进程对所分配到的资源进行排它性使用,即在一段时间内某资源只由一个进程占用。如果此时还有其他进程请求该资源,则请求者只能等待,直至占有该资源的进程主动释放。

(2) 请求和保持条件:指进程已经保持了至少一个资源,但又提出了新的资源请求,而该资源又已被其他进程占有,此时请求进程被阻塞,但同时又未释放自己已获得的资源。

(3) 不剥夺条件:指进程已获得的资源,在未使用完之前,不能被剥夺,只能在使用完时由自己释放。

(4) 环路等待条件:指在发生死锁时,必然存在一个进程—资源的环形链,即进程集合 $\{P_0, P_1, P_2, \cdots, P_n\}$ 中 P_0 正在等待一个 P_1 占用的资源,P_1 正在等待

P_2 占用的资源,…,P_n 正在等待已被 P_0 占用的资源。

为保证系统中诸进程的正常运行,应事先采取必要的措施来预防发生死锁。在系统中已经出现死锁后,则应及时检测到死锁的发生,并采取适当措施来解除死锁。目前处理死锁的方法可归结为以下四种。

(1)预防死锁。这是一种较简单和直观的事先预防的方法。该方法是设置某些限制条件,通过这些限制条件去破坏产生死锁的四个必要条件中的一个或几个,从而达到预防死锁产生的目的。预防死锁是一种较易实现的方法,已被广泛使用,但由于所施加的限制条件往往太严格,可能会导致系统资源利用率和系统吞吐量降低。

(2)避免死锁。该方法同样是属于事先预防的策略,但它并不需事先采取各种限制措施去破坏产生死锁的四个必要条件,而是在资源的动态分配过程中,用某种方法去防止系统进入不安全状态,从而避免发生死锁。这种方法只需事先加以较弱的限制条件,便可获得较高的资源利用率及系统吞吐量,但在实现上有一定的难度。

(3)检测死锁。这种方法并不需事先采取任何限制性措施,也不必检查系统是否已经进入不安全区。此方法允许系统在运行过程中发生死锁,但可通过系统所设置的检测机构,及时地检测出死锁的发生,并精确地确定与死锁有关的进程和资源,然后,采取适当措施,从系统中将已发生的死锁清除掉。

(4)解除死锁。这是与检测死锁相配套的一种措施。当检测到系统中已发生死锁时,需将进程从死锁状态中解脱出来。常用的方法是撤消或挂起一些进程,以便回收一些资源,再将这些资源分配给已处于阻塞状态的进程,使之转为就绪状态,以继续运行。死锁的检测和解除措施有可能使系统获得较好的资源利用率和吞吐量,但在实现上难度也最大。

3.6　多处理机操作系统

从概念上讲,多处理机操作系统与单处理机的多道程序操作系统无多大差别,但当多个处理机同时工作时,操作系统的复杂性就增加了。当要求其支持异步任务并发执行时,复杂性问题就显得更加突出了。

多处理机操作系统除了要完成通常单机操作系统的资源分配和管理、存储管理和保护、死锁防止、异常进程终止或例外处理等功能外,还必须具有如下的功能:

(1)支持多个任务的并行执行,为此需要具备任务的分解和分派以及处理机间负载平衡机制。

（2）支持处理机间同步和通信管理。

（3）提供系统结构重构能力以支持系统降级使用。

（4）自动支持硬件并行性和程序并行性的开发。

目前,多处理机操作系统的设计主要有三种结构:主从结构、独立监控结构和浮动监控结构。

在主从结构中,指定一台处理机为主处理机,其余的均为从处理机。操作系统只在主处理机上运行,由它实现对系统中所有处理机状态的管理和任务分配。这种结构的优点是系统控制简单,缺点是可靠性较差。一旦主处理机发生故障,将导致整个系统瘫痪。此外,对主机的性能要求较高,即要有较大负载能力和快速执行管理功能的能力。这种结构适用于系统负载固定以及主机功能较强、从机功能较弱的非对称多处理机系统。

在独立监控结构系统中,每台处理机都有自己的管理程序在运行,进行相对独立的功能管理,因此局部故障将不会影响整个系统,但这种结构实现较复杂。这种结构适用于松耦合多处理机系统。

浮动监控结构是上面两种结构的一种折衷。管理程序可在各处理机间浮动。每台处理机都有可能成为主处理机。这是一种最灵活但操作又最为复杂的结构,系统中的负载平衡较易实现。这种结构适用于对称紧耦合多处理机系统。

3.7 网络操作系统

网络操作系统(Network Operating System)是指能使网络上各个计算机方便而有效地共享网络资源,为用户提供所需的各种服务的操作系统软件。对网络操作系统而言,虽然底层硬件管理也是其重要任务之一,但是它与传统操作系统的区别主要在于它允许远程客户使用本地服务,除了具备单机操作系统的功能外(如内存管理、CPU 管理、输入输出管理、文件管理等),还应提供以下基本功能:

（1）提供通信交互能力;

（2）向各类用户提供友好、方便和高效的用户界面;

（3）能支持各种常见的多用户环境,支持用户的协同工作;

（4）能有效地实施各种安全保护措施,实现对各种资源存取权限的控制;

（5）提供关于网络资源控制和网络管理的各类程序和工具,如系统备份、性能检测、参数设置、安全审计与安全防护等;

（6）提供必要的网络互连支持,如提供路由和网关支持等功能。

网络操作系统的设计目标是实现通信和资源共享。网络上每个用户有自己的工作站,有自己的操作系统。大多数情况下,用户的工作都是在自己的工作站上完成,但有时用户可能需要登录到另外的工作站上,使用其他计算机的资源,如拷贝文件或使用打印机等。由于现代操作系统将外设也作为文件管理,因此资源共享就是文件共享。网络操作系统往往需要维护一个所有工作站都能访问的全局文件系统,这种文件系统由一个或多个被称为文件服务器的机器支持。文件服务器接收来自其他机器上的客户程序的读写请求,然后按请求执行一定的操作,将结果返回给客户程序。文件服务器的文件系统一般是层次式的,不仅要提供共享的文件,同时对客户私有的文件提供认证管理,避免被非法篡改和拷贝。网络中的各个客户机要访问服务器,显然必须遵循同样的网络协议。所以,网络操作系统在维护服务器的文件系统的同时,要提供用于通信的程序,不仅运行于服务器端,而且运行于客户端,从而在客户机和服务器间建立一致的通信方式。典型的网络操作系统有 SUN 公司的网络文件系统 NFS(Network File System)、Unix,Microsoft 公司的 Windows NT 和 Windows 2000 等。

3.8　分布式操作系统

分布式操作系统(Distributed Operating System)主要用于管理多处理器系统和同构式多计算机系统。与传统的单处理器操作系统类似,分布式操作系统的主要目标是隐藏底层硬件管理的复杂性,例如,硬件可以由多个进程共享这样的特性。

分布式操作系统是在比单机复杂的多机环境下得到实现的,操作系统进行的任何一项任务都始终要依赖于通信软件模块,故而分布式操作系统具有区别于单机操作系统的下列显著特点:

(1) 具有干预互连的各处理机之间交互关系的责任。分布式操作系统必须保证在不同处理机上执行的进程彼此互不干扰,并严格同步,以及保证避免或妥善解决各处理机对某些资源的竞争而引起的死锁等问题。

(2) 分布式操作系统的控制结构是分布式的。分布式操作系统一般由内核和实用程序组成。内核主要负责处理各种中断、通信和调度实用程序,而实用程序有多个,它们分别完成一部分的系统功能。由于分布计算机系统由多台计算机组成,分布式操作系统的内核就必须有多个,每台计算机上都应有一个内核,而每台计算机上所配置的实用程序可以各不相同,且可以以多副本形式分布于不同的计算机上。内核一般由基本部分和外加部分组成。外加部分主要用来控制外部设备,它根据各台计算机所配置的外部设备而定。各台计算机的内核的基本部分是相同的,它运行于硬件之上,是一种具有有限功能的较小的操作系统内核,主要作用是让系统管理员以它为基础建立操作系统,其主要功能是进程通信、低级进程管理、低级存储管理、输入/输出管理等。

（3）分布式操作系统按其逻辑功能可分为全局操作系统和局部操作系统两部分。由于分布式操作系统把资源看成统一的整体来处理,系统基于单一策略来控制和管理,因而在操作系统的设计上要体现出各处理机间的协调一致,整体地去分配任务及公共事务、特殊事务(意外处理、错误捕获等),即把整体性分散于内核和管理程序之中,这一部分称为全局操作系统。但在每台计算机上的操作系统又有独立于其他机器的管理功能,这一部分称为局部操作系统。它主要负责属于本机独立运行的基本管理功能以及本机与其他机器的同步通信、消息发送的事务管理。这样的划分是为了使各处理机在运行中既具有独立性和一定的自主权,又能保持系统中各机的步调一致并能进行良好的合作。

（4）分布式操作系统的基本调度单位不是一般系统中的进程,而是一种任务队列,即多个处理机上的并发进程的集合。多处理机系统以任务级并行为特征。同一任务队列的各进程可分布在不同的处理机上并行地执行,同一处理机也可执行多个不同的任务队列的进程。任务队列的各进程或各个任务队列之间都有很复杂的内在联系。

（5）分布式操作系统的组成情况与系统的耦合方式关系很大。在紧耦合的分布式系统中,系统资源的耦合程度很高,需使用专门的各种软件/硬件机制来解决冲突和竞争等问题,在松耦合的分布式系统中,各处理机配有自己的本地资源,系统的重要问题是机间的同步与通信的管理。

（6）分布式操作系统为加强各处理机间的动态协作,借鉴了网络操作系统中的消息传送协议技术,具体采取什么协议则根据系统的互连模式而定。

第4章 计算机网络技术

4.1 网络技术基础

4.1.1 计算机网络的概念

计算机网络是现代通信技术与计算机技术相结合的产物。计算机网络就是利用通信设备和线路将地理位置不同、功能独立的多个计算机系统互连起来，以功能完善的网络软件(网络通信协议、信息交换方式和网络操作系统等)实现网络中资源共享和信息传递的系统。简单地讲，计算机网络就是以能够相互共享资源方式连接起来的自治计算机系统的集合。

一个计算机网络系统通常具备以下三个要素：

第一，建立计算机网络并实现资源共享所必需的网络设备，主要指担负信息交换枢纽的交换和路由设备以及嵌入计算机系统并完成代理信息收发处理的网卡等。

第二，互连的计算机是分布在不同地理位置的多台独立的自治计算机(autonomous computer)，它们之间没有明确的主从关系，可以连网工作，也可以独立工作。

第三，连网计算机之间的通信必须遵循共同的协议规则。

4.1.2 协议分层、接口与服务

我们知道，一个计算机网络有许多相互连接的结点(主要为计算机)，在这些结点之间要不断地进行数据(包括使网络正常工作所需的控制信息)的交换。要做到有条不紊地交换数据，每个结点必须遵守一些事先定好的规则。这些规则明确规定了所交换的数据的格式以及有关的同步(或时序)问题。这些为进行网络中的数据交换而建立的规则、标准或约定即称为网络协议。或者更形式化地说，网络协议须有语法、语义和同步三个不可或缺的要素。语法是指数据与控制信息的结构或格式说明；语义是指需要发出何种控制信息、完成何种动作以及做出何种应答等事件的说明；同步是指事件实现顺序的说明。

为了减少网络协议设计的复杂性，大多数网络都按层(layer)或级(level)的

方式来组织,每一层都建立在它的下层之上。不同的网络,其层的数量、各层的名字、内容和功能都不尽相同。然而,在所有的网络中,每一层的目的都是向它的上一层提供一定的服务,而把如何实现这一服务的细节对上一层加以屏蔽。

在基于协议分层的网络中,一台机器上的第 n 层与另一台机器上的第 n 层进行对话。对话的规则就是第 n 层协议(protocol)。协议基本上是通信双方关于通信如何进行达成的一致。图 4－1 说明了一个 5 层的协议。不同机器里包含对应层的实体称为对等实体(peer entity)。换言之,正是对等实体利用协议进行通信。

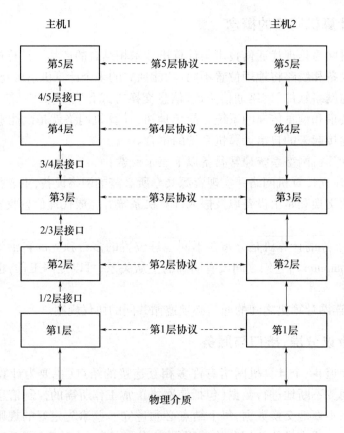

图 4－1 层、协议和接口

实际上,数据不是从一台机器的第 n 层直接传送到另一台机器的第 n 层,而是每一层都把数据和控制信息交给它的下一层,直到最下层。第一层下是物理介质(physical medium)。在图 4－1 中,点线表示虚拟通信,实线表示物理通信。

每一对相邻层之间都有一个接口。接口定义下层向上层提供的原语操作和服务。当网络设计者在决定一个网络应包括多少层,每一层应当做什么的时候,其中一个很重要的考虑就是要在相邻层之间定义一个清晰的接口。为达到这些目的,又要求每一层能完成一组特定的有明确含义的功能。除了尽可能地减少必须在相邻层之间传递的信息的数量外,一个清晰的接口可以使同一层能轻易地用一种实现来替换一种完全不同的实现(如用卫星信道来代替光纤信道),只要新的实现能向上层提供原有的实现所提供的同一组服务就可以了。

层和协议的集合称为网络体系结构(network architecture)。体系结构的描述必须包含足够的信息,使实现者可以用来为每一层编写程序和设计硬件,并使之符合有关协议。协议实现的细节和接口的描述都不是体系结构的内容,因为它们都隐藏在机器内部,对外部来说是不可见的。只要机器都能正确地使用全部协议,网络上所有机器的接口不必完全相同。某一特定网络系统所使用的协议列表(每层一个协议)称为协议栈(protocol stack)。

每一层中的活动元素通常被称为实体(entity)。实体既可以是软件实体(如一个进程),也可以是硬件实体(如智能输入/输出芯片)。n 层实体实现的服务为 $n+1$ 层所利用,在这种情况下,n 层称为服务提供者(service provider),$n+1$ 层称为服务用户(service user),而 n 层则利用 $n-1$ 层的服务来提供它自己的服务。

服务是在服务接入点(Service Access Point,SAP)提供给上层使用的。n 层 SAP 就是 $n+1$ 层可以访问 n 层服务的地方。每个 SAP 都有一个唯一的标识。相邻层之间要交换信息,对接口必须有一致同意的规则。在典型的接口上,$n+1$ 层实体通过 SAP(如图 4 − 2 所示)把一个接口数据单元(Interface Data Unit,IDU)传递给 n 层实体。IDU 由服务数据单元(Service Data Unit,SDU)和一些控制信息组成。SDU 是需要跨过网络传递给远端对等实体,然后由远端对等实体向上交给 $n+1$ 层的信息。控制信息用于帮助下一层完成任务(如 SDU 中的字节数),它本身不是数据的一部分。

为了传递 SDU,n 层实体可能将 SDU 分成几段,每一段加上一个报头后作为独立的协议数据单元(Protocol Data Unit,PDU)送出。PDU 被对等实体用于执行它们的同层协议。它们被用于分辨哪些 PDU 包含数据,哪些 PDU 包含控制信息,并提供序号和计数等。

4.1.3　面向连接的服务和无连接的服务

面向连接服务(connection − oriented service)是指服务在进行数据交换之前,必须先建立连接,当数据交换结束后,则应终止这个连接。连接就是两个对等实体为进行数据通信而进行的一种结合。在建立连接阶段,在有关的服务原

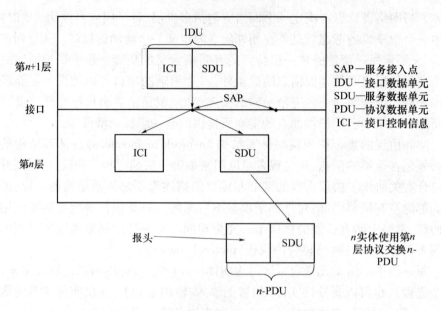

图 4 – 2   处于接口两边的两层之间的关系

语以及协议数据单元中,必须给出源用户(主叫用户)和目的用户(被叫用户)的全地址,但在数据传送阶段,就可以使用一个连接标识符来表示上述这种连接关系。连接标识符通常比一个全地址的长度要短得多。在连接建立阶段,还可以协商服务质量以及其他任选项目。当被叫用户拒绝连接时,连接即告失败。

面向连接服务可获得可靠的报文序列服务。这就是说,在连接建立之后,每个用户都可以发送可变长度(在某一最大长度限度内)的报文,这些报文按顺序发送给远端的用户。报文的接收也是按顺序的。有时用户可以发送一个很短(1～2B)的报文,但希望这个报文可以不按序号而优先发送,这就是"加速数据"(expedited data),它常用来传达中断控制命令。

由于面向连接服务具有连接建立、数据传输和连接释放这三个阶段,以及在传送数据时是按序传送的,这和电路交换的许多特性很相似,因此面向连接服务在网络层中又称为虚电路服务。"虚"表示:虽然在两个服务用户的通信过程中没有自始至终都占用一条端到端的完整物理电路(注意:采用分组交换时,链路是逐段被占用的),但却好像占用了一条这样的电路。面向连接服务比较适合于在一定期间内要向同一目的地发送许多报文的情况。对于发送很短的零星报文,面向连接服务的开销就显得过大了。

无连接服务(connectionless service)是指两个实体之间的通信不需要先建立好一个连接,因此其下层的有关资源不需要事先进行预定保留。这些资源将在数据传输时动态地进行分配。无连接服务的另一特征就是它不需要通信的两个实体同时是活跃的（处于激活态）。当发送端的实体正在进行发送时，它才必须是活跃的。这时接收端的实体并不一定要是活跃的。只有当接收端的实体正在进行接收时，它才必须是活跃的。

无连接服务的优点是灵活方便和迅速，但无连接服务不能防止报文的丢失、重复或失序。当采用无连接服务时由于每个报文都必须提供完整的目的站地址，因此其开销也比较大。无连接服务比较适合于传送少量零星的报文。无连接服务有以下三种类型。

（1）数据报（datagram）。数据报服务仅仅关注自身的发送进程，而不要求接收端做任何响应。数据报协议比较简单，额外开销小。虽然数据报的服务没有像面向连接服务那样可靠，但可在此基础上由更高层构成可靠的连接服务。数据报服务适用于一般的电子邮件，特别适合于广播或组播服务。当数据具有很大的冗余度以及在要求较高的实时通信场合（如数字话通信）时，应当采用数据报服务。

（2）证实交付（confirmed delivery）。它又称为可靠的数据报。这种服务对每一个报文产生一个证实给发方用户，不过这个证实不是来自接收端的用户而是来自提供服务的层。证实只能保证报文已经发给远端的目的站了，但并不能保证目的站的用户已经收到了这个报文。

（3）请求回答（request reply）。这种类型的无连接服务要求接收端用户每收到一个报文就向发端用户发送一个应答报文，但是，双方发送的报文都有可能丢失。如果接收端发现报文有差错，则响应一个表示有差错的报文。事务（Transaction，又可译为事务处理或交易）中的"一问一答"方式的短报文以及数据库中的查询，都很适合使用这种类型的服务。

4.1.4　服务原语

服务在形式上是由一组原语（primitive）或操作来描述的。这些原语供用户和其他实体访问该服务。这些原语通知服务提供者采取某些行动或报告某个对等实体的活动。服务原语可以划分为 4 类。请求原语——一个实体希望得到完成某些操作的服务；指示原语——通知一个实体有某个事件发生；响应原语——一个实体希望响应一个事件；证实原语——返回对先前请求的响应。

下面考虑一个连接是如何被建立和释放的，以说明原语的用法。某实体发出连接请求（CONNECT. request）以后，一个分组就被发送出去。接收方就收到一个连接指示（CONNECT. indication），被告知某处的一个实体希望和它建立连接。收到连接指示的实体就使用连接响应（CONNECT. response）原语表示它是否愿意建立连接,但无论是哪一种情况,请求建立连接的一方都可以通过接收连接证实(CONNECT.confirm)原语获知接收方的态度。

原语可以带参数,并且大多数原语都带参数。连接请求的参数可能指明要与哪台机器连接、需要的服务类别和拟在该连接上使用的最大报文长度。连接指示原语的参数可能包含呼叫者标志、需要的服务类别和建议的最大报文长度。如果被呼叫实体不同意呼叫实体所建议的最大报文长度,它可能在响应原语中做出一个反建议,呼叫方可从证实原语中获知它。这一协商的细节是协议的内容。例加,在两个建议的最大报文度不一致的情况下,协议可能规定选择较小的值。

服务有"有证实(confirmed)"和"无证实(unconfirmed)"之分。有证实服务包括请求、指示、响应和证实4个原语,而无证实服务则只有请求和指示两个原语。CONNECT服务总是有证实的服务,因为远程对等实体必须同意才能建立连接。另一方面,数据传输要么是有证实的要么是无证实的,这取决于发送方是否要求确认。这两种服务都可以在网络中使用。

为了使服务的概念更清晰,下面考虑一个简单的面向连接的例子,它使用了如下所述的8个原语:

(1) CONNECT.request:请求建立连接。

(2) CONNECT.indication:指示有人请求建立连接。

(3) CONNECT.response:被呼叫方用来表示接受/拒绝建立连接的请求。

(4) CONNECT.confirm:通知呼叫方建立连接的请求是否被接受。

(5) DATA.request:请求发送数据。

(6) DATA.indication:表示数据的到达。

(7) DISCONNECT.request:请求释放连接。

(8) DISCONNECT.indication:通知对等实体释放连接的完成情况。

在本例中,CONNECT是有证实的服务(需要有明确的答复),而DISCONNECT是无证实的服务(不需要答复)。与"电话系统"作一比较,也许有助于理解这些原语是如何应用的。下面是一个打电话邀请朋友到家里来喝茶的步骤。

(1) CONNECT.request:拨朋友家的电话号码。

(2) CONNECT.indication:朋友家电话铃响了。

(3) CONNECT.response:朋友拿起电话。

(4) CONNECT.confirm:你听到了电话铃停止。

(5) DATA.request:你邀请朋友来喝茶。

(6) DATA.indication:朋友听到了你的邀请。

(7) DATA.request:朋友说他很高兴来。

（8）DATA. indication：你听到朋友接受了邀请。

（9）DISCONNECT. request：你挂断电话。请求释放连接。

（10）DISCONNECT. indication：朋友听到挂断声，也挂断了电话。

图4-3展示了上例中的原语序列与时间维和空间维（层间）的关系。每一步骤都涉及一台计算机内两层之间的交互。每一"请求"或"响应"稍后都在对方产生"指示"或"证实"。在本例中，服务用户（你和你朋友）在 $n+1$ 层，而服务提供者（电话系统）在第 n 层。

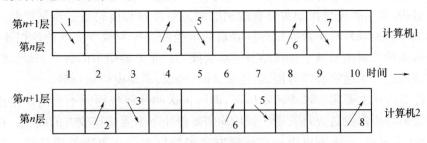

图4-3 时间维和空间维展示的原语序列示意图

4.1.5 服务与协议的关系

服务和协议是完全不同的概念，但二者常常被混淆。服务是各层向它上层提供的一组原语（操作）。服务定义了两层之间的接口，上层是服务用户，下层是服务提供者。

与服务相对比，协议是定义同层对等实体之间交换的帧、分组和报文的格式及意义的一组规则。实体利用协议来实现它们的服务定义。只要不改变提供给用户的服务，实体可以任意地改变它们的协议。

服务和协议的不同可以表述为：首先，协议的实现保证了服务得以向上一层提供，但服务用户只能看到服务而无法看到协议。协议对服务用户是透明的。其次，协议是"水平"的，即协议是控制对等实体之间的通信规则，但服务是"垂直"的，即服务是由下层向上层通过层间接口提供的。

4.1.6 流量控制

一般说来，人们总是希望数据传输得更快一些，但如果发送方把数据发送得过快，接收方就可能来不及接收，这就会造成数据的丢失。为了避免这种现象的发生，通常的处理办法是采用流量控制（flow control），即控制发送端发送的数据量及数据发送速率，使其不超过接收端的承受能力，这个能力主要是指接收端的缓存和数据处理的速度。

流量控制主要解决"线"或"局部"的问题，是针对端系统中资源受限而设置的，主要解决快发送方与慢接收方的匹配问题，仅涉及给定发送结点到给定接收结点之间的点对点业务流。

单纯增大接收端的承受能力并不能从根本上有效地解决接收端的流量过载问题。流量控制的目的是在有限的接收端能力的情况下，通过流量约束，减少接收端处的数据丢失，提高数据发送效率，充分利用接收端资源。因此，流量控制一般都是基于反馈进行控制的。

目前，采用的流量控制主要有端到端的流量控制和链路级的流量控制。端到端的流量控制是基于数据最终接收端的承受能力控制数据源端的数据流量；链路级流量控制则是基于接收结节的承受能力控制上游结节的数据流量。流量控制涉及的技术通常有停等协议、连续 ARQ 协议、滑动窗口协议等。

停等协议主要用于理想传输信道，即所传送的任何数据既不会出现差错也不会丢失。要求发送方每发送一帧后均需要停止下来等待接收方的确认。在连续 ARQ 协议中，发送方可以一次连续发送多帧后再停止下来等待接收方的确认。滑动窗口协议是指一种采用滑动窗口机制进行流量控制的方法。通过限制已经发送但还未得到确认的数据帧的数量来达到流量控制的目的。

4.1.7 拥塞控制

当输入到网络中的分组数量未超过网络正常允许的容量时，所有分组都能传送，网络所递交的分组数目与输入的分组数目成正比。但当输入网络的分组数目继续增大时，由于网络资源的限制，输入到网络的某些分组可能被某个结点丢弃了，网络所递交的分组数目会保持不变。如果随着输入网络的分组数目的不断增大，网络所递交的分组数反而大大减少或降低了，则说明网络产生了拥塞。当输入网络的分组数目继续增大到一定数值时，网络所递交的分组数下降到零，网络已无法工作，这就是死锁。

一种错误的观点是："只要任意增加一些资源，例如，将结点缓冲区的存储空间扩大，或将链路更换为更高速率的链路，或将结点处理机的运算速度提高，就可以解决网络拥塞的问题。"之所以说上述观点是错误的，是由于网络拥塞是一个非常复杂的问题，简单地采用上述做法，在许多情况下，不但不能解决拥塞问题，而且还可能使网络的性能变得更坏。例如，当结点缓冲区的容量太小时，到达该结点的分组因无空间暂存而不得不被丢弃。现在设想将该结点缓冲区的容量扩展到非常大，于是凡到达该结点的分组均可在这缓冲区的队列中排队，不会产生丢弃现象。然而，由于输出链路的容量和处理机的速度并未提高，因此在队列中排队的绝大多数分组的排队等待时间会很长很长，结果因为超时而给源结点的发送软件或进程造成分组丢失的错觉,软件只好将它们进行重传。由此可见,简单地扩大缓冲区的存储空间解决不了网络拥塞的问题。

拥塞现象的发生和子网络内传送的分组总量有关。减少子网中分组总量是防止拥塞出现的基础。减少子网中分组总数可以从控制每条源—目标的通信量入手。通过端—端流量控制是防止拥塞的一种基本方法。流量控制是对一条通信路径上通信量进行控制,是基于统计平均值的控制,主要解决"线"或"局部"问题。但是,即使每条通信线路流量控制有效,并不能完全避免拥塞现象的发生。当子网由于信息量分布不均或由于某些故障而出现瓶颈时,仍会引发拥塞。这是因为拥塞是当某处峰值(瞬时)流量过高而发生的。当然各条线路上流量平均值大,发生拥塞的概率就高。因此,为了保证网络高效运行,除进行流量控制外,也要有防拥塞的有效方法。拥塞控制主要解决子网中"面"或"全局"的问题。

1. 许可证法

许可证法也称 Isarithmic 方法,是一种全局性的拥塞控制方法。其基本原理是,依据通信子网的能力,保持子网内传送分组的总数不超过某个固定值,从而避免拥塞。在通信子网中形成固定数目"许可证"(permit)分组,在网络中随机地巡航流动。任何一个主机发送到子网的分组要在子网传送,必须先获得一个许可证。当分组传送到目标结点后,才将所用过的许可证释放。这样子网内传送的分组总数不会超过许可证的总数。如果主机把分组送给和它相邻的结点,该结点有许可证,分组就可拾取许可证而传送。如果没有许可证,则必须等待许可证的到来。由于等待许可证,传送的分组就产生了新的延迟,这种延迟称为网络的进场延迟(admission delay)。为了减少进场延迟,每个结点支持一个小容量的许可证池,一方面,在许可证池范围内的分组可以立即传送,另一方面减少许可证分组在网上传送的数量,以提高子网带宽的利用率。

但许可证方法存在如下问题:它能防止全局性拥塞,却不能完全消除局部拥塞;子网内的许可证数会随软件故障而减少,从而降低网络的吞吐量。

2. 分组丢弃法

在子网采用无连接的服务时,发送结点有分组就发送,接收端有缓冲时就接收,无缓冲时就丢弃。被丢弃的分组由于发送端不能获得确认而超时重发。为了能让分组进入,为每条输入电路永久地保留一个缓冲器,需对进入的分组进行判别后再决定是否丢弃。如果进入的分组是确认分组,则可利用分组中的序号释放缓冲区;如果进入的是数据分组,也可利用其附载应答(piggybacking)中的分组序号部分来判别是否释放缓冲区。对数据信息部分如果没有缓冲器存放就丢弃。

通过丢弃分组可以避免拥塞。有时还可解除死锁,但应明确何时可以接收进入的分组和何时应丢弃分组的规则,也就是说应明确结点缓冲器的分配管理规则。例如一个结点有 10 个缓冲器,其中三个缓冲器已永久性地分配给输入线路,剩余 7 个可以这样分配:采用先来先分配全部缓冲器时,一个输出队列可将 7 个缓冲全部占用,这样新进入的分组都因没有缓冲而丢弃;也可以限制输出线上缓冲器的最长队列为 4,这样需经该输出线输出的第 5 个分组进入本结点后丢弃,而经其它输出线的分组进入本结点后有空闲缓冲,而不必丢掉,从而减少了丢弃分组的概率。

3. 阻塞分组法

通过各个层次的信息流控制,减少平均流量值,可以减少发生拥塞现象的概率。但当网络上有瓶颈或结点出现故障时,拥塞还会发生,因为拥塞是全局性的。用过分降低平均流量的方法来防止拥塞,虽然可以收到较好的效果,但却降低了网络吞吐量。比较好的防拥塞方法是在拥塞即将出现或已出现时,激活防拥塞机制,否则不激活。这样网络可在较高吞吐量下运行。发送阻塞分组就是这种控制拥塞思想的体现。

每个结点在它的每条输出线上设置两个变量,一个变量 U,反映该线的近期利用率,其值为 $0 \sim 1.0$;另一个变量 f 表示该线路瞬时利用率,其值取离散值 0 或 1。于是按下式更新:

$$U_{新} = aU_{老} + (1 - a)f$$

其中,常数 a 决定了该输出线利用率的修改速度。如果取 $a = 0$,则 $U = f$,该线路利用率 U 按当前的瞬时值修改;如果 $a = 1$,则 U 使用以前的值,即 U 不变更。这样如果 a 在 0 和 1 之间取值,反映了输出线利用率更新的周期,或结点忘记该输出线利用率 U 近期历史的速度。给每一条输出线利用率 U 定义一个阈值,当 U 大于此值时,就使该线进入"告警"状态。

当一个结点有分组进入时,就检查该分组转发输出的线路是否处于"告警"状态。如果是,一方面向该分组中的源结点发送一个阻塞分组,通知源结点在某处已发生拥塞征兆,请求减慢发送速度;另一方面,在该分组记上已发阻塞分组的标记,以免以后各结点重复发送阻塞分组,然后把该分组转发出去。该分组的源结点收到这个阻塞分组后,知道在途中某个结点处可能会发生拥塞,则减少发往那个分组所到达结点的通信量(如减少 10%),或阻塞源主机发往目标结点的数据分组。由于该结点可能发往该目标结点的分组有些还在途中,这些分组还会产生阻塞分组,因此须设置定时器保证主机在固定时间间隔内,不再理会与该目标结点有关的阻塞分组。待定时器超时后,主机再检查下一时间间隔有没有阻塞分组,如果有,主机再减少一定的通信量。如果没有,主机恢复原来的通信量。这种方法能防止拥塞而不影响流量平均值。

4.2　参　考　模　型

4.2.1　OSI 参考模型

OSI 参考模型如图4-4所示。它的全称是国际标准化组织的开放系统互连参考模型(International Standard Organization Open System Interconnection Reference Model,ISO-OSIRM),因为它主要用于连接开放系统(为了与其他系统通信而相互开放的系统),所以常简称它为 OSI 模型。

开放系统互连参考模型中的基本构造技术是分层。ISO/OSI 分层遵循以下原则：

(1) 层次不能太多,以免描述各层及将各层组合起来过于繁琐和庞杂。

(2) 应在接口服务描述工作量最少,穿过相邻边界相互作用次数最少或通

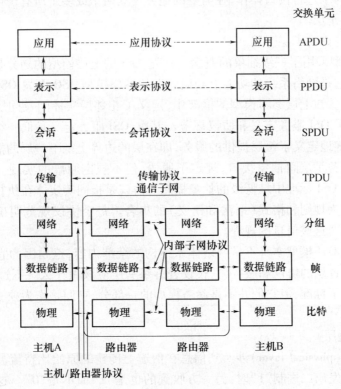

图4-4　OSI 参考模型

信量最少的地方建立边界。

（3）对定义明确且处理方法明显不同的那些功能，应建立不同的层次。

（4）将类似功能放在一层。

（5）对过去已被经验证明是成功的层应予以保留。

（6）在保持对上邻层提供服务和要求下邻层提供服务条件不变的情况下，对本层局部功能的协议设计，可以在结构、硬件及软件方面允许为适应新技术的发展而更新。

（7）处理数据和相互通信，在使用接口对标准化有好处时应设立边界。

（8）在数据处理需要不同的抽象级别的地方建立层次。

（9）允许在一层内改变功能和协议，而不影响其他层。

（10）对每一层仅和它的上、下相邻层建立接口，规定相应的服务。在不同层内相应子层的接口也适用这一原则。

（11）在同一层内，根据通信服务需要，可建立若干功能子层。

（12）为了进行接口操作，在需要的地方建立两个或多个所有子层功能都需使用的公共子层。

（13）允许将子层旁路。

OSI 模型采用了三级抽象的概念。首先，OSI 的七层模型的划分是最高级的抽象概念，它是网络系统的功能上和概念上的抽象模型，ISO 开发 OSI 标准提供共同的参考。在七层参考模型的框架中，定义了相邻层实体间及同层实体间的关系，形成了 OSI 服务定义和协议规范。其次，OSI 服务定义是低一级的抽象概念，比较详细地定义了每层提供的服务，即在层的边界上把下一层的能力提供给上一层。服务是层间抽象接口，规定了原语，但不规定原语的实现。第三，OSI 协议规范是 OSI 标准中最低级的抽象概念。协议是指同等实体在执行功能时确定的通信行为规则和格式（语法和语义）的集合。每个协议规范明确地说明控制信息并解释这些信息的规程。

请注意 OSI 模型本身不是网络体系结构的全部内容，这是因为它并未确切地描述用于各层的协议和服务，它仅仅告诉每一层应该做什么。不过，ISO 已经为各层制定了标准，但它们并不是参考模型的一部分，它们是作为独立的国际标准公布的。

1. 物理层

物理层（physical layer）涉及到信息在信道上传输的原始比特流。设计上必须保证一方发出二进制"1"时，另一方收到的也是"1"而不是"0"。这里的典型问题是用多少伏特电压表示"1"，多少伏特电压表示"0"；一个比特持续多少微秒；传输是否在两个方向上同时进行；最初的连接如何建立和完成通信后连接如何终止；网络接插件有多少针以及各针的用途。这里的设计主要是处理机械的、电气的和过程的接口以及物理层下的物理传偷介质等问题。

2. 数据链路层

数据链路层（data link layer）的主要任务是加强物理层传输原始比特的功能，使之对网络层显现为一条无差错线路。发送方把输入数据分装在数据帧（data frame）里（典型的帧为几百字节或几千字节），按顺序传送各帧，并处理接收方回送的确认帧（acknowledgement frame）。因为物理层仅仅接收和传送比特流，并不关心它的意义和结构，所以只能依赖链路层来产生和识别帧边界。可以通过在帧的前面和后面附加上特殊的二进制编码模式来达到这一目的，但如果这些二进制编码偶然在数据中出现，则必须采取特殊措施以避免混淆。

传输线路上突发的噪声干扰也可能把帧完全破坏掉。在这种情况下，发送方机器上的数据链路层必须负责重传该帧。然而，相同帧的多次重传也可能使接收方收到重复帧，例如，接收方给发送方的确认帧丢失以后，就可能收到重复帧。数据链路层要解决由于帧的破坏、丢失和重复所出现的问题。数据链路层可能向网络层提供几类不同的服务，每一类都有不同的服务质量和不同的使用模式。

数据链路层要解决的另一个问题（在大多数层上也存在）是防止高速的发送方的数据把低速的接收方"淹没"。因此需要有某种流量调节机制，使发送方知道当前接收方还有多少缓存空间。通常流量调节和出错处理同时完成。

如果线路能用于双向传输数据，数据链路层还必须解决新的麻烦，即从 A 到 B 数据帧的确认帧将同从 B 到 A 的数据帧竞争线路的使用权。捎带（piggybacking）就是一种巧妙的方法。捎带是一种暂时延迟发送确认信息，以便附加在下一个将发送出的数据帧的技术。

广播式网络在数据链路层还要处理新的问题，即如何控制对共享信道的访问。数据链路层的一个特殊的子层——介质访问子层（Medium Access Control，MAC），就是专门处理这个问题的。

3. 网络层

网络层（network layer）关系到子网的运行控制，其中一个关键问题是确定分组从源端到目的端如何选择路由。路由既可以选用网络中固定的静态路由表，也可以在每一次会话开始时动态决定（例如，通过终端对话决定），还可以根据当前网络的负载状况高度灵活地为每一个分组决定路由。

因为拥有子网的人总是希望他们提供的子网服务能得到报酬，所以网络层常常设有记账功能。最低限度上，软件必须对每一个顾客究竟发送了多少分组、多少字符或多少比特进行记数，以便于生成账单。

当分组不得不跨越一个网络以到达目的地时,新的问题又会产生。第二个网络的寻址方法可能和第一个网络完全不同;第二个网络可能由于分组太长而无法接收;两个网络使用的协议也可能不相同。网络层必须解决这些何题,以便异种网络能够互连。

4. 传输层

传输层(transport layer)的基本功能是从会话层接收数据,并且在必要时把它分成较小的单元,传递给网络层,并确保到达对方的各段信息正确无误,而且,这些任务都必须高效率地完成。从某种意义上讲,传输层使会话层不受硬件技术变化的影响。

通常,会话层每请求建立一个传输连接,传输层就为其创建一个独立的网络连接。如果传输连接需要较高的信息吞吐量,传输层也可以为之创建多个网络连接,让数据在这些网络连接上分流,以提高吞吐量。另一方面,如果创建或维持一个网络连接不合算,传输层可以以将几个传输连接复用到一个网络连接上,以降低费用。在任何情况下,都要求传输层能使多路复用对会话层透明。

传输层也要决定向会话层最终向网络用户提供什么样的服务。最流行的传输连接是一条无错的、按发送顺序传输报文或字节的点到点的信道,还有的传输服务是不能保证传输次序的独立报文传输和多目标报文广播。采用哪种服务是在建立连接时确定的。

传输层是真正的从源到目标"端到端"的层。也就是说,源端机上的某程序,利用报文头和控制报文与目标机上的类似程序进行对话。在传输层以下的各层中,协议是每台机器和它直接相邻的机器间的协议,而不是最终的源端机与目标机之间的协议,在它们中间可能还有多个路由器。图 4 – 4 说明了这种区别,1 层 ~ 3 层是链接起来的,4 层 ~ 7 层是端到端的。

很多主机有多道程序在运行,这意味着这些主机有多条连接进出,因此需要有某种方式来区别报文属于哪条连接。识别这些连接的信息可以放入传输层的报文头。除了将几个报文流多路复用到一条通道上,传输层还必须解决跨网络连接的建立与拆除。这需要某种命名机制,使机器内的进程可以标识与之交互的远端进程或实体。另外,还需要一种机制以调节通信量,使高速主机不会发生过快地向低速主机传输数据的现象。这样的机制称为流量控制(flow control),在传输层(同样在其他层)中扮演着关键角色。

5. 会话层

会话层(session layer)允许不同机器上的用户建立会话(session)关系。会话层允许进行类似传输层的普通数据的传输,并提供了对某些应用有用的增强服务会话,也可被用于远程登录到分时系统或在两台机器间传递文件。

会话层服务之一是管理对话。会话层允许信息同时双向传输，或任一时刻只能单向传输。一种与会话有关的服务是令牌管理（token management）。有些协议保证双方不能同时进行同样的操作，这一点很重要。为了管理这些活动，会话层提供了令牌。令牌可以在会话双方之间交换，只有持有令牌的一方可以执行某种关键操作。

另一种会话服务是同步（synchronization）。如果网络平均每小时出现一次大故障，而两台计算机之间要进行长达两小时的文件传输时该怎么办呢？每一次传输中途失败后，都不得不重新传输这个文件，而当网络再次出现故障时，又可能半途而废了。为了解决这个问题，会话层提供了一种方法，即在数据流中插入检查点。每次网络崩溃后，仅需要重传最后一个检查点以后的数据。

6. 表示层

表示层（presentation layer）完成某些特定的功能，由于这些功能常被请求，因此人们希望找到通用的解决办法，而不是让每个用户来实现。值得一提的是，表示层以下的各层只关心可靠地传输比特流，而表示层关心的是所传输信息的语法和语义。

表示层服务的一个典型例子是用一种大家一致同意的标准方法对数据编码。大多数用户程序之间并不是交换随机的比特流，而是有意义的信息。这些信息是用字符串、整型、浮点数的形式以及由几种简单类型组成的数据结构来表示的。不同的机器用不同的代码来表示字符串（如 ASCII 和 Unicode）、整型（如二进制反码和二进制补码）等。为了让采用不同表示法的计算机之间能进行通信，交换中使用的数据结构可以用抽象的方式来定义，并且使用标准的编码方式。表示层管理这些抽象数据结构，并且在计算机内部表示法和网络的标准表示法之间进行转换。

7. 应用层

应用层（application layer）包含大量人们普遍需要的协议。例如，世界上有成百种不兼容的终端型号。如果希望一个全屏幕编辑程序能工作在网络中许多不同的终端类型上，意味着每个终端都有不同的屏幕格式、插入和删除文本的换码序列、光标移动等，其困难可想而知。

解决这一问题的方法之一是定义一个抽象的网络虚拟终端（network virtual terminal），编辑程序和其他所有程序都面向该虚拟终端，而对每一种终端类型，都写一段软件来把网络虚拟终端映射到实际的终端。例如，当把虚拟终端的光标移到屏幕左上角时，该软件必须发出适当的命令使真正的终端光标移动到同一位置。所有虚拟终端软件都位于应用层。

另一个应用层功能是文件传输。不同的文件系统有不同的文件命名原则，文本行有不同的表示方式等。不同的系统之间传输文件所需处理的各种不兼容问题，也同样属于应用层的工作。此外还有电子邮件、远程作业输入、名录查询和其他各种通用和专用的功能。

4.2.2 TCP/IP 参考模型

TCP/IP 协议产生于 20 世纪 70 年代后期，当时的美国国防部高级技术研究局（Advanced Research Projects Agency, ARPA）为实现异种网之间的互连和互通，大力资助互联网技术的研究和开发，从而有了 TCP/IP 的出现和发展。在 1980 年，ARPANET 上的所有机器开始转向 TCP/IP 协议，并以 ARPANET 为主干建立 Internet。到 80 年代末 90 年代初，以 TCP（Transmission Control Protocol）传输控制协议和 IP（Interconnection Protocol）互联网协议为代表的 TCP/IP 协议集已被广泛地应用于解决网际的互连问题，成为事实上的工业标准。

4.2.2.1 TCP/IP 网络体系结构

实际上 TCP/IP 协议并无明确的层、协议和服务的概念。后来为了描述方便，将 TCP/IP 按 OSI 的定义及各协议的功能进行了划分，如图 4 - 5 所示。

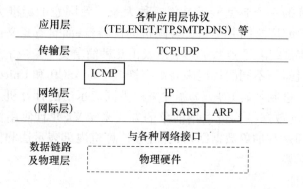

图 4 - 5　TCP/IP 网络体系结构

从图 4 - 5 中可以看到 TCP/IP 协议实际上是以 TCP 及 IP 协议为代表的一组协议集组成的完整体系结构。其中：数据链路层和物理层是 TCP/IP 的实现基础，但 TCP/IP 并没有做明确规定，而允许采用 ARPANET、Ethernet、Token - Ring 等数据链路层及物理层协议。

网络层最主要的协议就是 IP 协议。IP 协议是一个非常简单的不可靠协议，它主要负责将 IP 分组从源结点送到目的结点，至于在网络传输中可能发生的分组错误、丢失及乱序等情况，IP 协议不负责处理。为配合 IP 协议完成传送任务，网络层还包括其他三个协议：

（1）ICMP（Internet Control Message Protocol）为互联网控制报文协议。ICMP是一种差错和控制报文协议，主机或网关用 ICMP 来向源结点报告数据传送中出现的各种问题，如目的不可达，或网络中出现了拥塞等情况。

（2）ARP（Address Resolution Protocol）为地址转换协议。ARP 协议用于将主机的 IP 地址（逻辑地址）转换为物理地址。

（3）RARP（Reverse Address Resolution Protocol）为反向地址转换协议。RARP 用于完成物理地址到 IP 地址的转换。

传输层由两个协议组成：

（1）TCP（Transmission Control Protocol）为传输控制协议。TCP 协议用于向高层提供面向连接、高可靠的数据传输。

（2）UDP（User Datagram Protocol）为用户数据报协议。UDP 协议用于向高层提供无连接、高效的数据传输。

TCP/IP 的应用层包含了许多高层协议：

（1）TELENET 为远程通信协议。使用户终端可方便地连接到远程主机，并在其上工作。

（2）FTP（File Transfer Protocol）为文件传输协议。用于主机间的文件传输。

（3）SMTP（Simple Mail Transfer Protocol）为简单邮件传输协议。用于解决电子邮件的传输问题。

（4）DNS（Domain Name Service）为域名服务。用于提供域名到 IP 地址的转换。

4.2.2.2 IP 协议

IP 协议是 TCP/IP 协议网络层的主要协议，它提供无连接服务的数据传送机制，IP 协议在实现上非常简单，IP 协议只负责将分组送到目标结点，至于传输是否正确，不做验证，不发确认，也不保证分组的正确顺序，而将可靠性工作交给传输层处理。

1. IP 分组

在 TCP/IP 协议的网络层传输的基本数据单元是 IP 分组。IP 分组由首部和数据部分组成。首部用来存放 IP 协议的具体控制信息，而数据部分则包含了上层协议（如 TCP）提交给 IP 协议传送的数据。整个 IP 分组的长是 4B 的整数倍，如图 4-6 所示。

其中，IP 分组首部由以下域组成：

版本（Version）字段占 4 位，表示与 IP 分组对应的 IP 协议版本号。通过在每个数据分组中引入版本字段，可以兼容在不同版本间传输数据。

首部长度（IHL）字段占 4 位，分组首部的长度不是恒定的，故用本字段来表

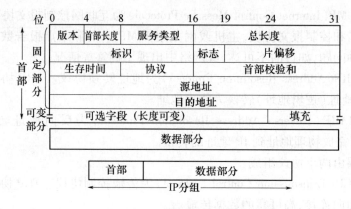

图 4-6 IP 分组格式示意图

示首部长度,以 4B(32bit)为一个长度单位,最小值是 5,当没有可选项出现时,长度就固定为 5。这 4 位字段的最大值是 15,它限制了头部的最大长度是 60B,因此可选字段最多为 40B。

服务类型字段使主机可以告诉子网它想要什么样的服务。各种可靠性和速度的组合都是可能的。该字段本身包含(从左到右)1 个 3 位优先顺序(precedence)字段,3 个标志位 D、T 和 R,还有 2 位未用。优先顺序字段是标示优先级的,从 0(一般)到 7(网络控制分组)。3 个标志位使主机能说明它最关心组合 {Delay,Throughput,Reliability}({延迟,吞吐量,可靠性})中的哪一项。

总长度 (total length)字段长度为 16bit,用于指明 IP 分组的总长度,单位是字节,包括分组头和数据区的长度。由于总长度域为 16bit,因此 IP 分组最大允许有 2^{16}(65535)个字节。

标识(identification)字段长度为 16bit,用于唯一标识 IP 分组。

标志(flag)占 3 位,目前只有后两位有意义。标志字段的最低位是 MF(More Fragment)。

MF =1 表示后面"还有分段"。MF =0 表示最后一个分段。标志字段中间的一位是 DF (Don't Fragment)。只有当 DF =0 时才允许分段。

分段偏移 (fragment offset)字段长度 13bit,以 8B 为单位,用于指明当前分段在数据分组中的位置。

生存时间(time to live)字段长度为 8bit,用于指明 IP 分组可在网络中传输的最长时间,该值在每经过一个路由器时减 1,当减到 0 值时,该分组将被丢弃,以保证 IP 分组不会在网络出错时无休止地传输。

协议(PROT)字段长度为 8bit,用于指明调用 IP 协议进行传输的高层协议号码,高层协议的号码由 TCP/IP 中央权威管理机构统一分配。例如:ICMP 的值为 1（十进制，下同），TCP 的值为 6，UDP 的值为 17。

　　首部校验和（header checksum）字段长度为 16bit，用于保证 IP 分组头的完整性。其算法为：该域初值为 0，然后对 IP 分组头以每 16 位为一单位进行求异或和，并将结果求反，从而得到校验和。

　　源地址（SOURCE）字段长度为 32bit，用于指明发送 IP 分组的源主机的 IP 地址。

　　目标地址（DEST）字段长度为 32bit，用于指明接收 IP 分组的目标主机的 IP 地址。

　　可选（Options）字段用来为协议提供一些可扩展性，即允许后续版本的协议中引入最初版本中没有的信息。可选字段是变长的，每个可选项都以一个字节标明内容。有些可选项还跟着有一字节的可选项长度字段，其后是一个或多个数据字节。可选项字段的长度以 4B 计。

　　填充（padding）字段长度不定，由于 IP 分组头必须是 4B 的整数倍，因此当使用任选项的 IP 分组头长度不足 4B 的整数倍时，必须用 0 填入填充域来满足这一要求。

　　2. IP 地址

　　不同的物理网络技术有不同的编址方式，意味着不同物理网络中的主机有不同的物理网络地址。为了做到不同物理结构网络的互连和互通，必须解决的首要问题就是地址的统一问题。在互联网上采用全局统一的地址格式，为每一个子网、每一个主机分配一个全网唯一的地址。IP 地址就是 IP 协议为此而制定的。

　　IP 地址（图 4 - 7）由一个 4B（32 位）的数字组成，包括两部分：IP 网络号和主机号。其中网络号的长度决定整个网络中可包含多少个子网，而主机号长度决定了每个子网能容纳多少台主机。4B 的 IP 地址通常用带点十进制标记法（dotted decimal notation）书写。在这种格式下，每字节以十进制记录，从 0 到 255。例如，十六进制地址 C0290614 被记为 192.41.6.20。IP 地址分为 5 类：A 类、B 类、C 类、D 类和 E 类。用二进制代码表示，A 类地址最高位为 0，B 类地址最高两位为 10，C 类地址最高 3 位为 110，D 类地址的最高 4 位为 1110，E 类地址的最高 5 位为 11110。由于 D 类地址用于多点播送地址，E 类地址保留备用，故具体网络只能分配 A 类、B 类或 C 类。

　　A 类地址由最高位的 0 标志、7 位的网络号部分和 24 位的网内主机号部分组成。这样，在一个互联网中最多有 126 个 A 类网络（网络号 1 到 126，号码 0 和 127 保留），而每一个 A 类网络允许有 1600 万个主机。A 类网一般用于网络规模非常大的地区网。

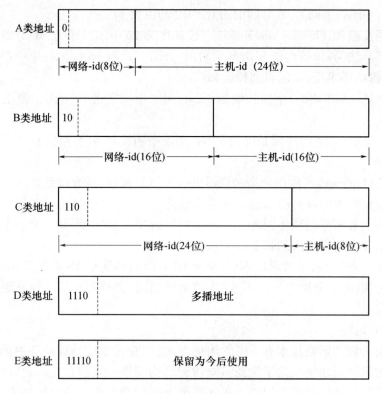

图 4 - 7　IP 地址组成与分类

B 类地址由最高两位的 10 标志、16 位的网络号部分和 16 位的网内主机号部分组成。这样，允许存在大约有 16000 个 B 类网络，而每一个网络可以有65000 多个主机。B 类网络一般用于较大的单位和公司。

C 类地址由最高 3 位的 110 标志、21 位的网络号部分和 8 位的网内主机号组成。一个互联网中允许包含 200 万个 C 类网络，而每一个 C 类网络中最多可有 254 个主机。

D 类地址代表一组主机。共有 28 位可用来标识小组，所以可以同时有多达25 亿个小组。互联网支持两类组地址：永久组地址和临时组地址。永久组总是存在而不必创建，永久组有一个永久组地址。永久组地址的一些例子如下：

(1) 224.0.0.1——LAN 上的所有系统；

(2) 224.0.0.2——LAN 上的所有路由器；

(3) 224.0.0.5——LAN 上的所有 OSPF 路由器；

(4) 224.0.0.6——LAN 上的所有指定 OSPF 路由器。

临时组在使用前必须先创建，一个进程可以要求其主机加入特定的组，它也能要求其主机脱离该组。当主机上的最后一个进程脱离某个组后,该组就不再在这台主机中出现。每个主机都要记录它的进程当前属于哪个组。

IP 地址约定,整个网络号部分的二进制编码(A 类是开始 1 个字节,B 类为开始 2 个字节,C 类为开始 3 个字节)为全 0 时,该网络号解释为本地网。当主机号部分的二进制编码(A 类后面 3 个字节,B 类后面 2 个字节,C 类后面 1 个字节)全为 1 时,该主机号解释为本地网络内的广播地址。另外,值 0 和 -1 有特殊的意义,如图 4-8 所示。值 0 表示本网络或本主机,值 -1 表示一个广播地址,它代表网络中的所有主机。

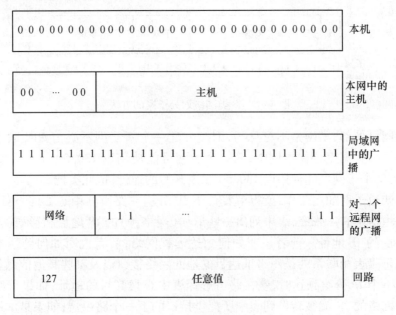

图 4-8　一些特殊的 IP 地址

3. 子网

一个网络上的所有主机都必须有相同的网络号。当网络增大时,这种 IP 编址特性会引发问题。例如,如果一个单位一开始申请了一个 C 级 LAN。一段时间后,其机器台数超过了 254 台,因此需要另一个 C 级网络地址;或者,又安装了不同类型的 LAN,需要与原先网络不同的 IP 地址(多个 LAN 可以通过桥接连成一个单独的 IP 网络,但网桥工作在第二层,是不具备路由功能的)。最后的结果可能会是创建了多个 LAN,各个 LAN 必须有它自己的路由器和 C 类网络号。

随着各个局域网络的增加,管理难度也相应增加。每次安装新网络时,系统管理员就得向 NIC(Network Information Center)申请一个新网络号,然后该网络号必须向全世界公布,而且,把机器从一个 LAN 上移到另一个 LAN 上要更改地址,这反过来又意味着需要修改其配置文件并向全世界公布其 IP 地址。

解决这个问题的办法是,让网络内部可以分成多个部分,但对外像任何一个单独网络一样动作。在互联网文献中,这些网络都称作子网(subnet)。对于有可能不断扩充的组织而言,可以先申请一个 B 类地址而不是 C 类地址,开始只用数字 1 ~ 250 来对主机编号。当第二个 LAN 加入时,可以将 16 位的主机号分成一个 6 位的子网号和一个 10 位的主机号,如图 4 – 9 所示。这种分解法可以使用 12 个 LAN(0 和 – 1 保留),每个 LAN 最多有 1022 个主机。

图 4 – 9　B 类网络划分子网的方法

在网络外部,子网是不可见的,因此分配一个新子网不必与 NIC 联系或改变程序外部数据库。在本例中,第一个子网可能使用以 130.50.4.1 开始的 IP 地址,第二个子网可能使用以 130.50.8.1 开始的地址,依此类推。

要知道子网如何工作,就得解释一下 IP 分组在路由器中是如何被处理的。每个路由器中有一张表,表中列出一些形如(网络,0)的 IP 地址和形如(当前网络,主机)的 IP 地址。前者说明如何到达远程网络,后者说明如何到达本地主机。与每张表相联系的是用来抵达目的地的网络接口以及某些其他信息。

当一个 IP 分组到达时,就在路由选择表中查找其目的地址,如果分组是发给远程网络的,它就被转发到表中所提供接口的下一个路由器;如果是本地主机(例如,在该路由器的 LAN 上),它便被直接发送到目的地。如果目的地网络没找到,分组就被转发到缺省路由器。这一算法意味着每一个路由器仅需要保留其他网络和本地主机的记录,不必全记住所有的网络—主机对,从而大大减少了路由表的长度。

引入子网后,路由表就得有所改变,加入形如(当前网络,子网,0)和 (当前网络,当前子网,主机)的项。因此,子网 k 上的路由器知道如何到达另一个子网,并知道如何到达子网 k 上的所有主机,它不必知道其他子网上主机的详情。实际上,所要作的改变是让每个路由器与网络的子网屏蔽(Subnet Mask)作一个布尔与(AND)运算即可。

4.2.2.3　网络层控制协议

TCP/IP 网络层的控制协议包括 ICMP、ARP、RARP。

1. 互联网控制消息协议(ICMP)

互联网的操作被路由器严密监视。当发生意外事故时,这些事件由 ICMP (Internet Control Message Protocol)报告,它也可用来检测互联网。每个 ICMP 消息类型都被封装于 IP 分组中。

目的地不可达(Destination Unreachable)消息用来报告子网或路由器不能定位目的地,或设置了 DF 位的分组不能绕过"小分组"网络。

超时(Time Exceeded)消息用来报告分组由于计时器为零而被丢弃。这一事实表明分组在循环,或有大量的拥塞,或计时器值设得过小的一个征兆。

参数问题(Parameter Problem)消息表明在头部字段中发现了非法值。这一事实说明了发送主机的 IP 软件有问题,或者问题出在所经路由器的软件中。

源端抑制(Source Quench)消息用来抑制发送过多分组的主机。一个主机收到这个消息是表明希望它能减慢速度,这一消息已很少使用。因为当拥塞发生时,这些分组只会火上浇油。互联网中的拥塞控制大部分在传输层完成。

重定向(Redirect)消息在路由器发现好像出现了路由错误时发送。它被路由器用来向主机报告可能的错误。

回声请求(Echo Request)和回声应答(Echo Reply)消息用来测试目的地是否可达且正常运作。收到回声消息,目的端应该往回发一个回声应答消息。时间标记请求(Timestamp Request)和时间标记应答(Timestamp Reply)与此类似,只是消息到达时间和应答发出时间应加入应答中,其好处是可以用来测试网络性能。除了这些消息外,还有 4 个处理互联网地址的消息,用来让主机找出网络号,并处理多个 LAN 共用同一个 IP 地址的情况。ICMP 是在 RFC 792 中定义的。

2. 地址分辨协议(ARP)

虽然互联网上的每个机器都有一个(或多个)IP 地址,却不能真正用它们来发送分组,因为数据链路层硬件不能识别互联网地址。如今,大多数主机都是通过一个只识别 LAN 地址的接口卡连上 LAN 的。例如,每个出厂的以太网卡都有一个 48 位的以太网地址。以太网卡的生产商向一个权威机构申请一大批地址,以保证没有两个相同地址的网卡(避免当两个网卡用于同一个 LAN 时出现冲突)。这些网卡发送和接收基于 48 位的以太网地址的帧,它们完全不知道 32 位 IP 地址。

IP 地址如何映射到数据链路层地址?以以太网上的主机为例,假设某主机的上层软件创建了一个目的地址字段为 192.31.65.5 的分组,并将它交给 IP 软件以供传送。IP 软件会通过查看地址得知目的地在自己的网络上,但它要有办法找出目的主机的以太网地址。一种解决方案是在主机系统中有一个配置文件,将 IP 地址映射到以太网地址上。这个方案当然是可行的,但对于有成千上万台机器的机构,随时更新这些文件是一件容易出错且费时的工作。

更好的一个办法是,该主机发一个广播分组到以太网上询问:"谁的 IP 地址是 192.31.65.5"? 这个广播会传到 192.31.65.0 以太网上的所有机器,每个收到该广播的机器都会查看一下自己的 IP 地址。只有 IP 地址为 192.31.65.5 的主机会以自己的以太网地址(假设为 E1)回应。这样,发问主机就知道 IP 地址 192.31.65.5 属于以太网地址为 E1 的主机。这个发问并接收回答的协议称作地址分辨协议 ARP(Address Resolution Protocol)。几乎互联网上的每台机器都运行它。它是在 RFC 826 中定义的。

3. 反向地址分辨协议(RARP)

ARP 解决的是如何将 IP 地址映射到以太网地址(或其他数据链路层地址,如 Token – Ring 地址),有时要解决一下反向问题。给出一个以太网地址,如何找到相应的 IP 地址? 这种问题会在启动一台无盘工作站时发生,这种无盘工作站通常从远程文件服务器上下载其操作系统的二进制映像,但它如何知道自己的 IP 地址呢?

解决方法是采用反向地址分辨协议(Reverse Address Resolution Protocol)(定义于 RFC 903 中)。这个协议使一个新启动的工作站可以广播其以太网地址,并说:"我的 48 位以太网地址是 14.04.05.18.01.25,有谁知道我的 IP 地址?"RARP 服务器发现这个请求后,在其配置文件中依据该以太网地址查找相应的 IP 地址,并使用以太网地址回送相应的 IP 地址。

使用 RARP 比在内存映像中嵌入 IP 地址要好,因为它使同一个映像适用于所有机器。如果 IP 地址嵌入到映像中,每个工作站都需要有它自己的映像。

4.2.2.4 传输层端口

传输层与网络层在功能上的最大区别是前者提供进程通信能力,后者则不提供。在进程通信的意义上,网络通信的最终地址就不仅仅是主机地址了,还包括可以描述进程的某种标识符。为此,TCP/IP 提出协议端口(protocol port,简称端口)的概念,用于标识通信的进程。应用程序(即进程)通过系统调用与某(些)端口建立联编(binding)后,传输层传给该端口的数据都被相应进程所接收。从另一个角度说,端口是进程访问传输服务的入口点,在 TCP/IP 实现中,端口操作类似于一般的 I/O 操作,进程获取一个端口,相当于获取一个本地唯一的 I/O 文件,可以用一般的读写原语访问之。

类似于文件描述符,每个端口都拥有一个叫端口号(port number)的整数标识符,用于区分不同端口。由于 TCP 和 UDP 是完全独立的两个软件模块,因此各自的端口号也相互独立。按照 TCP 和 UDP 协议规定,二者均允许长达 16bit

的端口值,所以 TCP 和 UDP 软件分别可以提供 2^{16} 个不同端口。

特别值得一提的是,在 Berkeley UNIX 的 TCP 实现中,协议端口的概念被套接字(socket)所取代。发送方和接收方为获得 TCP 服务分别创建的通信端口即为套接字。每个套接字有一个套接字序号(地址),它同样包含主机的 IP 地址以及一个主机本地的 16 位号码。套接字是传输服务访问点 TSAP(Transport Service Access Point)的 TCP 名称。为了获得 TCP 服务,必须在发送方的套接字与接收方的套接字之间明确地建立一个连接。

一个套接字有可能被多个连接同时使用。换句话说,两个或更多的连接有可能同时连接到同一个套接字上。连接由两端的套接字标识符来识别,即(socket1,socket2)。

4.2.2.5　TCP

传输控制协议(Transmission Control Protocol,TCP)是专门设计用于在不可靠的网络上提供可靠的、端到端的字节流通信的协议。互联网不同于一个单独的网络,不同部分可能具有不同的拓扑结构、带宽、延迟、分组大小以及其他特性。TCP 被设计成能动态满足互联网的要求,并且足以能面对多种出错。

TCP 是在 RFC 793 中正式定义的。随着时间的推移,检测出了各种各样的错误和不一致,并且在一些领域对 TCP 的要求也有所变化。这些说明和一些错误的解决方法详细地记载在 RFC 1122 中。在 RFC 1323 中给出了对 TCP 的一些功能扩展。

每台支持 TCP 的机器均有一个 TCP 传输实体或者是用户进程,负责管理 TCP 流以及与 IP 层接口。TCP 实体从本地进程接收用户的数据流,并将其分为不超过 64KB(实际应用中,通常约为 1500B)的数据片段,并将每个数据片段作为单独的 IP 数据分组发送出去。当包含有 TCP 数据的 IP 数据分组到达某台相连的机器后,它们又被送给该机器内的 TCP 实体,被重新组合为原来的字节流。为简单起见,有时候只用"TCP"来表示 TCP 传输实体(软件片段)或 TCP 协议(规则集合)。从上下文中可以弄清其确切的含义。例如,在"用户将数据交给TCP"的描述中,这个"TCP"很明显是指 TCP 传输实体。

由于 IP 层并不能保证将数据分组正确地传送到目的端,数据分组的到达也可能存在顺序错误,因此 TCP 需要判定是否超时并根据需要重发数据,也需要TCP 按正确的顺序重新将这些数据分组组装为报文。

1. TCP 服务模型

为了获得 TCP 服务,必须在发送方与接收方的协议端口之间明确地建立一个连接。序号小于 256 的端口称为通用端口(well – known port)。例如,任何一个希望通过 FTP 协议向网络上某台主机(作为目的端主机)传送文件的进程,都可以连接到目的端主机的 21 号端口与它的 FTP 端口监控程序(daemon)建立联系。与此类似,如果想要使用 Telnet 建立一个远程登录会话,可以使用 23 号端口。RFC 1700 中给出了通用端口的列表。

所有的 TCP 连接均是全双工的和点到点的。全双工意味着可以同时进行双向传输。点到点的意思是每个连接只有两个端点。TCP 不支持多点播送或广播。

TCP 连接传输的是字节流而非报文流。报文边界并不按头尾衔接方式保存。例如,如果发送进程将 4 块 512B 的数据写到 TCP 流上,那么这些数据可能按 4 个 512B 的数据块,或者 2 个 1024B 的数据块,或者 1 个 2048B 的数据块,或者是其他一些方式传送到接收进程的。接收方无法检测出这些数据是以哪种单位写入的。

当一个应用程序把数据送给 TCP 实体时,TCP 根据自己的判断,可能会立刻将其发送出去或将其缓存起来(为了收集合理数量的数据,然后发送),然而,有时候应用程序需要将数据立即发送出去。例如,假设一个用户登录到了远端机器上,他输入了一条命令并按下回车键之后,该命令行应该立刻送往远端机器而不是暂存起来直到用户输入了下一条命令后再发送。为了强制立即发送数据,应用程序可以使用 PUSH 标志,通知 TCP 不能耽搁数据的发送。

一些早期的应用程序使用 PUSH 标志作为一种记号来区分出报文的边界。这种方法有时可以奏效,但有时也会失败,因为并非所有的 TCP 实现都将 PUSH 标志传送到接收方的应用程序。而且,如果在每个 PUSH 标志发送前又有 PUSH 标志输入进来(例如,由于输出线路很忙),那么 TCP 将会随意地将所有带有 PUSH 标志的数据聚集成一个 IP 数据分组,并不会在这些各种各样的数据片之间再加以区分。

这里值得一提的是 TCP 服务的一个特点是紧急数据(urgent data)。当一个用户按下 DEL 或 CTR - C 键中断一个已经开始了的远程计算时,发送方应用程序在数据流中放入一些控制信息并将其与 URGENT 标志一起交给 TCP。这一事件将导致 TCP 立即停止为该连接积累数据,并立即传输该连接上已有的任何信息。

当紧急数据到达目的端后,接收方应用程序被中断(用 UNIX 术语来说就是给出一个信号),因此无论它正在做什么都会停下来,然后去读取数据并进而发现了紧急数据。由于紧急数据的末尾做了标记,因此应用程序知道紧急数据在哪里结束。紧急数据的开始并未标明,这需要应用程序加以解决。这种方法基本上提供了一种原始的信号机制,剩下的一些问题有待于应用程序去处理。

2. TCP 协议

发送和接收方 TCP 实体以数据段（segment）的形式交换数据。一个数据段包含一个固定的 20B 的头（加上一个可选部分），后面跟着 0B 或多字节的数据。TCP 软件决定数据段的大小。它可以将几次写入的数据归并到一个数据段中或是将一次写入的数据分为多个数据段。对数据段的大小有两个限制条件：首先，每个数据段（包括 TCP 头在内）必须适合 IP 的载荷能力，不能超过 65535B；其次，每个网络都存在最大传送单位（Maximum Transfer Unit，MTU），要求每个数据段必须适合 MTU。实践中，MTU 一般为几千字节，由此便决定了数据段大小的上界。如果一个数据段进入到一个 MTU 小于该数据段长度的网络，那么处于网络边界上的路由器会把该数据段分解为两个或更多个小的数据段。

在一个数据段被路由器分解为多个数据段的情况下，每个新的数据段都有自己的 TCP 头和 IP 头，所以通过路由器对数据段进行分解增加了系统的总开销（因为每个分解出来的数据段必须加上 40B 的头信息）。

TCP 实体所用的基本协议是滑动窗口协议。当发送方传送一个数据段时，它就启动一个计时器。当该数据段到达目的地后，接收方的 TCP 实体返回一个数据段（如果有数据应该带上数据，否则不带数据），其中包含有一个确认序号，它等于希望收到的下一个数据段的顺序号。如果发送方的定时器在确认信息到达之前超时，那么发送方会重发该数据段。

3. TCP 数据段头

图 4-10 示出了 TCP 数据段的布局格式。每个数据段均以固定格式的 20B 的头开始。固定的头后面可能是头的一些可选项。在可选项后最多（如果存在）有 65535-20-20=65495 数据字节，第一个 20 指 IP 头，第二个 20 指 TCP 头。不带任何数据的数据段也是合法的，一般用于确认报文和控制报文。

TCP 头中源端口和目的端口字段标识出本地和远端的连接点。每个主机都可以自行决定如何分配自己的端口（从 256 号开始）。端口号加上其主机的 IP 地址构成一个 48 位唯一的 TSAP。用源端和目的端机器的套接字序号一起来标识一个连接。

顺序号和确认号字段用于指定 TCP 数据段。注意，后者是指希望接收的下一个字节，而不是前面已正确接收的字节。二者均为 32 位，因为在 TCP 流中，每个数据字节都被编号。

TCP 头长为 4 位，表明在 TCP 头中包含多少个 32 位字。这条信息是必要的，因为可选项字段是变长的，因此 TCP 头也是变长的。

接下来的 6 位保留未用。再接下来是 6 个 1 位的标志位。如果用到了应急指针，那么 URG 位置 1。应急指针指从当前顺序号到紧急数据位置的偏移量。这种设置用于代替中断报文，也是一种允许发送方向接收方发送信号，同时又是

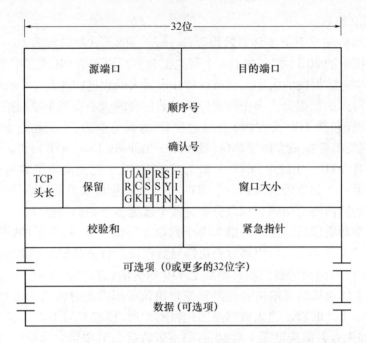

图 4 – 10　TCP 数据段的布局格式

避免 TCP 本身陷入探究中断原因中去的主要方法。ACK 位置 1 表明确认号是合法的。如果 ACK 位为 0，那么数据段不包含确认信息，确认号字段被省略。PSH 位表示是带有 PUSH 标志的数据。接收方因此请求数据段一到便可送往应用程序而不必等到缓冲区装满时才传送（缓冲方法可能是考虑到效率原因才采用的）。RST 位用于复位由于主机崩溃或其他原因而出现错误的连接。它还可以用于拒绝非法的数据段或拒绝连接请求。一般情况下，如果收到了一个 RST 位置 1 的数据段，那么一定发生了某些问题。SYN 位用于建立连接。在连接请求中，SYN = 1，ACK = 0，表示捎带确认字段无效，连接响应数据段应带有确认，因此 SYN =1，ACK =1。实质上，SYN 位用来代表 CONNECTION REQUEST 和 CONNECTION ACCEPTED，用 ACK 位来区分这两种可能。FIN 位用于释放连接。它表明发送方已经没有数据发送了，然而，当断开连接后，进程还可以继续接收数据。用于建立连接和断开连接的数据段均有顺序号，因此可以保证按正确顺序得到处理。

　　TCP 中的流量控制是通过使用可变大小的滑动窗口来处理的。窗口大小字段表示在已确认字节之后还可以发送多个字节。窗口大小字段值为 0 是合法的，表示它已经收到了包括确认号减 1（已发送的所有数据段）在内的所有数据段，但当前接收方急需暂停，希望此刻不要发送数据，之后通过发送一个带有相同确认号和滑动窗口字段非零值的数据段来恢复原来的传输。

校验和也是为了确保高可靠性而设置的。它校验头部、数据和图 4 - 11 中所示的伪 TCP 头(pseudo header)之和。当执行这一操作时,TCP 的校验和字段设置为 0,并且当数据长度是奇数时数据字段附加填空一个 0B。校验和算法是简单地将所有 16 位字以补码形式相加,然后再对相加和取补。因此,当接收方对整个数据段,包括校验和字段进行运算时,结果应为 0。

图 4 - 11　TCP 校验和计算过程中使用的伪头

伪 TCP 头包含的信息为:源机器和目的机器的 32 位 IP 地址,TCP 的协议编号(6),TCP 数据段(包括 TCP 头)的字节数以及填充域。值得一提的是,在校验和计算中包括了伪 TCP 头,这有助于检测所传送的 IP 分组是否正确,但这样做却违反了协议的分层规则,因为其中的 IP 地址信息是属于 IP 层的而非 TCP 层。

选项字段用于提供一种增加额外设置的方法,而这种设置在常规的 TCP 头中并不包括。

4.2.2.6　TCP 连接管理

在 TCP 中建立连接可以采用三次握手的方法。为了建立连接,其中一方,如服务器,通过执行 LISTEN 和 ACCEPT 原语(可以指定源端机也可以不指定)被动地等待一个到达的连接请求。

另一方,如客户方,执行 CONNECT 原语,同时要指明它想连接到的 IP 地址和端口号。设置它能够接受的 TCP 数据段的最大值以及一些可选的用户数据(如口令)。CONNECT 原语发送一个 SYN = 1,ACK = 0 的数据段到目的端,并等待对方响应。该数据段到达目的端后,那里的 TCP 实体将查看是否有进程在侦听目的端口字段指定的端口。如果没有,它将发送一个 RST = 1 的应答,拒绝建立该连接。

如果某个进程正在对该端口进行侦听,于是便将到达的 TCP 数据段交给该进程,它可以接受或拒绝建立连接。如果接受,便发回一个确认数据段。一般情况下,TCP 数据的发送顺序如图 4 – 12(a)所示。注意,SYN 数据段使用了 1B 的顺序空间,所以可以明确地得到确认。

如果两个主机同时想在相同的两个套接字之间建立一个连接,事件的发生顺序如图 4 – 12(b)所示。这些事件的最终结果是只有一个连接建立起来,而不是两个,因为连接是由其端点所标识的。如果首先建立的连接由(x,y)标识,第二个连接也是如此,那么只生成一个表记录,即(x,y)。

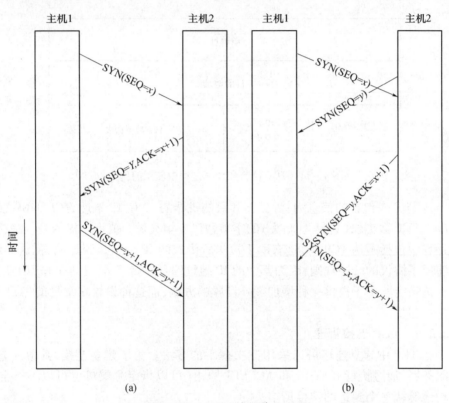

图 4 – 12　TCP 连接的建立过程

(a) 正常情形;(b) 产生连接冲突情形。

虽然 TCP 连接是双工的,但为了弄清楚连接如何释放,最好将其看作是一个双单工的连接,每个单工连接都独立地释放。为了释放连接,每方均可发送一个 FIN =1 的 TCP 数据段,表明本方已无数据发送。当 FIN 数据段被确认后,那个方向的连接即告关闭,然而数据还可以继续朝另一方传送。当两个方向上的连接均关闭后,该连接就被完全释放了。一般情况下,释放一个连接需要 4 个 TCP 数据段:每个方向均有一个 FIN 数据段和一个 ACK 数据段。然而,可以将第一个 ACK 数据段和第二个 FIN 数据段合并为同一个数据段,从而使整个数据段数减少到 3 个。

就像在打电话时双方说完再见同时挂断电话一样,TCP 连接的两端也可以同时发送 FIN 数据段。按通常的方法每方均得到确认后,该连接即断开。事实上,两个主机之间顺序释放连接和同时释放连接没有本质区别。

为避免出现"两军问题"(指在连接释放时可能出现的一个经典问题),需使用定时器进行计时。如果对 FIN 数据段的应答在两个最大的分组生命期内未到达,FIN 数据段的发送方便可以释放连接。另一方最终会发现已无人在侦听它的任何信息,从而也会因超时而释放连接。尽管这种方法不是最优的,但证明在实践中是有效的,也很少会出现问题。

建立连接和释放连接所需要的步骤可以用具有 11 种状态的有限状态机表示。TCP 连接管理有限状态机如图 4 - 13 所示。

图 4 - 13 中客户端主动要求与服务器端建立连接这种常见序列是用粗线表示的,客户端用实线,服务器端用虚线,细线用于不常见事件的序列。每条线上均标有事件/动作。事件可以是用户执行的系统调用(CONNECT, LISTEN ,SEND 或 CLOSE),一个数据段(SYN ,FIN,ACK 或 RST)的到达或者是出现超过两倍最大的分组生命期的情况。动作是指控制数据段(SYN,FIN 或 RST)的发送或者为空(用" - "表示)。

每个连接均开始于 CLOSED 状态。当一方执行了被动的连接原语(LISTEN)或主动的连接原语(CONNECT)时,它便会脱离 CLOSED 状态。如果此时另一方执行了相对应的原语,连接便建立了,并且状态变为 ESTABLISHED。任何一方均可以首先请求释放连接。当连接被释放后,状态又回到 CLOSED。

客户端的一个应用程序发出 CONNECT 请求后,本地的 TCP 实体为其创建一个连接记录并标记为 SYN SENT 状态,然后发送一个 SYN 数据段到服务器。注意,与此同时 TCP 实体可能已经为多个应用程序建立了(或正在建立)多个连接,因此,状态是相对于每个连接的并且记录在连接记录中。当 SYN + ACK 数据段到达后(此处 SYN + ACK 表示 SYN =1,ACK = 1),TCP 实体发送出三次握手的最后一个 ACK 数据段,并转换为 ESTABLISHED 状态。现在该应用程序便可以发送和接收数据了。

当一个应用程序完成数据收发任务后,它执行 CLOSE 原语,使当地的 TCP 实体发送一个 FIN 数据段并等待相应的 ACK 数据段(见图 4 - 13 中标有主动关闭的虚线框)。当 ACK 到达后,转移到 FIN WAIT 2 状态,现在连接在一个方向上被断开了。当另一方也断开连接时,会发出一个 FIN 数据段并获得确认。现在双方均已断开连接,但 TCP 要等待一个最大的分组生命期,确保该连接的所

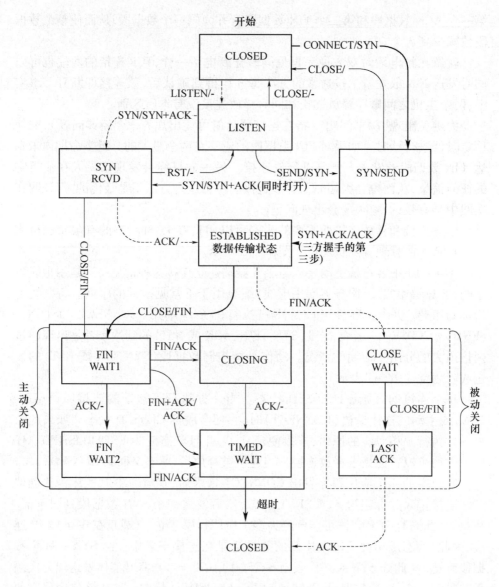

图 4-13 TCP 连接管理有限状态机

有分组全部消失,以防止出现确认丢失的情况。当定时器超时后,TCP 删除该连接记录。

现在从服务器的角度来分析连接管理。服务器执行 LISTEN 原语并等待连接请求到来。当一个 SYN 数据段到达后,将被确认并且服务器进入到 SYN RCVD 状态。当服务器端发出的 SYN 也被确认后,三次握手便完成了,于是服务器进入 ESTABLISHED 状态,数据传输便可以开始了。

当客户端完成数据发送任务后,执行 CLOSE 原语,从而传送一个 FIN 数据段到达服务器端(见图 4 – 13 中标有被动关闭的虚线框)。服务器端得到通告后,也执行 CLOSE 原语,向客户端发送一个 FIN。当客户端的确认出现后,服务器端便释放该连接,并删除连接记录。

4.2.2.7　UDP

用户数据报协议(User Datagram Protocol,UDP)建立在 IP 协议之上,同 IP 协议一样在网络层提供无连接数据报传输。相对于 IP 协议,它唯一增加的能力是提供协议端口,以保证进程通信。由于 UDP 提供的是一种无连接的服务,它并不保证可靠地数据传输。它和对等的 UDP 实体在传输时不建立端到端的连接,而只是简单地向网络上发送数据或从网络上接收数据。并且,UDP 将保留应用程序产生的报文边界,即它不会对报文作合并或分段处理,这样接收的报文与发送时的报文大小完全一致。

另外,一个 UDP 模块必须提供产生和验证校验和的功能,但一个应用程序在使用 UDP 服务时,可以自由选择是否要求产生校验和(默认要求产生校验和)。当一个 IP 模块收到一个 IP 分组时,它就将其中的 UDP 数据报传递给 UDP 模块。UDP 模块在收到由 IP 传来的 UDP 数据报后,首先检验 UDP 校验和。如果校验和为 0,表示发送方没有计算校验和。如果校验和非 0,并且校验和不正确,则 UDP 将丢弃这个数据报。如果校验和非 0,并且正确,则 UDP 根据数据报中的目标端口号,将其送给指定应用程序等待队列。

UDP 的数据报由两大部分组成:报头和数据区,如图 4 – 14 所示。其中,UDP 源端口号为发送方的 UDP 端口号标识,当不需要返回数据时,可将这个域的值置为 0;UDP 目的端口号为接收方的 UDP 端口号标识,UDP 将根据这个域内容将报文送给指定的应用进程;UDP 报文长度表示数据报总长度(包括报头

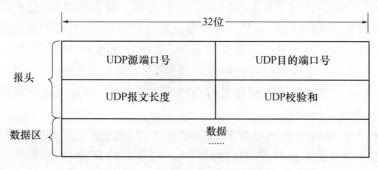

图 4 – 14　UDP 报文格式

及数据区),最小值为 8,即 UDP 报头部分长度;UDP 校验和为 0 时表示未选校验和,而全 1(负 0 的反码)则表示校验和为 0。

值得一提的是,同 TCP 协议一样,UDP 的校验和也是为了确保高可靠性而设置的。它校验 UDP 头部、UDP 数据和图 4 – 11 中所示的伪 TCP 头格式相似的伪 UDP 头之和。伪 UDP 头包含的信息为:源机器和目的机器的 32 位 IP 地址、UDP 的协议编号(17)以及 UDP 数据段(包括 UDP 头)的字节数。

4.3　局域网交换技术

4.3.1　三层交换技术

三层交换(也称多层交换技术或 IP 交换技术)是相对于传统交换概念而提出的。众所周知,第二层交换技术是工作在 OSI 七层网络模型中的第二层,即数据链路层。它按照所接收到数据包的目的 MAC 地址来进行转发,对于网络层或者高层协议来说是透明的。它不处理网络层的 IP 地址,不处理高层协议的诸如 TCP、UDP 的端口地址,它只需要数据包的物理地址即 MAC 地址,数据交换是靠硬件来实现的,速度快是二层交换的一个显著的优点,但是,它不能处理不同 IP 子网之间的数据交换。传统的路由器可以处理大量的跨越 IP 子网的数据包,但是它的转发效率比二层低,因此要想利用二层转发效率高这一优点,又要处理三层 IP 数据包,三层交换技术就诞生了。三层交换技术是在网络模型中的第三层实现了数据包的高速转发。简单地说,三层交换技术就是二层交换技术 + 三层转发技术。

一个具有三层交换功能的设备是一个带有第三层路由功能的第二层交换机,但它是二者的有机结合,并不是简单地把路由器设备的硬件及软件叠加在局域网交换机上。

第三层交换工作在 OSI 七层网络模型中的第三层即网络层,是利用第三层协议中的 IP 包的包头信息来对后续数据业务流进行标记,具有同一标记的业务流的后续报文被交换到第二层数据链路层,从而打通源 IP 地址和目的 IP 地址之间的一条通路。这条通路经过第二层链路层。有了这条通路,三层交换机就没有必要每次将接收到的数据包进行拆包来判断路由,而是直接将数据包进行转发,将数据流进行交换。

其原理是:假设两个使用 IP 协议的站点 A、B 通过第三层交换机进行通信,发送站点 A 在开始发送时,把自己的 IP 地址与 B 站的 IP 地址比较,判断 B 站是否与自己在同一子网内。若目的站 B 与发送站 A 在同一子网内,则进行二层的转发。若两个站点不在同一子网内,如发送站 A 要与目的站 B 通信,发送站 A

要向"默认网关"发出 ARP(地址解析)封包,而"默认网关"的 IP 地址其实是三层交换机的三层交换模块。当发送站 A 对"默认网关"的 IP 地址广播出一个 ARP 请求时,如果三层交换模块在以前的通信过程中已经知道 B 站的 MAC 地址,则向发送站 A 回复 B 的 MAC 地址。否则,三层交换模块根据路由信息向 B 站广播一个 ARP 请求,B 站得到此 ARP 请求后向三层交换模块回复其 MAC 地址,三层交换模块保存此地址并回复给发送站 A,同时将 B 站的 MAC 地址发送到二层交换引擎的 MAC 地址表中。从这以后,当 A 向 B 发送的数据包便全部交给二层交换处理,信息得以高速交换。由于仅仅在路由过程中才需要三层处理,绝大部分数据都通过二层交换转发,因此三层交换机的速度很快,接近二层交换机的速度。

4.3.2　VLAN

虚拟局域网(Virtual Local Area Network,VLAN)是一种将局域网设备从逻辑上划分成一个个网段,从而实现虚拟工作组的新兴数据交换技术。VLAN 技术的出现,使得管理员根据实际应用需求,把同一物理局域网内的不同用户逻辑地划分成不同的广播域,每一个 VLAN 都包含一组有着相同需求的计算机工作站,与物理上形成的 LAN 有着相同的属性。由于它是从逻辑上划分,而不是从物理上划分,所以同一个 VLAN 内的各个工作站没有限制在同一个物理范围中,即这些工作站可以在不同物理 LAN 网段。由 VLAN 的特点可知,一个 VLAN 内部的广播和单播流量都不会转发到其他 VLAN 中,从而有助于控制流量、减少设备投资、简化网络管理和提高网络的安全性。

通过将网络划分为不同的 VLAN,可以强化网络管理和网络安全,控制不必要的数据广播。在共享网络中,一个物理的网段就是一个广播域。而在交换网络中,广播域可以是由一组任意选定的第二层网络地址(MAC 地址)组成的虚拟网段。这样,网络中工作组的划分可以突破共享网络中的地理位置限制,而完全根据管理功能来划分。这种基于工作流的分组模式,大大提高了网络规划和重组的管理功能。在同一个 VLAN 中的工作站,不论它们实际与哪个交换机连接,它们之间的通信就好像在独立的交换机上一样。同一个 VLAN 中的广播只有 VLAN 中的成员才能听到,而不会传输到其他的 VLAN 中去,这样可以很好地控制不必要的广播风暴的产生。同时,若没有路由的话,不同 VLAN 之间不能相互通信,这样增加了企业网络中不同部门之间的安全性。

VLAN 的划分可分为以下几种:

(1) 基于端口的 VLAN,也称为静态 VLAN(Static VLAN)。这种 VLAN 的端口是通过在交换机以命令行的形式加入到 VLAN 的,当交换机在某一个端口被加入到某一个 VLAN 之后,就固定不变,除非重新配置。配置完成后,当主机连接到某一端口时,该主机就进入该端口所属的 VLAN。

(2) 基于 MAC 地址的 VLAN,也称为动态 VLAN(Dynamic VLAN),这种方式的 VLAN 是根据每个主机的 MAC 地址来划分的。这种划分 VLAN 方法的最大优点就是当用户物理位置移动时,即从一个交换机换到其他的交换机时,VLAN 不用重新配置,所以,可以认为这种根据 MAC 地址的划分方法是基于用户的 VLAN。这种方法的缺点是初始化时,所有的用户都必须进行配置,而且这种划分也可能导致交换机执行效率的降低。

(3) 基于网络层的 VLAN。这种划分 VLAN 的方法是根据每个主机的网络层地址或协议类型(如果支持多协议)划分的,虽然这种划分方法是根据网络地址,如 IP 地址,但它不是路由,与网络层的路由毫无关系。这种方法的优点是用户的物理位置改变了,不需要重新配置所属的 VLAN,而且可以根据协议类型来划分 VLAN,这对网络管理者来说很重要。此外,这种方法不需要附加的帧标签来识别 VLAN,这样可以减少网络的通信量。这种方法的缺点是效率低,因为检查每一个数据包的网络层地址是需要消耗处理时间的(相对于前面两种方法)。

(4) 基于规则的 VLAN,也称为基于策略的 VLAN。这是最灵活的 VLAN 划分方法,具有自动配置的能力,能够把相关的用户连成一体,在逻辑划分上称为"关系网络"。网络管理员只需在网管软件中确定划分 VLAN 的规则(或属性),那么当一个站点加入网络中时,将会被"感知",并被自动地包含进正确的 VLAN 中。同时,对站点的移动和改变也可自动识别和跟踪。采用这种方法,整个网络可以非常方便地通过路由器扩展网络规模。有的产品还支持一个端口上的主机分别属于不同的 VLAN,这在交换机与共享式 Hub 共存的环境中显得尤为重要。自动配置 VLAN 时,交换机中软件自动检查进入交换机端口的广播信息的 IP 源地址,然后软件自动将这个端口分配给一个由 IP 子网映射成的 VLAN。

4.3.3　VLAN 中继协议

如果一个 VLAN 是由不同交换机端口组成,那么就需要有协议保证 VLAN 标识信息能够在交换机之间传递,这就是 VLAN 中继协议。该协议有 ISL(Inter–Switch Link)和 IEEE 于 1999 年颁布的 802.1Q 协议标准草案两种实现方式。

ISL 是思科专有的协议,ISL 在以太网帧的最外层增加 26B 的帧头,并将重新计算的 CRC 放在帧尾。在 26B 的报头里有 15 bit 用来表示 VLAN,但只用到低 10 位。即支持 1024 个 VLAN 数目。802.1Q 属业界标准,是在以太网帧的源 MAC 地址和 Type 字段之间插入 4B 的 TAG 字段,并将原有的 FCS 重写。TAG 字段里包括 priority 和 VLANID。

　　ISL 协议和 802.1Q 的区别在于针对 NATIVE VLAN 是否打标记。ISL 是全部都打,有几个 VLAN 打几个标记,而 802.1Q 协议除了 VLAN1 也就是 NATIVE VLAN 不打标记之外其他的 VLAN 都打标记。

　　VLAN 中继协议只能应用于交换机的 TRUNK 端口,对于 802.1Q,端口接收到这个帧会查看 TAG 字段里的信息,如果交换机有此 VLAN,就会转发到相应端口同时会去掉 TAG 标记字段,如果没有则转发到 NATIVE VLAN,按 TRUNK 口转发或丢弃。而对于 ISL 封装的帧,如果有此 VLAN 接收端口,则要剥离最外层的 26 + 4B 的帧头,然后转发到相应端口,如果没有,则直接丢掉或转发到另外的 TRUNK 端口。

4.3.4　VTP 协议

　　VTP(VLAN Trunking Protocol)是思科私有的一个 OSI 参考模型第二层的通信协议,主要用于管理在同一个域的网络范围内 VLAN 的建立、删除和重命名。在一台 VTP Server 上配置一个新的 VLAN 时,该 VLAN 的配置信息将自动传播到本域内的其他所有交换机。这些交换机会自动地接收这些配置信息,使其 VLAN 的配置与 VTP Server 保持一致,从而减少在多台设备上配置同一个 VLAN 信息的工作量,而且保持了 VLAN 配置的统一性。

　　VTP 有三种工作模式:VTP Server、VTP Client 和 VTP Transparent。一般而言,一个 VTP 域是由若干交换机组成的网络,而其中只有一台交换机可设为 VTP Server 模式。VTP Server 维护该 VTP 域中所有 VLAN 信息列表,VTP Server 可以建立、删除或修改 VLAN,发送并转发相关的通告信息,同步 VLAN 配置,把配置保存在 NVRAM 中。VTP Client 虽然也维护所有 VLAN 信息列表,但其 VLAN 的配置信息是从 VTP Server 学到的,VTP Client 不能建立、删除或修改 VLAN,但可以转发通告,同步 VLAN 配置,不保存配置到 NVRAM 中。配置为 VTP Transparent 模式的交换机不参与 VTP 域的管理信息交换工作,也就是说,它不从 VTP Server 学习 VLAN 的配置信息,而只管理维护设备自身的 VLAN 信息。VTP Transparent 可以建立、删除和修改本机上的 VLAN 信息,同时会转发通告并把配置保存。

4.3.5　生成树协议

　　随着以太网的广泛应用,局域网的结构也日趋复杂。为了避免交换网络中的单点故障引起网络中断,人们引入了冗余技术。然而新的问题又产生了,冗余链路在带来稳定的同时又造成了网络中的环路,而环路问题会引起广播风暴、多帧复制及 MAC 地址表的不稳定等不良结果。应运而生的生成树协议则在这个问题上给出了解决的方法,它可以通过阻断冗余链路来消除桥接网络中可能存在的路径回环,同时当活动路径发生故障时可以激活冗余备份链路来恢复网络的连通性。

生成树协议(Spanning – Tree Protocol,STP IEEE802.1d 标准)的目的是动态地建立一个桥接/交换网络,其中在任何两个局域网段(冲突域)间只有一条活跃路径。为完成这个任务,所有桥接设备,包括交换机,均使用一个动态协议。使用协议的结果是桥接设备(交换机)的每一个接口将被设置成阻塞或转发状态。阻塞表示该接口无法转发所接收的数据帧,但它可以发送和接收配置网桥协议数据单元(BPDU);转发则表示此接口可以收发数据帧。通过将接口的一部分正确地设置为阻塞,在每两个局域网段(冲突域)之间将只存在一条当前活跃的逻辑路径。如果主链路因故障而被断开后,备用链路才会被打开。其发展历程包括三个阶段:一代生成树协议 STP/RSTP;第二代生成树协议 PVST/PVST +;第三代生成树协议 MISTP/MSTP。

生成树协议使用 BPDU 来传送设备的有关信息。网络中所有交换机每隔一定的时间间隔就发送和接收一次 BPDU 数据帧,并且用它来检测生成树拓扑的状态,通过生成树算法得到最优拓扑结构。

STP 依靠网桥(交换机端口)相互交换各自的 BPDU 获取网络拓扑结构信息,从而组建生成树。BPDU 主要包括的重要信息如下:

(1)根桥 ID(Root ID),由根桥的优先级和根桥的 MAC 构成。网桥和交换机的优先级可以手工配置,默认值通常为32768。

(2)从发送网桥到根桥的最短路径开销(Root Path Cost),为发送网桥到根桥的最短路径上所有链路开销之和。链路开销是与交换机端口相连的链路速率相关的参数,可以手工配置。

(3)发送网桥的 ID(Transmitting Bridge ID),由该网桥的优先级和该网桥的 MAC 组成。

(4)发送端口的 ID(Transmitting Port ID),由端口优先级和端口索引值组成。

(5)配置消息的生存期 Message Age,接收到配置消息的端口如果是根端口,则交换机将配置消息中携带的 Message Age 按照一定原则递增,并启动定时器为这条配置消息计时。

(6)配置消息的最大生存期 Max Age,Max Age 用来判断配置消息是否过时。

当一个网桥收到 BPDU,网桥就开始从头实施生成树算法。这种算法是从根网桥的选择开始的。根网桥(root bridge)是整个拓扑结构的核心,所有的数据实际上都要通过根网桥。生成树构建的下一步是让每一个网桥决定通向根桥的最短路径,这样,各网桥就可以知道如何到达这个"中心"。这一步会在每个局域网进行,它选择指定的网桥,或者与根桥最接近的网桥。指定的网桥将把数据从局域网发送到根桥。最后一步是每个网桥要选择一个根端口。根端口也即"用来向根桥发送数据的端口"。注意,一个网桥上的每一个端口,甚至连接到终端系统(计算机)的端口,都将参加这个根端口的选择,除非将一个端口设置为"忽略"。

上面就是生成树算法的过程。但是,这还不能解释生成树在现实世界中实际上在做什么。我们说,这种计算是破坏性的。毫无疑问,它确实是如此。要进行这种计算,网桥必须停止所有的通信。网桥要经过一系列的测试和学习阶段,只有在拓扑结构建立起来之后才开始发送数据。网桥只有在拓扑机构改变的时候或者网桥得到一个 BPDU 包时才会进行,想起来这种情况应该很少,可事实上,这种计算发生的频度要比你想象的多。

我们知道,启用生成树功能可以让我们通过多个连接(网桥)把两个网段连接在一起,并且不产生环路。如果连接之中的一个网桥坏了,我们可以绕过这个网桥,使用另一个网桥。其工作原理是虽然现用的交换机封锁其备用的连接,但是,它默默地监听 BPDU 更新并且仍然知道哪一个连接通向根桥。

如果其中一个物理连接碰巧是一条虚拟局域网 trunk 线,会出现什么情况呢? 如果我们只有一个运行的生成树实例,这个生成树可能会发现 trunk 中的一个网络不应该使用这个连接(trunk 端口汇聚将多条物理连接汇聚为一个带宽更大的逻辑连接)。除了关闭整个连接之外,没有其他的选择。

按虚拟局域网配置的生成树协议(PVST/per - VLAN spanning trees)正是为解决上述问题而产生的。当启用这项功能(协议)的时候,一个网桥将为该网桥上的每一个虚拟局域网运行一个生成树实例。如果一个 trunk 连接包含虚拟局域网 1、2 和 3,它可以决定虚拟局域网 1 和 2 不能使用那个路径,但是仍然允许虚拟局域网 3 使用这条路径。在复杂的网络中,还有许多虚拟局域网 3 只有一个出口的情况,这可能是因为管理员要限制虚拟局域网 3 访问的范围。如果我们不使用 PVST,而且 trunk 端口被生成树封锁了,这个网桥上的虚拟局域网 3 将失去与其局域网的其他方面的连接。

MSTP(Multiple Spanning Tree Protocol,多生成树协议)也可以弥补 STP 和 RSTP 的缺陷,它既可以快速收敛,也能使不同 VLAN 的流量沿各自的路径转发,从而为冗余链路提供了更好的负载分担机制。

MSTP 的特点如下:

(1) MSTP 设置 VLAN 映射表(即 VLAN 和生成树的对应关系表),把 VLAN

和生成树联系起来。通过增加"实例"(将多个 VLAN 整合到一个集合中)这个概念,将多个 VLAN 捆绑到一个实例中,以节省通信开销和资源占用率。

(2) MSTP 把一个交换网络划分成多个域,每个域内形成多棵生成树,生成树之间彼此独立。

(3) MSTP 将环路网络修剪成为一个无环的树型网络,避免报文在环路网络中的增生和无限循环,同时还提供了数据转发的多个冗余路径,在数据转发过程中实现 VLAN 数据的负载分担。

(4) MSTP 兼容 STP 和 RSTP。

4.3.6 HSRP 和 VRRP

HSRP(Hot Standby Routing Protocol)是 Cisco 的专有协议,而 VRRP(Virtual Router Redundancy Protocol)是一个公共协议,它们都用于将多台路由器组成一个"热备份组",这个组形成一个虚拟路由器。在任一时刻,一个组内只有一个路由器是活动的,并由它来转发数据包,如果活动路由器发生了故障,将选择一个备份路由器来替代活动路由器,但是在本网络内的主机看来,虚拟路由器没有改变。所以主机仍然保持连接,没有受到故障的影响,这样就较好地解决了路由器切换的问题。以下主要以 HSRP 为例介绍其工作原理。

在 HSRP 中,活跃路由器的功能是负责转发发送到虚拟路由器的数据。它通过发送 HELLO 消息(基于 UDP 广播)来通告它的活跃状态。组中会有另外的一台路由器来作为备份路由器。它的功能是监视 HSRP 组中的运行状态,并且在当前活跃路由器不可用时,迅速承担起负责数据转发的任务。备份路由器也发送 Hello 消息来通告组中其他的路由器其备份路由器的角色。

为了减少网络的数据流量,在设置完活动路由器和备份路由器之后,只有活动路由器和备份路由器定时发送 HSRP 报文。如果活动路由器失效,备份路由器将接管成为活动路由器。如果备份路由器失效或者变成了活动路由器,将有另外的路由器被选为备份路由器。

在实际的一个特定的局域网中,可能有多个热备份组并存或重叠。每个热备份组模仿一个虚拟路由器工作,它有一个 Well - known - MAC 地址和一个 IP 地址。当在一个局域网上有多个热备份组存在时,把主机分布到不同的热备份组,可以使负载得到分担。

HSRP 协议利用一个优先级方案来决定哪个配置了 HSRP 协议的路由器成为默认的主动路由器。如果一个路由器的优先级设置的比所有其他路由器的优先级高,则该路由器成为主动路由器。路由器的默认优先级是 100,所以如果只设置一个路由器的优先级高于 100,则该路由器将成为主动路由器。

通过在设置了 HSRP 协议的路由器之间广播 HSRP 优先级,HSRP 协议可选出当前的主动路由器。当在预先设定的一段时间内主动路由器不能发送 Hello 消息时,优先级最高的备用路由器变为主动路由器。路由器之间的包传输对网络上的所有主机来说都是透明的。

配置了 HSRP 协议的路由器交换以下三种多点广播消息:

Hello——Hello 消息通知其他路由器发送路由器的 HSRP 优先级和状态信息,HSRP 路由器默认为每 3s 发送一个 Hello 消息。

Coup——当一个备用路由器变为一个主动路由器时发送一个 Coup 消息。

Resign——当主动路由器需要宕机维护或者当有优先级更高的路由器发送 Hello 消息时,主动路由器发送一个 Resign 消息。

在任一时刻,配置了 HSRP 协议的路由器都将处于以下六种状态之一:

Initial——HSRP 启动时的状态,HSRP 还没有运行,一般是在改变配置或端口刚刚启动时进入该状态。

learn——路由器已经得到了虚拟 IP 地址,但是它既不是活动路由器也不是等待路由器。它一直监听从活动路由器和等待路由器发来的 Hello 报文。

Listen——路由器正在监听 Hello 消息。

Speak——在该状态下,路由器定期发送 Hello 报文,并且积极参加活动路由器或等待路由器的竞选。

Standby——当主动路由器失效时,路由器准备接包传输功能。

Active——路由器执行包传输功能。

4.3.7　PIM 协议

协议无关组播(Protocol Independent Multicast,PIM)是一种组播路由协议。组播依赖于单播。PIM 根据单播协议的路由表生成组播路由表,不管单播协议是 ospf 还是 eigrp 等,PIM 都能支持,所以称为协议无关。

为了向所有接收主机传送组播数据,用组播分布树来描述 IP 组播在网络中传输的路径。组播分布树有有源树和共享树两个基本类型。有源树也称为基于信源的树或最短路径树(Shortest Path Tree,SPT)。它是以组播源为根构造的从根到所有接收者路径都最短的分布树。如果有多个组播源,则必须为每个组播源构造一棵组播树。由于不同组播源发出的数据包分散到各自分离的组播树上,因此采用 SPT 有利于网络中数据流量的均衡。同时,因为从组播源到每个接收者的路径最短,所以端到端的时延性能较好,有利于流量大、时延性能要求较高的实时应用。SPT 的缺点是:要为每个组播源构造各自的分布树,当数据流量不大时,构造 SPT 的成本相对较高。

共享树也称 RP 树(Rendezvous Point Tree,RPT),是指为每个组播组选定一个共用根(汇合点 RP 或核心),以 RP 为根建立的组播树。同一组播组的组播源将所要组播的数据单播到 RP,再由 RP 向其他成员转发。共享树在路由器所需存储的状态信息的数量和路由树的总代价两个方面具有较好的性能。当组的规模较大而每个成员的数据发送率较低时,使用共享树比较适合。但当通信量大时,使用共享树将导致流量集中到根(RP)附近的瓶颈。

PIM(Protocol independent multicast)协议有两种模式,分别是密集模式(PIM Dense Mode,PIM – DM)和稀疏模式(PIM Sparse Mode,PIM – SM)。

PIM – DM 假设组成员很多,拓扑中大部分路由器都要参与组播,转发组播流量。当源发送组播时,所有路由器参与泛洪,构建一棵覆盖整个拓扑的源树。之后由不存在组成员的路由器向其上游(离组播源距离更近)路由器通告裁剪消息,告诉其不需要转发组播流量,将自己从多播转发表中删除。PIM – DM 中,修剪消息 3min 后就会过期,需要再次进行泛洪,且修剪以后,所有路由器仍包含 (S,G) 条目,直到源停止发送数据。

PIM – SM 假设组成员并不多,拓扑中只有少部分路由器需要转发组播流量,但这些路由器贯穿于整个拓扑。在这种情况下,泛洪构建源树会占用很多资源,所以只有需要转发组播的路由器发送请求,主动加入组播转发,这时使用共享树。

PIM – SM 构建树的过程相对复杂,主要分为三个步骤。

1. 选举 RP

有三种方法:

(1)静态指定 RP。由管理员手工指定。

(2)auto – RP。是 Cisco 专有的自动选举 RP 的协议。管理员手工指定几个候选 RP 和 RP 映射代理,然后由 RP 映射代理按照规则(IP 地址最高的)从候选 RP 中选出一个 RP,并用 RP – Discovery 消息通告给所有 PIM 路由器。

(3)Bootstrap – RP。是公有的自动选举 RP 的协议。管理员手工指定候选 RP 和 BSR(自举路由器),BSR 类似于刚才的 RP 映射代理,但不同之处有两点:①BSR 可以有多个候选者,按照规则(首先判断优先级,优先级相同判断 IP,大的成为 BSR)选举一个成为 BSR,而 RP 映射代理一般只有一个。②BSR 并不从候选 RP 中选举出 RP,而是将所有候选 RP 的集合通告给 PIM 路由器,由路由器自行选择。Bootstrap 选举 RP 的规则:优先级低的成为 RP。优先级相同时,利用一些参数计算哈希值,高的成为 RP。

2. 计算组成员到 RP 的共享树

组成员向本地路由器发送 IGMP 加入消息,这个信息一直会被传到 DR(指定路由器),在这个过程中一直会用到单播路由表。单播路由表会被用于确定到达源的最佳路径和到达 RP 的最佳路径。

3. 计算源到 RP 的源树

当源发送组播流量时,路由器将组播流量的第一个包封装成注册数据包以单播发送给 RP,RP 收到后计算到达源的源树,计算完成的时候向源发送停止注册的消息,这时源停止发送注册消息,并将其余组播流量以组播方式发送给 RP,RP 再转发给组成员。

在组播转发表中,组播转发条目的格式有如下两种:

(S,G):表示从特定的源 S 发送给组播组 G,数据流将沿最短路径进行转发。这些条目通常表示源树,但是也可能出现在共享树中。

(*.G):表示从任意源 * 发送给组播组 G,数据流将通过 RP 进行转发。这些条目用来表示共享树,但在 Cisco 路由器上也可能表示所有(S,G)条目。

4.3.8　IGMP

IGMP(Internet Group Management Protocol)主要用于主机向路由器通知其加入某个多播组。IGMP 目前共有三个版本,版本 1 在 RFC 1112 中阐述,版本 2 在 RFC 2236 中阐述,版本 3 在 RFC 3376 中阐述。

版本 1 采用路由器查询和主机报告两种方法维护组成员关系。路由器向 224.0.0.1(all hosts)地址发送 TTL = 1 的查询包,这种查询每 60 - 120s 发生一次, 如果在一个 LAN 上面存在多台路由器,则只有其中的一台作为 Designated/Elected 的路由器发送查询信息。

主机可以向路由器发送 TTL = 1 的组成员关系报告,在主机想要加入某个多播组或是收到来自路由器的组成员关系查询消息时发出。因为同一网段上的主机只要有一台想要接收到达某个多播组的消息,路由器就会将到达这一多播组的消息发至该网段,所以主机的报告采用压制的方式,对某一个组信息的接收请求只需有一台主机报告即可。

版本 2 对版本 1 进行了改良,主要体现在以下几个方面:

在原有的发向 224.0.0.1 的针对所有组成员关系的 General Query 的基础上增加发向特定组地址的针对特定组的查询,以确定是否仍存在该组的接收者;当主机离开一个组时,主动向路由器发送注销报告,当发送此报告的主机是最后一个组成员时,可以减少路由器停止特定组播消息前的延时。

版本 2 中关于 Designated Router(指定路由器)的选举有了固定的机制,单播地址最大的支持 IGMP 协议的路由器成为 Query Router。此外,路由器在发出查询包时可以指定主机响应时间间隔。

IGMPv3 的提出主要是为了配合指定源组播(Source Specific Multicast,SSM)的实现。指定源组播是一种区别于传统组播的新的业务模型,它使用组播组地址和组播源地址同时来标识一个组播会话,而不是向传统的组播服务那样只使用组播组地址来标识一个组播会话。

SSM 保留了传统 PIM - SM 模式中的主机显式加入组播组的高效性,但是跳过了 PIM - SM 模式中的共享树和 RP 规程。在传统 PIM - SM 模式中,共享树和 RP 规程使用(S,G)组对来表示一个组播会话,其中(G)表示一个特定的 IP 组播组,而(S)表示发向组播组 G 的任何一个源。SSM 直接建立由(S,G)标识的一个组播最短路径树(Shortest Path Tree,SPT),其中,(G)表示一个特定的 IP 组播组地址,而(S)表示发向组播组 G 的特定源的 IP 地址。SSM 的一个(S,G)对也称为一个频道(Channel),以区分传统 PIM - SM 组播中的任意源组播组(Any Source Multicast,ASM)。

4.3.9 IGMP Snooping

传统以太网交换机处理组播数据包时只是简单地在每个端口上进行广播,这种方式使得组播包洪泛到并不支持组播的网络,这样的网络比较多的时候则会造成带宽极大的浪费。解决这个问题有几种方案,如 CISCO 组管理协议 CGMP 和组播注册协议 GMRP。如果采用 CGMP 协议,则需要路由器必须支持 CGMP 协议,有着兼容性问题。如果采用 GMRP 协议,同样也存在兼容性问题,因为它要求主机的网卡以及应用软件支持 GMRP 协议,所以以上两种方案对解决这个问题并不十分合适。而运行在交换机上的 IGMP Snooping 协议则能够很好地解决这一问题,同时它也不需要主机和组播路由器支持额外的协议。

IGMP Snooping 协议监视网络上的 IGMP 消息,为每一个组播 MAC 地址建立一个 VLAN。该 VLAN 端口所连接的网络中至少含有一个主机组成员或者含有组播路由器。这些端口即为组播数据包应该转发的端口组,它们在一起组成组播 VLAN 的端口集。协议将维护这个端口集。这样,当转发组播数据包时,组播数据包只在它所在的组播 VLAN 端口上转发而不会广播到不需要组播的端口,节省了带宽。同时,该以太网交换机在保持对组播路由器透明的前提下,完成 IGMP 代理的功能,过滤掉不必要的 IGMP 消息,防止了"IGMP 报告风暴"。

IGMP 协议介于第二层和第三层之间,它要求交换机既能分析 IGMP 数据包,又必须支持 VLAN。从协议层次框架上分析,TCP/IP 协议栈得到 IGMP 的报文,交由 IGMP Snooping 协议进行处理,IGMP Snooping 协议根据处理结果更新 VLAN。同时,当收到生成树的 TCN(拓扑结构变化通知)时,IGMP Snooping 还需要重新计算组播 VLAN 以减少网络变化所带来的影响。

4.3.10　MSDP

组播源发现协议(Multicast Source Discovery Protocol,MSDP)用来发现其他 PIM – SM 域内的组播源信息。MSDP 仅对任意源组播(Any – Source Multicast, ASM)模型有意义。

图 4 – 15 中,PIM – SM1 网络含有组播源 S,该网络内的 RP1 通过组播源注册过程了解到组播源 S 的具体位置,并向其他 PIM – SM 域内的 MSDP 对等体(RP 结点)周期性地发送 SA(Source Active,"源有效"报文)消息。SA 消息中包括组播源 S 的 IP 地址、组播组地址 G 和生成消息的 RP 地址,还包含 PIM – SM1 域内 RP 收到的第一个组播数据。SA 消息被对等体转发并最终到达所有 MSDP 对等体,这样某 PIM – SM 域内的组播源 S 信息就会被传递到所有 PIM – SM 域。

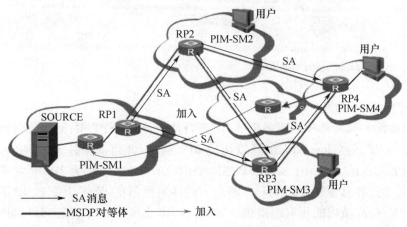

图 4 – 15　MSDP 协议机理示意图

MSDP 对等体通过对 SA 消息进行逆向路径转发(Reverse Path Forwarding, RPF)检查,只接收从正确路径上接收到的 SA 消息并进行转发,从而避免 SA 消息传递环路;另外,可以通过在 MSDP 对等体之间配置 Mesh 全连接组(Mesh Group),避免 SA 消息在 MSDP 对等体之间泛滥。

假如 PIM – SM4 域中的 RP4 接收到该 SA 消息,则检查对应组播组是否有接收者存在,如果有接收者则向组播源 S 逐跳发送(S,G)加入消息,从而构建了一棵基于组播源 S 的 SPT(Shortest Path Tree)树,而 PIM – SM4 域中 RP4 和接收者之间为 RPT(Rendezvous Point Tree)树。

4.3.11　Anycast RP

Anycast RP 是指通过在相同 PIM – SM 域内两个具有相同地址的 RP 之间形

成 MSDP 对等体关系,从而实现域内 RP 之间的负载分担和冗余备份。在相同 PIM - SM 域内,将多个路由器的接口(通常是 Loopback 接口)上都配置 RP 功能,且这些接口具有相同 IP 地址。并且这些 RP 之间建立 MSDP 相邻关系,如图 4 - 16 所示。

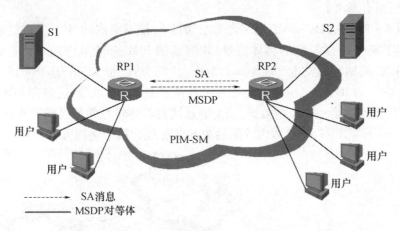

图 4 - 16 Anycast 典型组网图

组播源 S 通常选择距离最近的 RP 进行注册,形成 SPT 树;而接收者也向距离最近的 RP 发送 Join 加入消息以构建 RPT 树,因此组播源注册的 RP 可能不是接收者加入的 RP,为了实现 RP 之间的信息一致,这些互为 MSDP 对等体的 RP 之间通过相互发送 SA 消息,了解对方的注册源信息,最终让每个 RP 了解到整个 PIM - SM 域内的所有组播源。这样,各 RP 上所带的接收者都可以接收到整个 PIM - SM 域内的所有组播源发出的组播数据。

由于 RP 之间借助 MSDP 互通信息,而组播源或接收者分别向就近 RP 发起注册或 RPT 加入,因此可以实现 RP 负载分担。一个 RP 失效后,其上原先注册的组播源和加入的接收者会自动选择另一个就近 RP 进行注册和加入操作,从而实现了 RP 冗余备份。

建立 MSDP 对等体关系的 RP 之间,通过交互 SA 消息,能够共享本地注册的信源信息。将这一特性应用在一个 PIM - SM 域内就实现了 Anycast RP。

Anycast RP 在同一个 PIM - SM 域内设置多个具有相同地址的 RP,并且在这些 RP 之间建立 MSDP 对等体关系,从而实现 RP 路径最优及负荷分担。使用 Anycast RP 的组播网络与传统的 PIM - SM 网络相比,具有如下功能:

(1)RP 路径最优。

(2)接收者向距离最近的 RP 发起加入,建立路径最优的 RPT。

（3）组播源向距离最近的 RP 发起注册，建立路径最优的源树。

（4）RP 负载分担。

（5）每个 RP 上只维护 PIM – SM 域内的部分源/组信息，转发部分的组播数据。

（6）RP 冗余备份。

一个 RP 失效后，其上原先注册的组播源和加入的接收者会自动选择另一个就近 RP 进行注册和加入操作。

Anycast RP 配置概要：在 PIM – SM 域中的两台路由器上各准备一个 Loop-back 接口，配置相同的 IP 地址，并使用单播路由发布出去；PIM – SM 域中的所有路由器上配置该地址为静态 RP；在这些路由器之间建立 MSDP 对等体；为在这些 MSDP 对等体之间传递的 SA 消息指定逻辑 RP 地址。

第5章　网络管理技术

随着通信网络技术、计算机技术和软件技术的发展,网络管理技术已经历了三个发展阶段。第一阶段主要局限于对单台设备或单一物理通信线路的监视维护;第二阶段为集中监控,是20世纪80年代末以来最常用的管理维护手段,被管对象一般都是由同一厂家提供的设备;第三阶段大致从1995年开始,进入标准的TMN阶段。虽然国际电信联盟ITU-T于1988年就提出了TMN的概念,并于1992年公布了一系列相关的建议,但直到1995年才真正出现了较为完善的TMN产品。

前两个阶段严格说还算不上真正的网络管理,所以,人们都期望着第三阶段通用性强的标准网管。第三阶段的TMN产品虽然有比较完善的理论基础,但推广应用并非十分顺利,其主要原因是网管系统的标准化工作明显滞后于网络设备的研制和网络体系的建设,特别是网管网的接口通信协议制订得较晚;另一原因在于网上运行的设备由多个厂家提供,而不同厂家的产品对同一网管系统的支持程度或支持态度难以统一。尽管如此,TMN仍代表着网管技术的发展方向,它顺应现代电信网的发展潮流,从全球电信网的角度出发,提供了一种有组织的体系结构及标准化接口,使得不同类型的管理系统和通信设备之间都能以一致的方式交换信息。按照规范的方法对整个电信网进行统一的综合维护管理,可以从整体上提高网络的可用性,并显著地提高网络利用率。

与TMN相对应,在因特网上运行着SNMP简单网管协议软件。SNMP在局域网上很成功,既简单又实用。SNMP往往直接由网络设备(如路由器、网关等)制造商提供技术支持,并直接运行在被管局域网上,不须建立单独的网管网。这种方案充分体现了因特网开放自由的观念,但同时也导致了另一方面的严重不足,即不适应大范围的网络,而且网管功能十分有限,同时还存在安全性差等缺陷。

5.1　网络管理功能概述

网络管理是一个解决方案,目的是保持全网正常运行和充分提高每个网元(如传输设备、复用器、交换机等)的利用率,提高网络的可用时间和设备的利用率、网络性能、服务质量和安全性。网络管理涉及网络资源和活动的规划、组织、监视、计费和控制。不同组织的着眼点可能有所不同。CCITT 把网络管理功能总称为 OAM&P，即运营（Operation）、管理（Administration）、维护（Maintenance）和保障（Provisioning）。运营功能是指支持网络业务的管理；管理功能是检验网络服务水平和资源使用的最佳化；维护功能是负责改正和预防故障的管理；保障功能是支持提供服务的网络配置，但不包括网络的物理安装。国际标准化组织（ISO）一直致力于网络管理的标准化，它则定义了故障、配置、性能、计费和安全五大管理功能域。每个功能域（System Management Functional Area，SMFA）包括：

（1）一系列功能定义；

（2）与每个功能相关的一系列过程的定义；

（3）支持这些过程的服务；

（4）为了实现 SMFA 所需要的下层服务支持；

（5）SMFA 操作起作用的对象类（Class）。

5.1.1　故障管理

故障管理是检测和确定网络环境中异常操作所需要的一组设施。有了故障管理，OSI 环境中异常操作的检测、隔离和纠正也就可能变成现实。无论故障是短暂的还是持久的，都可能导致网络系统不能达到预期的运营指标。故障管理通过检测异常事件来发现故障，通过日志记录故障情况，根据故障现象采取相应的跟踪、诊断和测试措施。

故障管理提供的主要功能包括：

（1）维护、使用和检查差错日志；

（2）接受差错检测的通报（notification）并做出反应；

（3）在系统范围内跟踪差错；

（4）执行诊断测试序列；

（5）执行恢复动作以纠正差错。

5.1.2　配置管理

配置管理支持为了网络服务的连续性而对管理对象进行的控制、鉴别、从中收集数据和向它提供数据。配置管理还提供命名手段，使某个名字和特定的管理对象联系起来。配置管理提供的主要功能包括：

（1）设置开放系统或管理对象的参数；

（2）初始化、启动和关闭管理对象的过程；

（3）例行地或在发现重大的状态变化时收集能够反映开放系统或管理对象状态的数据；

（4）改变开放系统或管理对象的配置；

（5）使名字与管理对象对应起来（可能会用到 OSI 目录服务）。

5.1.3　性能管理

性能管理支持对管理对象的行为和通信活动的有效评价。它要收集统计数据，对这些数据应用一定的算法进行分析以获得系统的性能参数。要用一定的模型来评价一个系统是否满足吞吐量要求；是否有足够的响应时间；是否过载或系统是否得到有效的使用。性能管理与许多协议层的概念和设施有关，如残留差错率、传输时延、连接建立时延等。性能管理提供的主要功能包括：

（1）收集统计数据；

（2）维护和检查系统状态历史的日志，以便用于规划和分析。

5.1.4　计费管理

计费管理用来支持对管理对象（资源）使用的费用核算、收取，计费功能在共享资源的环境中是很有用的。计费功能必须支持费率的设置，对一些特殊资源在使用之前进行协商。计费管理提供的主要功能包括：

（1）将应该缴纳的费用通知用户；

（2）支持用户费用上限的设置；

（3）在必须使用多个通信实体才能完成通信时，能够把使用多个管理对象的费用综合起来。

5.1.5　安全管理

安全管理涉及保证网络管理工作可靠进行以及保护网络用户和网络管理对象的安全。安全管理提供的功能包括：

（1）支持身份鉴别，规定身份鉴别的过程；

（2）控制和维护授权设施；

（3）控制和维护访问权限；

（4）支持密钥管理；

（5）维护和检查安全日志。

5.2　网络管理体系结构

5.2.1　管理者/代理模型

管理者/代理模型的核心是一对相互通信的系统管理实体。它采取一个独特的方式使两个管理实体之间相互作用。即,管理进程与一个远程系统相互作用,以实现对远程资源的控制。在这种简单的体系结构中,一个系统中的管理进程担当管理者角色,而另一个系统的对等实体(进程)担当代理者角色,代理者负责提供对表示被管资源的被管对象的访问。前者被称为管理系统,后者被称为被管系统。

在 OSI 系统管理模型(图 5 - 1)中,对网络资源的信息的描述是非常重要的。在系统管理层次上,物理资源本身只被作为信息源来对待。对通过通信接口交换信息的应用来说,对所交换的信息必须有相同的解释。因此,提供公共信息模型是实现系统管理模型的关键。

在系统管理模型中,管理者角色与代理者角色不是固定的,而是由每次通信的性质所决定的。担当管理者角色的进程向担当代理者角色的进程发出操作请求,担当代理者角色的进程对被管对象进行操作和将被管对象发出的通报传向管理者。管理者和代理者之间的信道支持两类数据传送服务:管理操作(由管理者发向代理者)和通报(由代理者发向管理者)。因此,两个管理应用实体(进程)间角色的划分完全依赖于传送的管理数据类型和传送方向。值得一提的是,目前用于国际互联网网络管理的简单网络管理协议(SNMP),以及用于开放系统互连(OSI)和电信管理网(TMN)的公共管理信息协议(CMIP)均基于此模型。

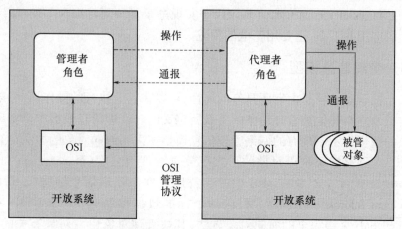

图 5 - 1　OSI 系统管理模型

5.2.2　网络管理协议

任何复杂的网络管理系统均可抽象为管理者/代理模型。管理活动均是通过管理者/代理间交换信息来完成的,因此它们之间的通信必须遵循一种约定,即管理协议。

早期的管理系统是针对其所在的网络建设的,一般自行制定管理协议。这种状况在该网络与其他网络互连时,网管系统由于缺乏统一的管理协议而很难互通。网络管理的标准化工作始于 1979 年,随之产生了几种标准的网管协议,主要有用于国际互联网网络管理的简单网络管理协议(SNMP),用于开放系统互连(OSI)和电信管理网(TMN)的公共管理信息协议(CMIP)两大系列。

国际上最著名的国际标准化组织 ISO 主要针对 OSI(开放系统互连)七层协议的传输环境设计了公共管理信息服务(CMIS)和公共管理信息协议(CMIP)。几年后,互联网工程任务组(IETF)为了更好地管理迅速膨胀的互联网,决定修改 OSI 的 CMIP 协议并以此作为互联网的管理协议,称作 CMOT(Common Management Over TCP/IP)协议。但是 CMOT 协议直到 1990 年才出台,在此期间,IETF 进一步修改完善了原有的简单网关监控协议(SGMP),作为临时的解决方案。这就是著名的简单网络管理协议——SNMP。它最大的特点是简单,另外其可扩展性、健壮性也得到广泛的认可。

SNMP 最初是为基于 TCP/IP 的互联网设计的,但现在 IPX/SPX、DECNET 以及 Appletalk 等其他协议也实现了 SNMP,SNMP 已成为网络管理事实上的标准。最近几年,IETF 为了加强 SNMP 的安全性和远程配置的功能又相继制定了 SNMPV2 和 SNMPV3,而 CMOT 协议由于实现过于复杂而且出台太晚,在计算机网络上的应用并不多,主要用于电信领域。

5.2.3　管理信息模型

一个被管理对象是由它所具有的属性,可以在其上执行的操作,它可以发出的通告以及它与其他被管理对象的关系所定义的。管理信息模型主要实现被管理对象的逻辑表示。现有的网络管理信息模型多采用面向对象的方法定义网络管理信息。网络资源被以对象的形式存放于管理信息库(Management Information Base,MIB)中。对象在 MIB 中的存放形式称作管理信息结构(Structure of Management Information,SMI)。目前两个标准数据模型是 Internet SMI 和 OSI SMI。OSI SMI 采用完全的面向对象方法,其被管理对象由与对象有关的属性、操作、事件和行为封装组成,对象之间有继承和包含关系。对于 Internet SMI,网络管理信息是面向属性的,因此 Internet MIB 对象即为"变量",对象之间没有继承和包含关系。也就是说,Internet SMI 没有提供说明对象(变量)的相互关系的形式化机制,其管理信息的定义更注重简单性和可扩展性。这两种 SMI 均采用 ISO 的抽象语法表示语言(Abstract Syntax Notation One,ASN. 1)表示。

　　由此可见,MIB 是对网络管理协议可以访问信息的精确定义。也就是说,首先 MIB 使用一个层次型、结构化的形式定义了一个设备可获得的网络管理信息;其次,MIB 格式必须与相应的网络管理协议相一致。在 RFC 1052 中,IAB(Internet Activities Board)建议优先定义一个用于 SNMP 和 CMIS/CMIP 的扩展 MIB,但目前而言实现难度较大。本节着重介绍应用于 SNMP 协议的 MIB。

　　RFC 1065 描述了用于管理 TCP/IP 网络的 Internet SMI。该 RFC 的标题是:基于 TCP/IP 的互联网中的管理信息结构和标识(Structure and Identification of Management Information for TCP/IP – based Internets)。

　　使用 SMI 中的规则,RFC 1066 给出了用于 TCP/IP 协议簇的第一个 MIB 版本。该版本称为 MIB – I,它精确解释并定义了监视和控制基于 TCP/IP 的互联网所需的信息库。

　　RFC 1158 提出了用于 TCP/IP 协议簇的第二种 MIB 版本——MIB – II,它通过对 MIB – I 中对象集的扩展定义而形成。

　　IAB 鼓励各厂商对自己的产品定义自己的 MIB 然后以 RFC 文档的方式公布,以便其产品被网络管理系统所支持。这样就保证了网络管理系统的易扩展性。

　　每个 MIB 都使用定义在 ASN. 1 中的树型结构组织所有可用信息。其中的每个信息都是一个有标号的结点。每个结点包含两方面内容:对象标识符和一个简短的文本描述。对象描述符(Object IDentifier, OID)是由句点隔开的一组整数。这一组整数唯一确定了一个 OID,并指示其在 ASN. 1 树中的准确位置。简短的文本对带标号的结点进行描述。一个带标号的结点可以拥有其他带标号结点的子树。一个没有子树的结点称为叶结点,叶结点又称为对象。每一个对象都是由从树根到该对象的对应的结点的路径上的标号序列唯一确定的。

　　MIB 树的根结点没有名字和编号,整个 MIB 树的结构如图 5 – 2 所示。

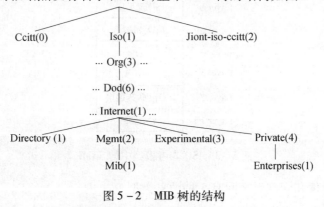

图 5 – 2　MIB 树的结构

Iso 由 ISO 管理,其下有一些其他的子树,其中包括 ISO 为其他组织定义的子树——org(3)。在 org(3)子树下,结点 Dod 是被美国国防部使用的。所有能够从 TCP/IP 通信的设备那里获得的信息都位于 Internet(1)子树下。有两种类型的 MIB、MIB-1 和 MIB-2。MIB-1 于 1988 年开始使用,而 MIB-2 是 1990 年对 MIB-1 的改进版,它已取代了 MIB-1。

5.2.4 SNMP

TCP/IP 可以说是目前装机最多、使用最广泛的计算机网络传输协议,已经成为计算机网络事实上的标准化网络协议。相应地,基于 TCP/IP 协议的 SNMP(简单网络管理协议)在目前事实上已成为管理 TCP/IP 网络的标准协议,RFC1157 描述了 SNMP 的代理和管理者模型。

SNMP 管理者一般是网络管理系统,它驻留在一个单机设备或一个共享网络的一员上,它至少应满足以下条件:

(1) 拥有一套数据分析、故障发现等管理应用软件;

(2) 能够将网络管理员的命令转换成对远程网络元素的监视和控制;

(3) 能够从网上所有被管实体的 MIB 中提取出信息数据库。

SNMP 代理是一个软件,它一般驻留在被管理的系统中,对 SNMP 管理者的信息查询和动作执行请求做出响应,同时还可能异步地向管理者报告一些重要的非请求信息。SNMP 代理和管理者之间使用 UDP(用户数据报协议)协议进行通信,UDP 属于无连接的服务,因此 SNMP 不需要依靠在代理和管理者之间保持连接来传输消息。图 5-3 显示了 ISO 参考模型中的 SNMP。

图 5-3　ISO 参考模型中的 SNMP

SNMP 代理和管理者之间有 5 种消息类型:

（1）Get – Request；

（2）Get – Response；

（3）Get – Next – Request；

（4）Set – Request；

（5）Trap。

SNMP 管理者使用 Get – Request 从拥有 SNMP 代理的网络设备中获取信息，SNMP 代理以 Get – Response 消息响应 Get – Request 消息。Get – Request 取回一个特指的对象，而 Get – Next – Request 则请求指定对象（OID）的下一个对象。Get – Request 和 Get – Next – Request 结合起来使用可以获得一个表中的对象。使用 Set – Request 可以对一个设备中的参数进行远程配置。

SNMP 陷阱是 SNMP 代理发送给管理者的非请求消息，代理向管理者报告发生了重要事件。SNMP 协议并不是没有安全设施。SNMP 代理可以要求 SNMP 管理者和每个消息一起发送一个特殊的口令。进而，SNMP 代理可认证管理者是否被授权访问 MIB 信息。

5.2.5　CMIS/CMIP

公共管理信息服务/公共管理信息协议（CMIS/CMIP）是国际标准化组织（ISO）和国际电联（ITU – T）于 1990 年提出的用于 OSI 管理和 TMN 的标准网管服务和协议，是 OSI 网络管理和 TMN 的核心。CMIP 采用了 OSI 7 层通信模型，如图 5 – 4 所示。每个层面均为其上层提供服务，应用层到物理层的七层通信协议通常称为网络管理协议栈，在 TMN 中称为 Q3 接口。

CMIP 在应用层的上半层采用公共管理信息服务要素（CMISE）。在下半层采用联系控制服务元素（ACSE）和远端操作服务元素（ROSE），CMISE 利用 ACSE 提供的四种服务，即 A – ASSOCIATE、A – RELEASE、A – ABORT 和 A – P – ABORT 完成与其对等 CMISE 关联的建立、维护和终止。CMISE 利用 ROSE 提供的五种服务，即 RO – INVOKE、RO – RESULT、RO – ERROR、RO – REJECT – U、O – REJECT – P 完成 CMISE 协议数据单元（PDU）的传送。相应地，ACSE、ROSE 应用了符合 X.216 和 X.226 建议的表示层服务，而表示层利用了下层规约的服务。

为了提供位于各种不同的网络机器和计算机结构之上的网络管理协议特征，CMIS/CMIP 的功能和结构不同于 SNMP。SNMP 是按照简单和易于实现的原则设计的。OSI 网络管理协议并不像 SNMP 一样简单化，可以提供支持一个完整的网络管理方案所需的功能。

图 5-4　在 ISO 参考模型中的 CMIP 协议

5.2.6　CMOT

　　TCP/IP 之上的公共管理信息服务与协议(CMOT)是一种在 TCP/IP 协议簇之上实现 CMIS 服务的过渡性的解决方案。RFC1189 定义了 CMOT 协议。图 5-5显示了在 ISO 参考模型上的 CMOT 协议。

　　CMIS 使用的应用协议并没有随着 CMOT 的实现而改变。CMOT 依赖于 CMISE、ACSE 和 ROSE 协议。然而,CMOT 不是等待 ISO 表示层协议的实现,而是要求在 ISO 参考模型的同一层使用另一个协议——轻量表示协议(Light - weight Presentation Protocol,LPP)(RFC 1085 中定义了 LPP 协议)。该协议提供了和目前使用最普通的两种传输层协议——UDP 和 TCP(它们两个都使用 IP 进行网络传递)的接口。

　　使用 CMOT 的一个潜在问题是许多网络管理生产商并不想花费时间实现另一个过渡性的方案,相反,许多生产商已经加入了 SNMP 的潮流并在其上花费了相当多的资源。事实上,虽然存在着 CMOT 的定义,但是已经有很长时间该协议没有任何发展了。

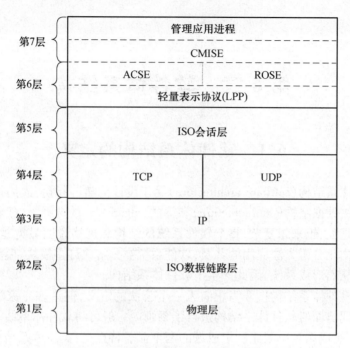

图 5 – 5　在 ISO 参考模型上的 CMOT 协议

第6章 软件体系结构

6.1 软件体系结构的定义

软件体系结构(software architecture)属于设计范畴。起初,人们把软件设计的重点放在数据结构(data structure)和算法(algorithm)的选择上,随着软件系统规模越来越大、越来越复杂,整个软件系统的结构和规格说明显得越来越重要。伴随着结构化分析方法应用的普及,软件系统被分解成许多模块,模块之间存在信息交互从而形成系统,因此产生了软件体系结构。

虽然软件体系结构迄今为止尚无一个公认的定义,但许多专家学者从不同角度和不同侧面对软件体系结构进行了刻画。一般可将软件体系结构概念分为两大流派:组成派和决策派。组成派的两个显著特点是:关注体系结构建模的客体——软件,以软件本身为描述对象;分析了软件的组成,即软件由承担不同计算任务的组件组成,这些组件通过相互交互完成更高层次的计算。决策派的两个显著特点是:关注体系结构建模的主体——人,以人的决策为描述对象;归纳了体系结构设计决策的类型,指出体系结构设计决策不仅包括关于软件系统的组织、元素、子系统和体系结构风格等几类决策,还包括关于众多非功能需求的决策。下面给出几个有代表性的定义。

Dewayne Perry 和 Alexander Wolf 认为软件体系结构是具有一定形式的结构化元素(element),即构件的集合,包括处理构件、数据构件和连接构件。处理构件负责对数据进行加工,数据构件是被加工的信息,连接构件把集合中的不同元素组合连接起来。

Mary Shaw 和 David Garlan 认为软件体系结构是软件设计过程中的一个层次,这一层次超越计算过程中的算法设计和数据结构设计。体系结构设计包括总体组织、全局控制和通信协议(protocol)设计以及同步、数据存取和功能分配方案选择等。

Hayes Roth 认为软件体系结构是一个抽象的系统规范,可以用于描述功能构件和构件之间的相互连接、接口和关系。

综上所述,软件体系结构为软件提供了一个结构、行为和属性的高级抽象,由构成系统的元素的描述、这些元素的相互作用、指导元素集成的模式以及这些

124

模式的约束组成。软件体系结构不仅指定了系统的组织结构和拓扑（topology）结构，并且显示系统需求和构成系统的元素之间的对应关系，并提供了一些设计决策的基本原理。

6.2　软件体系结构描述方法

从软件体系结构研究和应用的现状来看，当前对软件体系结构的描述，在很大程度上还停留在非形式化的基础上，依赖于软件设计师个人的经验与技巧。目前对软件体系结构的描述通常采用非形式化的图形和文本，难于描述存在于系统构件之间的接口，更不能描述不同的系统元素组合关系的意义。因此，形式化的、规范的体系结构描述对于体系结构的设计和理解都是非常重要的。同时，也应认识到，实现软件体系结构描述的形式化决不是一蹴而就的，其中一个重要原因是软件本身属于复杂逻辑的产品，与形式化描述的有限表达能力存在必然的矛盾。一个可行的路线图是，首先经历一个非形式化过程，在非形式化的发展过程中逐步提取一些形式化的标记与符号，进而在逐步标准化的过程中实现软件体系结构的形式化描述。

模块互连语言（Module Interconnection Language，MIL）是软件体系结构的一种描述和表达方法，一般认为 MIL 是在一种或几种传统程序设计语言的基础上构建的。由于模块互连语言具有严格的语义基础，因此它们能支持对较大的软件单元的描述，如定义/使用和扇入/扇出等操作。MIL 对模块化程序设计与开发确实发挥了重要作用，但是显然这种过于依赖程序设计语言的软件体系结构描述方法限制了它们处理和描述相比程序设计语言更为抽象的高层次软件体系结构元素的能力。

基于软构件的系统描述语言也是软件体系结构的一种描述与表达方法。基于软构件的系统描述语言将软件系统描述成一种由特定形式相互作用的软件实体——我们可称之为软构件—构造组成的组织或系统。例如，一种多变配置语言（Proteus Configuration Language，PCL）就可以用来在一个较高的抽象层次上对系统的体系结构建模，Darwin 最初用作设计和构造复杂分布式系统的配置说明语言，因具有动态特性，也可用来描述动态体系结构。这种表达和描述方式虽然也是比较好的一种以构件为单位的软件系统描述方法，但是它们所面向和针对的系统元素仍然是一些层次较低的以程序设计为基础的通信协作软件实体单元，而且这些语言所描述和表达的系统一般而言都是面向特定系统的，这些特性使得基于软构件的系统描述仍然不是十分适合软件体系结构的描述和表达。

软件体系结构描述语言（Architecture Description Language，ADL）是软件体

系结构的另外一种描述表达方法。ADL 是参照传统程序设计语言的设计和开发经验,重新设计和开发的专门针对软件体系结构特点的软件体系结构描述语言,ADL 在吸收了传统程序设计语言语义严格精确的特点基础上,针对软件体系结构的整体性和抽象性特点,明确并定义了适合于软件体系结构表达与描述的相关抽象元素。ADL 是这样一种形式化语言,它在底层语义模型的支持下,为软件系统的概念体系结构建模提供了具体语法和概念框架。基于底层语义的工具为体系结构的表示、分析、演化、细化和设计过程等提供支持。

按照 Mary Shaw 和 David Garlan 的观点,典型的 ADL 在充分继承和吸收传统程序设计语言精确性和严格性特点的同时,还应该具有构造、抽象、重用、组合、异构、分析和推理等各种能力和特性。构造能力指的是 ADL 能够使用较小的独立体系结构元素来建造大型软件系统;抽象能力指的是 ADL 对软件体系结构中的构件和连接件描述可以只关注它们的抽象特性,而不关心其具体的实现细节;重用能力指的是 ADL 所描述的组成软件系统的构件、连接件甚至是软件体系结构都可成为软件系统开发和设计的可重用部件;组合能力指的是 ADL 所描述的每一系统元素都有其自己的局部结构,而这种描述局部化的特点使得 ADL 支持软件系统的动态变化组合;异构能力指的是 ADL 可以描述具有不同领域特点的体系结构;分析和推理能力指的是 ADL 支持对所描述的体系结构进行性能和功能上的推理分析。

6.3　软件体系结构建模

6.3.1　软件体系结构模型

软件体系结构模型一般由五种元素组成:构件(component)、连接件(connector)、配置(configuration)、端口(port)和角色(role)。其中构件、连接件和配置是最基本的元素。

构件是具有某种功能的可重用的软件模板单元,表示系统中主要的计算元素和数据存储。构件有两种:复合构件和原子构件,复合构件由其他复合构件和原子构件通过连接而成;原子构件是不可再分的构件,底层由实现该构件的类组成,这种构件的划分提供了体系结构的分层表示能力,有助于简化体系结构的设计。

连接件表示构件之间的交互,简单的连接件如管道(pipe)、过程调用(procedure call)、事件广播(event broadcast)等,更为复杂的交互如客户—服务器(client‐server)通信协议、数据库和应用之间的 SQL 连接等。

配置表示构件和连接件的拓扑逻辑和约束。

另外,构件作为一个封装的实体,只能通过其接口与外部环境交互,构件的接口由一组端口组成,每个端口表示构件和外部环境的交互点。通过不同的端口类型,一个构件可以提供多重接口。一个端口可以非常简单,如过程调用,也可以表示更为复杂的界面(包含一些约束),如必须以某种顺序调用的一组过程调用。

连接件作为建模软件体系结构的主要实体,同样也有接口,连接件的接口由一组角色组成,连接件的每一个角色定义了该连接件表示的交互参与者,二元连接件有两个角色,例如,RPC 的角色是 caller 和 callee,pipe 的角色是 reading 和 writing,消息传递连接件的角色是 sender 和 receiver。有的连接件有多于两个的角色,例如,事件广播有一个事件发布者角色和任意多个事件接收者角色。

6.3.2 软件体系结构建模概述

根据建模侧重点的不同,一般可以将软件体系结构的模型分为 5 种:结构模型、框架模型、动态模型、过程模型和功能模型。

结构模型以体系结构的构件、连接件以及其他概念来刻画结构,并力图反映系统的重要语义内容,包括系统的配置、约束、隐含的假设条件、风格、性质等。

框架模型与结构模型类似,但它不太侧重描述结构的细节而更侧重整体的结构,并主要以某些特殊的问题为目标建立有针对性的结构。

动态模型是对结构或框架模型的补充,研究系统"大粒度"的行为特性。例如,描述系统的重新配置或演化。

动态模型可以指系统总体结构的配置、建立或终止通信连接以及计算的过程。

过程模型主要关注构造系统的步骤、活动和过程,模型一般是通过过程脚本来描述的。

功能模型将体系结构看作是由一组功能组件按层次形成的组合体,下层向上层提供服务,也可以将其看作是一种特殊的框架模型。

6.3.3 "4+1"视图模型

"4+1"视图模型的概念最早是由 Philippe Kruchten 在 1995 年提出的,Kruchten 把其作为软件体系结构的表示方法。"4+1"视图模型从五个不同的视角,包括逻辑视图(Logical View)、开发视图(Development View)、进程视图(Process View)、物理视图(Physical View)和场景(Scenarios)来描述软件体系结构。每一个视图只关心系统的一个侧面,五个视图结合在一起才能反映系统软件体系结构的全部内容。"4 + 1"视图模型如图 6 – 1 所示。

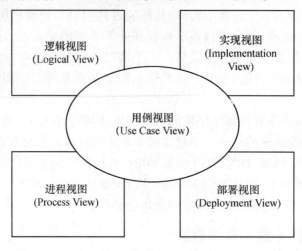

图 6 – 1 "4 + 1"视图

逻辑视图主要从系统功能需求的角度,或者说从系统提供给最终用户服务的角度进行模型描述。在逻辑视图中,系统分解成一系列的功能抽象,这些抽象主要来自问题领域。这种分解不仅可以用来进行功能分析,而且可以用作标识系统的各个不同部分的通用机制和设计元素。逻辑视图中的构件可能是逻辑层、功能模块和类等,而连接件则主要表示关联、包含、使用和继承等构件之间的关系。关联关系表示两个类之间存在着某种语义上的联系,其真正含义则要用一个短语来予以说明。包含关系表示两个类之间存在整体与部分的关系。使用关系在一端连接请求服务的类,在另一端连接提供服务的类。继承关系则表示子类与基类的关系。如果使用 UML(Unified Modeling Language)来描述逻辑视图,则该视图的静态方面由包图、类图、对象图来描述,动态方面由序列图、协作图、状态图和活动图来描述。

开发视图也称模块视图(Module View) ,主要侧重于软件模块的组织和管理。软件可通过程序库或子系统进行组织,这样,对于一个软件系统,就可以由不同的人员进行开发。开发视图要考虑软件内部的需求,如软件开发的容易性、软件的重用和软件的通用性,要充分考虑由于具体开发工具的不同而带来的局限性。

开发视图通过系统输入/输出关系的模型图和子系统图来描述。可以在确定了软件包含的所有元素之后描述完整的开发视图,也可以在确定每个元素之前列出开发视图原则。

进程视图侧重于系统的运行特性,主要关注一些非功能性的需求,如系统的性能和可用性。进程视图强调并发性、分布性、系统集成性和容错能力,以及逻辑视图中的主要对象如何适合进程结构。它也定义逻辑视图中的各个类的操作具体是在哪一个线程(thread)中被执行的。

进程视图可以描述成多层抽象,每个层次分别关注不同的方面。在最高层抽象中,进程结构可以看成是构成一个执行单元的一组任务。它可看成一系列独立的、通过逻辑网络相互通信的程序。它们是分布的,通过总线或局域网、广域网等硬件资源连接起来。通过进程视图可以从进程测量一个目标系统最终的执行情况。

物理视图主要考虑如何把软件映射到硬件上,它通常要考虑系统性能、可靠性等,解决系统拓扑结构、系统安装、通信等问题。当软件运行于不同的结点上时,视图中的构件都直接或间接地对应于系统的不同结点上。因此,从软件到结点的映射要有较高的灵活性,当环境改变时,对系统其他视图的影响最小。

用例视图可以看作是那些重要系统活动的抽象,它使四个视图有机联系起来,从某种意义上说,用例视图是最重要的需求抽象。在开发软件体系结构时,它可以帮助设计者找到体系结构的构件和它们之间的作用关系。同时,也可以用场景来分析一个特定的视图,或描述不同视图构件间是如何相互作用的。

6.4　软件体系结构风格

6.4.1　软件体系结构风格概述

软件体系结构风格是描述某一特定应用领域中系统组织方式的惯用模式(idiomatic paradigm)。体系结构风格定义了一个系统家族,即一个体系结构定义、一个词汇表和一组约束。词汇表中包含一些构件和连接件类型,而这组约束指出系统是如何将这些构件和连接件组合起来的。体系结构风格反映了领域中众多系统所共有的结构和语义特性,并指导如何将各个模块和子系统有效地组织成一个完整的系统。按这种方式理解,软件体系结构风格定义了用于描述系统的术语表和一组指导构建系统的规则。

应用软件体系结构风格可以提高软件设计的效率,并且那些经过实践确证的解决方案可以更加可靠地应用于新的解决方案中。体系结构风格的不变部分使不同的系统可以共享同一个实现代码。只要系统是使用常用的、规范的方法来组织,就可使别的设计者很容易理解系统的体系结构。例如,如果某人把系统描述为"客户/服务器"风格,则不必给出设计细节,我们立刻就会明白系统是如何组织和工作的。

软件体系结构风格为大粒度的软件重用提供了可能,然而,对于应用体系结构风格来说,由于视点的不同,系统设计师有很大的选择余地。要为系统选择或设计某一个体系结构风格,必须根据特定项目的具体特点选行分析比较后再确定,体系结构风格的使用几乎完全是特定的。

软件体系结构风格一般包括四个要素内容,即提供一个词汇表、定义一套配置规则、定义一套语义解释原则和定义对基于这种风格的系统所进行的分析。

6.4.2 经典软件体系结构风格

1. 管道和过滤器

在管道/过滤器(pipes and filters)风格的软件体系结构中,每个构件都有一组输入和输出,构件读取输入的数据流,经过内部处理,然后产生输出数据流。这种风格的软件体系结构中的构件通常通过对输入流的变换及增量计算来完成,在输入被完全消费之前,输出便产生了。因此,这里的构件称为过滤器,这种风格的连接件就像是数据流传输的管道,将一个过滤器的输出传到另一过滤器的输入。其中特别重要的过滤器必须是独立的实体,它不能与其他的过滤器共享数据,而且一个过滤器不知道它上游和下游的标识。一个管道/过滤器网络输出的正确性并不依赖于过滤器进行增量计算过程的顺序。

一个典型的管道/过滤器体系结构的例子是使用 Unix shell 编写的程序。Unix shell 既提供一种符号,以连接各组成部分(Unix 的进程),又提供某种进程运行时机制以实现管道。另一个著名的例子是传统的编译器。传统的编译器一直被认为是一种管道系统,在编译器中,一个阶段(包括词法分析,语法分析、语义分析和代码生成)的输出是另一个阶段的输入。

2. 数据抽象和面向对象组织

数据抽象和面向对象组织(data abstraction and object – oriented organization)的体系结构风格建立在数据抽象和面向对象的基础上。一般来说,数据抽象是指任何能够隐藏数据实现细节的机制,抽象数据类型是定义数据抽象的方式。对象和抽象数据类型(ADTs)是两种不同的数据抽象形式。它们都可以用来实现不具有复杂方法的简单抽象,但是对象具有扩展性而 ADTs 易于验证。在实现具有复杂操作(如比较或者组合操作)的抽象时,二者之间就会出现显著的区别。对象接口支持同样级别的灵活性,但是常常需要在接口简单性和效率之间进行权衡。抽象数据类型支持干净的接口、优化和验证,但是不允许对抽象进行混合和扩展。一些数学中的类型,包括数和集合,一般都包含处理多个抽象值的复杂操作,因此最好用 ADTs 来定义。更多的其他类型(包括文件、设备驱动、图形对象)一般不需要被优化的复杂操作,最好被实现为对象。

虽然对象和 ADTs 间具有根本的不同,但是它们却都属于数据抽象。抽象数据类型概念对软件系统有着重要作用,目前软件界已普遍转向使用面向对象系统。数据的表示方法和它们的相应操作封装在一个抽象数据类型或对象中。这种体系结构风格的构件是对象,或者说是抽象数据类型的实例。对象是一种被称作管理者的构件,因为它负责保持资源的完整性。对象是通过函数和过程的调用来交互的,或者说,连接件通过过程调用(方法)来实现。

面向对象的系统有许多的优点,并早已为人所知:

(1) 因为对象对其他对象隐藏它的表示,所以可以改变一个对象的表示,而不影响其他的对象。

(2) 设计者可将一些数据存取操作的问题分解成一些交互的代理程序的集合。

但是,面向对象的系统也存在着某些问题:

(1) 为了使一个对象和另一个对象通过过程调用等进行交互,必须知道对象的标识。只要一个对象的标识改变了,就必须修改所有其他明确调用它的对象。

(2) 必须修改所有显式调用它的其他对象,并消除由此带来的一些副作用。例如,如果 A 使用了对象 B,C 也使用了对象 B,那么,C 对 B 的使用所造成的对 A 的影响可能是料想不到的。

3. 基于事件的隐式调用

基于事件的隐式调用(Event – Based, Implicit Invocation)风格的基本思想是构件之间的交互不采用过程调用的方式,而是通过触发或广播一个或多个事件。系统其他构件中的过程在一个或多个事件中注册,当一个事件被触发,系统将自动调用在这个事件中注册的所有过程,这样,一个事件的触发就导致了另一构件中过程的调用。

从体系结构上说,这种风格的构件是一些模块,这些模块既可以是一些过程,又可以是一些事件的集合。过程可以用通用的方式调用,也可以在系统事件中注册一些过程,当发生这些事件时,过程被调用。

基于事件的隐式调用风格的主要特点是事件的触发者并不知道哪些构件会被这些事件影响。这样不能假定构件的处理顺序,甚至不知道哪些过程会被调用,因此,许多隐式调用的系统也包含显式调用作为构件交互的补充形式。

支持基于事件的隐式调用的应用系统很多。例如,在编程环境中用于集成各种工具,在数据库管理系统中确保数据的一致性约束得到满足,在用户界面系统中管理数据,以及在编辑器中支持语法检查等。

下面举一个应用这种风格调试系统的例子以加深理解。在调试系统的设计中,可以将编辑器程序和变量监视器程序登记为响应 Debugger 的断点事件的处理过程。当 Debugger 在运行过程中产生了所登记的事件时,Debugger 在断点处停下,交由系统发布或广播所产生的事件从而触发事件处理过程,其结果是编辑器程序可以卷屏到断点,变量监视器程序则刷新显示变量数值,而 Debugger 本身只声明事件,并不关心哪些过程会启动,也不关心这些过程作什么处理。

4. 分层系统

分层系统(Layered Systems)风格将系统组织成一个层次结构,每一层为上一层提供服务,并作为下一层的客户。在一些分层系统中,除了一些精心挑选的输出函数外,每层只对相邻的层可见。这样的系统中连接件表现为层间交互协议的实现,拓扑约束包括对相邻层间交互的约束。

这种风格支持基于可增加抽象层的设计,这样,允许将一个复杂问题分解成一个增量步骤序列的实现。由于每一层最多只影响两层,同时只要给相邻层提供相同的接口,允许每层用不同的方法实现,同样为软件重用提供了强大的支持。

分层风格常用于通信协议。最著名的分层风格体系结构的例子,是 OSI – ISO(Open System Interconnection – International Standards Organization)的分层通信模型。其他的典型例子还包括操作系统(如 UNIX 系统)、数据库系统、计算机网络协议组(如 TCP/IP)等。

5. C2 风格

C2 是一种基于构件和消息的架构风格,可用于创建灵活的、可伸缩的软件系统。一个 C2 构架可以看成是按照一定规则由连接件连接的许多组件组成的层次网络:系统中的构件和连接件都有一个"顶部"和"底部";一个构件的"顶部"或"底部"可以连接到一个连接件的"底部"或"顶部";对于一个连接件,和其相连的构件或连接件的数量没有限制,但是构件和构件之间不能直接相连。

C2 架构风格最重要的特性就是"底层无关性",这在构件的可替代性和可重用性方面具有显著的作用;另外,C2 架构引入了"事件转化"的概念,域解释器把构件的请求转化为接收方能够接收的特定形式,同时也把通知转化为该构件能够理解的形式。

C2 风格是比较常用的一种风格,且具有以下特点:

(1)系统中的构件可实现应用需求,并能将任意复杂的功能封装在一起。

(2)所有构件之间的通信是以连接件为中介的异步消息交换机制。

(3)构件相对独立,依赖性较少。系统中不存在某些构件将在同一地址空间内执行,或某些构件共享控制线程之类的相关性假设。

C2 体系结构风格可以概括为:通过连接件绑定在一起并按照一组规则运作

的并行构件网络。C2 风格中的系统组织规则如下：

（1）系统中的构件和连接件都有一个顶部和一个底部。

（2）构件的顶部应连接到某连接件的底部，构件的底部则应连接到某连接件的顶部，而构件与构件之间的直接连接是不允许的。

（3）一个连接件可以和任意数目的其他构件和连接件连接。

（4）当两个连接件进行直接连接时，必须由其中一个的底部连到另一个的顶部。

6.4.3　客户/服务器风格

客户/服务器（Client/Server，C/S）风格可以认为是一种计算模型。20 世纪 80 年代涌现并蓬勃发展的个人计算机（Personal Computer，PC）和局域网（Local Area Network，LAN）为客户/服务器计算模型的确立奠定了技术基础。C/S 软件体系结构是基于资源不对等，且为实现共享而提出来的。C/S 体系结构定义了工作站如何与服务器相连，以实现数据和应用分布到多个处理机上。C/S 体系结构有三个主要组成部分：服务器应用程序、客户应用程序和网络通信软件。

以数据库应用为例，服务器负责有效地管理系统的资源，其任务主要是满足数据库安全性的要求，进行数据库访问并发性的控制，以及验证客户应用程序所使用的全局数据完整性规则的遵循性。客户应用程序的主要任务是：提供用户与数据库交互的界面，向数据库服务器提交用户请求并接收来自数据库服务器的信息，对存在于客户端的数据执行应用逻辑要求。网络通信软件的主要作用是完成数据库服务器和客户应用程序之间的数据传输。

C/S 体系结构将应用一分为二，服务器（后台）负责数据管理，客户机（前台）完成与用户的交互任务。服务器为多个客户应用程序管理数据，而客户程序发送、请求和分析从服务器接收的数据，这是一种“胖客户机”（fat client）、“瘦服务器”（thin server）的体系结构。

在一个 C/S 体系结构的软件系统中，客户应用程序是针对一个小的、特定的数据集，如一个表的行来进行操作，而不是像文件服务器那样针对整个文件进行；对某一条记录进行封锁，而不是对整个文件进行封锁，因此保证了系统的并发性，并使网络上传输的数据量减到最少。

6.4.4　三层 C/S 结构风格

C/S 体系结构具有强大的数据操作和事务处理能力，模型思想简单，易于人们理解和接受。但 C/S 结构存在以下几个局限：

（1）C/S 结构是单一服务器且以局域网为中心的，所以难以扩展至广域网

或互联网;

(2) 软/硬件的组合及集成能力有限;

(3) 客户机的负荷太重,难以管理大量的客户机,系统的性能容易变坏;

(4) 数据安全性不好。因为客户端程序可以直接访问数据库服务器,那么,在客户端计算机上的其他程序也可想办法访问数据库服务器,从而使数据库的安全性受到威胁。

正是因为 C/S 有这么多缺点,因此,三层 C/S 结构应运而生。三层 C/S 结构是将应用功能分成表示层、功能层和数据层三个部分,如图 6-2 所示。

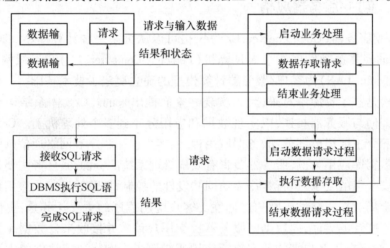

图 6-2 三层 C/S 体系结构风格示意图

三层 C/S 体系结构中增加了一个应用服务器,可以将整个应用逻辑驻留在应用服务器上,而只有表示层存在于客户机上,这种结构被称为"瘦客户机"。

在三层 C/S 体系结构中,表示层负责处理用户的输入和输出,并且出于效率的考虑,它可能在向服务端传输用户的输入前进行合法性验证。功能层负责建立数据库的连接,根据用户的请求生成访问数据库的 SQL 语句,并把结果返回给客户端。数据层负责实际的数据库存储和检索,响应功能层的数据处理请求,并将结果返回功能层。

在三层 C/S 体系结构中,中间件是最重要的构件。中间件是一个功能独立、具有应用编程接口(Application Programming Interface, API)的软件层,其功能是在客户机和服务器或者服务器和服务器之间传送数据,实现客户机群和服务器群之间的通信。

如果将功能层和数据层分别放在不同的服务器中,则服务器和服务器之间也要进行数据传送。但是,由于在这种形态中三层是分别放在各自不同的硬件系统上的,所以灵活性很高,能够适应客户机数目的增加和处理负荷的变动。例如,在追加新业务处理时,可以相应增加装载功能层的服务器。因此,系统规模越大这种形态的优点就越显著。

与传统的 C/S 结构相比,三层 C/S 结构具有以下优点:

（1）允许合理地划分三层结构的功能,使之在逻辑上保持相对独立性,从而使整个系统的逻辑结构更为清晰,能提高系统和软件的可维护性和可扩展性。

（2）允许更灵活有效地选用相应的平台和硬件系统,使之在处理负荷能力上与处理特性上分别适应于结构清晰的三层;并且这些平台和各个组成部分可以具有良好的可升级性和开放性。例如,最初用一台 Unix 工作站作为服务器,将数据层和功能层都配置在这台服务器上。随着业务的发展,用户数和数据量逐渐增加,这时,就可以将 Unix 工作站作为功能层的专用服务器,另外追加一台专用于数据层的服务器。若业务进一步扩大,用户数进一步增加,则可以继续增加功能层的服务器数目,用以分割数据库。清晰、合理地分割三层结构并使其独立,可以使系统构成的变更非常简单。因此,被分成三层的应用基本上不需要修正。

（3）三层 C/S 结构中,应用的各层可以并行开发,各层也可以选择各自最适合的开发语言。并行开发可提高系统开发的效率,同时对不同层的处理逻辑的开发和维护也会更容易些。

（4）允许充分利用功能层有效地隔离开表示层与数据层,未授权的用户难以绕过功能层而利用数据库工具或黑客手段去非法地访问数据层,这就为严格的安全管理奠定了坚实的基础。整个系统的管理层次也更加合理和可控制。

6.4.5　浏览器/服务器风格

浏览器/服务器（Browser/Server,B/S）风格是应用功能分层思想的体现,或者说是表示层、功能层和数据层三层应用结构的一种基于 WWW 浏览器技术的实现方式,其具体结构为浏览器/Web 服务器/数据库服务器。

B/S 体系结构主要是利用不断成熟的 WWW 浏览器技术,结合浏览器的多种脚本语言,用通用浏览器就实现了原来需要复杂的专用软件才能实现的强大功能。在 B/S 结构中,除了数据库服务器外,应用程序以网页形式存放于 Web 服务器上,用户运行某个应用程序时只需在客户端上的浏览器中键入相应的通用资源定位信息（Uniform Resource Locator,URL）,从而触发 Web 服务器上的应用程序运行,由 Web 服务器上的应用程序完成对数据库的操作和相应的数据处理工作,最后将结果通过浏览器显示给用户。可以说,在 B/S 模式的计算机应用系统中,应用（程序）在一定程度上具有集中处理的特征。基于 B/S 体系结构的软件,系统安装、修改和维护全在服务器端解决。用户在使用系统时,仅仅需要一个浏览器就可运行全部的模块,真正达到了"零客户端"的功能,很容易在运行时自动升级。B/S体系结构还提供了异构机、异构网甚至异构应用服务的联机、联网和统一服务的最现实的开放性基础。

6.4.6 正交软件体系结构

正交(orthogonal)软件体系结构由可按层(layer)和线索(thread)组织的一组构件(component)构成。层被认为是按不同抽象级别对构件进行划分的一种横向视图,线索则可看作是子系统的特例(另外一种纵向视图),它是由完成不同层次功能的构件组成(通过相互调用实现关联),每一条线索完成整个系统中相对独立的一部分功能。每一条线索的实现与其他线索的实现无关或关联很少,在同一层中的构件之间是不存在相互调用的。

如果线索是相互独立的,即不同线索中的构件之间没有相互调用,那么这个结构就是完全正交的。从以上定义可以看出,正交软件体系结构是一种以垂直线索构件族为基础的层次化结构,其基本思想是把应用系统的结构按功能的正交相关性,垂直分割为若干个线索(子系统),线索又分为几个层次,每个线索由多个具有不同层次功能和不同抽象级别的构件构成。各线索的相同层次的构件具有相同的抽象级别。因此,我们可以归纳正交软件体系结构的主要特征如下:

① 正交软件体系结构由完成不同功能的 $n(n>1)$ 个线索(子系统)组成。

② 系统具有 $m(m>1)$ 个不同抽象级别的层。

③ 线索之间是相互独立的(正交的)。

④ 系统有一个公共驱动层(一般为最高层)和公共数据层(一般为最低层)。

对于大型的和复杂的软件系统,其子线索(一级子线索)还可以划分为更低一级的子线索(二级子线索),形成多级正交结构。如图6-3所示,正交软件体系结构框架是一个二级线索、五层结构的正交软件体系结构框架图,ABDFK组成了一条线索,ACEJK也是一条线索。因为B、C处于同一层次中,所以不允许进行互相调用;H、J处于同一层次中,也不允许进行互相调用。一般来讲,第五层是一个物理数据库连接构件或设备构件,供整个系统公用。

在软件演化过程中,系统需求会不断发生变化。在正交软件体系结构中,因线索的正交性,每一个需求变动仅影响某一条线索,而不会涉及到其他线索。这样,就把软件需求的变动局部化了,产生的影响也被限制在一定范围内,因此容易实现。

正交软件体系结构具有以下优点:

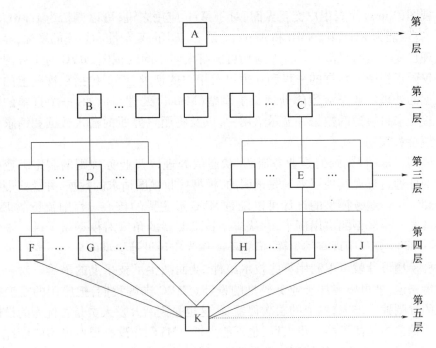

图 6 - 3　正交软件体系结构框架

（1）结构清晰，易于理解。正交软件体系结构的形式有利于理解。由于线索功能相互独立，不进行互相调用，结构简单、清晰，构件在结构图中的位置已经说明它所实现的是哪一级抽象，担负的是什么功能。

（2）易修改，可维护性强。由于线索之间是相互独立的，所以对一个线索的修改不会影响到其他线索。因此，当软件需求发生变化时，可以将新需求分解为独立的子需求，然后以线索和其中的构件为主要对象分别对各个子需求进行处理，这样软件修改就很容易实现。系统功能的增加或减少，只需相应地增删线索构件族，而不影响整个正交体系结构，因此能方便地实现结构调整。

（3）可移植性强，重用粒度大。因为正交结构可以为一个领域内的所有应用程序所共享，这些软件有着相同或类似的层次和线索，可以实现体系结构级的重用。

6.4.7　MVC 风格

MVC（Model - View - Controller）风格，即把一个应用的输入、处理、输出流程按照 Model、View、Controller 的方式进行分离，这样一个应用被分成三个层——模型层、视图层、控制层，如图 6 - 4 所示。

视图(View)代表用户交互界面,对于 Web 应用来说,可以概括为 HTML 界面,但有可能为 XHTML、XML 和 Applet。随着应用的复杂性和规模的增加,界面的处理也变得具有挑战性。一个应用可能有很多不同的视图,MVC 对于视图的处理仅限于视图上数据的采集和处理以及用户的请求,而不包括在视图上的业务流程的处理。业务流程的处理交予模型(Model)处理。例如,一个订单的视图只接受来自模型的数据并显示给用户,以及将用户界面的输入数据和请求传递给模型和控制。

模型(Model)刻画的是业务流程/状态的处理以及业务规则的制定。业务流程的处理过程对其他层来说是透明的,模型接收视图请求的数据,并返回最终的处理结果。业务模型的设计可以说是 MVC 最主要的核心。目前流行的 EJB 模型就是一个典型的应用例子,它从应用技术实现的角度对模型做了进一步的划分,以便充分利用现有的组件,但它不能作为应用设计模型的框架。它仅说明按这种模型设计就可以利用某些技术组件,从而减少了技术上的困难。对一个开发者来说,就可以专注于业务模型的设计。MVC 告诉我们,把应用的模型按一定的规则抽取出来,抽取的层次很重要,这也是判断开发人员是否优秀的设计依据。抽象与具体不能隔得太远,也不能太近。MVC 并没有提供模型的设计方法,而只告诉你应该组织管理这些模型,以便于模型的重构和提高重用性。

控制(Controller)可以理解为从用户接收请求,将模型与视图匹配在一起,共同完成用户的请求。划分控制层的作用也很明显,它清楚地告诉你,它就是一个分发器,选择什么样的模型,选择什么样的视图,可以完成什么样的用户请求。控制层并不做任何的数据处理。例如,用户单击一个连接,控制层接收请求后,并不处理业务信息,它只把用户的信息传递给模型,告诉模型做什么,选择符合要求的视图返回给用户。因此,一个模型可能对应多个视图,一个视图可能对应多个模型。

大部分用过程语言如 ASP、PHP 开发出来的 Web 应用,初始的开发模板就是混合层的数据编程。例如,直接向数据库发送请求并用 HTML 显示,开发速度往往比较快,但由于数据页面的分离不是很直接,因而很难体现出业务模型的样子或者模型的重用性。产品设计弹性力度很小,很难满足用户的变化性需求。MVC 要求对应用分层,虽然要花费额外的工作,但产品的结构清晰,产品的应用通过模型可以得到更好的体现。

第一,最重要的是应该有多个视图对应一个模型的能力。在目前用户需求快速变化的条件下,可能有多种方式访问应用的要求。例如,订单模型可能有本系统的订单,也有网上订单,或者其他系统的订单,但对于订单的处理都是一样,也就是说订单的处理是一致的。按 MVC 设计模式,如图 6 – 4 所示,一个订单模型以及多个视图即可解决问题。这样减少了代码的复制,即减少了代码的维护量,一旦模型发生改变,也易于维护。

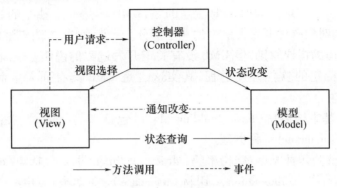

图6-4　MVC 设计模型

第二,由于模型返回的数据不带任何显示格式,因而这些模型也可直接应用于接口的使用。

第三,由于一个应用被分离为三层,因此有时改变其中的一层就能满足应用的改变。一个应用的业务流程或者业务规则的改变只需改动 MVC 的模型层。

第四,控制层的概念也很有效,由于它把不同的模型和不同的视图组合在一起完成不同的请求,因此,控制层可以说是包含了用户请求权限的概念。

第五,它还有利于软件工程化管理。由于不同的层各司其职,每一层不同的应用具有某些相同的特征,有利于通过工程化、工具化产生管理程序代码。

MVC 的设计实现并不十分容易,虽然理解起来比较容易,但对开发人员的要求比较高。MVC 只是一种基本的设计思想,还需要详细的设计规划。另外,模型和视图的严格分离可能使得调试困难一些,但比较容易发现错误。

综合上述,MVC 是构筑软件非常好的基本模式,至少将业务处理与显示分离,强迫将应用分为模型、视图以及控制层,使得你会认真考虑应用的额外复杂性,把这些想法融进到架构中,增加了应用的可拓展性。如果能把握到这一点,MVC 模式会使得你的应用更加强壮,更加有弹性,更加个性化。

6.5　UML

统一建模语言(Unified Modeling Language,UML)是一种通用的图形化建模语言。UML 提供了一套标准的图形化表示符号,用于记录软件系统分析与设计的过程与结果。UML 与程序设计语言在功能定位上是不同的,程序设计语言是用编码实现一个系统,而 UML 是对一个系统建立模型,而这个模型可以由不同的程序设计语言实现。同时需要注意的是,UML 不是一个独立的软件开发方法,而是面向对象软件开发方法中的一个部分。一般来说,方法应该包括表示符号和开发过程的指导原则,但 UML 没有关于开发过程的说明。也就是说,UML 并不依赖于特定的软件开发过程,其实这也是 UML 具有强大生命力的一个原因。

UML 的基本构造块(basic building block)包括事物(thing)、关系(relationship)和图表(diagram)三种类型。

事物又分为四种类型:结构事物(structural thing)主要包括类(class)、接口(interface)、协作(collaboration)、用例(use case)、主动类(active class),构件(component)和结点(node),它们提供了一种描述创建模型基本元素的途径;行为事物(behavioral thing)主要包括交互(interaction)和状态机(state machine),提供描述事物工作机制的手段;群组事物(grouping thing)指的是包(package),用来定义边界;最后,注释事物(annotational thing)指的是注解(note),它使人们能够对 UML 的基本构造块加以注释和说明。

关系是把事物结合在一起的粘合剂,一般从两个层面考虑关系。结构化关系用于在结构图中把事物联系在一起,结构化关系包括依赖(dependency)、聚集(aggregation)、关联(association)和泛化(generalization)。行为关系用在描述行为的视图中,四种基本的行为关系是通信(communicate)、包含(include)、扩展(extend)和泛化(generalize)。

在 UML 中,主要有两种类型的图:结构图和行为图。结构图用来描述类之间的关系,包括类图(class diagram)、对象图(object diagram)、组件图(component diagram)和部署图(deployment diagram)。而行为图用来描述人(参与者)和事物(也称为用例)之间的交互,或者描述参与者如何使用系统。行为图包括用例图(use case diagram)、顺序图(sequence diagram)、协作图(collaboration diagram)、状态图(statechart diagram)和活动图(activity diagram)。

UML 所定义的图中,有些图非常重要,如用例图、类图;有些图相对不重要,如对象图、构件图、部署图等。软件开发过程的不同阶段所使用 UML 图也是不同的,用例图是在需求获取阶段要使用的图,活动图、类图、顺序图是在分析阶段要使用的图,状态图、类图、对象图、协作图是设计阶段要使用的图,当然这种划分不是绝对的,因为在面向对象的方法中,分析阶段和设计阶段本来就没有明确的界限。

6.5.1　用例和用例图

6.5.1.1　用例

目前对用例并没有一个被所有人接受的标准定义,不同的人对用例有不同的理解,不同的书籍中对用例的定义也是各种各样的。下面是两个比较有代表性的定义。

(1) 用例是对一个参与者(actor)使用系统的一项功能时所进行的交互过程的一个文字描述序列。

(2) 用例是系统、子系统或类和外部的参与者交互的动作序列的说明,包括可选的动作序列和会出现异常的动作序列。

用例是系统用户与系统开发人员之间就系统的行为所达成的契约。用例从使用系统的角度来描述系统中的信息,即站在系统外部查看系统功能,而不考虑系统内部对该功能的具体实现方式。用例描述了用户提出的一些可见需求,对应一个具体的用户目标。使用用例可以促进与用户沟通,理解正确的需求,同时也可以用来划分系统与外部实体的界限,是面向对象系统设计的起点,是类、对象、操作的来源。

用例也是对软件系统行为的动态描述,属于 UML 的动态建模部分。UML 中的建模机制包括静态建模和动态建模两部分,其中静态建模机制包括类图、对象图、构件图和部署图;动态建模机制包括用例图、顺序图、协作图、状态图和活动图。

理论上可以把一个软件系统的所有用例都描述出来,但实际开发过程中,进行用例分析时只需把那些重要的、交互过程复杂的用例找出来。不应试图把所有的需求都以用例的方式表示出来,对用例的一个普遍误解就是,认为用例可以表示所有的系统需求,因此千方百计地要用 UML 中的符号来表示那些事实上很难用用例表示的需求。需求有两种基本形式:功能性需求和非功能性需求。用例更适合于描述的是功能性方面的需求。

一个软件系统需求规格说明,可能至少包括 6 个部分的内容:系统的目的和范围;系统中的术语表;用例说明;系统采用的技术;开发过程中的参加人员、业务规则、系统运行所依赖的条件、安全要求、文档要求等各种其他需求;法律、政治、组织机构等方面的问题。可见用例只是所有需求中的一部分内容。

6.5.1.2　用例图

用例图包含参与者和用例符号以及连接线。参与者类似于外部实体,它们存在于系统的外部。参与者这个术语指系统用户的一个特定角色。例如,参与者可以是两个不同岗位的操作人员。尽管有可能该参与者在现实世界中是同一个人,但是在用例图上表示为两个不同的符号,因为这个人以不同的角色与系统交互。参与者位于系统外部,并以一种具体方式与系统交互。参与者可以是人甚至是另一个系统,或者诸如键盘、调制解调设备或 Web 连接等。参与者可以激活用例的实例。一个参与者可以与一个或多个用例交互,而一个用例可以涉及一个或多个参与者。

用例为开发人员提供了用户需要什么的视图,它不需要技术或实现细节。可以把用例看作一个系统中的一个事务序列。用例总是描述三件事情:参与者发出一个事件;该事件触发一个用例;该用例执行由该事件触发的活动或任务。在一个用例中,一个使用系统的参与者发出一个启动该系统中的一系列相关交互的事件。用例用来记载一个单独的事务或事件。事件是系统的输入,它在特定的时间和地点发生,并使系统做某事。用例创建得越少越好。用例通常不包括查询和报表;对于大型系统,20 个用例(并且不会超过 40 或 50 个)已足够了。如果需要,用例还可以进行嵌套。可以在多个图上包含相同的用例,但是真实的用例仅在存储库中定义一次。用例名用一个动词和名词进行命名。

6.5.1.3　用例间的关系

用例除了与参与者有关联(association)关系外,用例之间也存在着一定的关系,如泛化(generalization)、包含(include)、扩展(extend)关系等。

泛化代表一般与特殊的关系。泛化这个术语是 OOA/OOD 中用得较多的术语,它的意思与 OO 程序设计语言中"继承"这个概念类似,但在分析和设计阶段,用泛化这个术语更多一些。在泛化关系中,子用例继承了父用例的行为和含义,子用例也可以增加新的行为和含义或覆盖父用例中的行为和含义。

包含关系指的是两个用例之间的关系,其中一个用例(称作基本用例,base use case)的行为包含了另一个用例(称作包含用例,inclusion use case)的行为。包含关系是比较特殊的依赖关系,它们比一般的依赖关系多一些语义。

扩展关系的基本含义与泛化关系类似,但在扩展关系中,对于扩展用例(extension use case)有更多的规则限制,即基本用例必须声明若干"扩展点"(extension point),而扩展用例只能在这些扩展点上增加新的行为和含义。与包含关系一样,扩展关系也是特殊的依赖关系。

一般来说,可以用"is a"和"has a"来判断使用哪种关系。泛化关系和扩展关系表示的是用例之间的"is a"关系,包含关系表示的是用例之间的"has a"关系。扩展关系和泛化关系相比,多了扩展点的概念,也就是说,一个扩展用例只能在基本用例的扩展点上进行扩展。

在扩展关系中,基本用例一定是一个 well formed 的用例,即是可以独立存在的用例。一个基本用例执行时,可以执行也可以不执行扩展部分。

在包含关系中,基本用例可能是也可能不是 well formed。在执行基本用例时,一定会执行包含用例(inclusion use case)部分。

如果需要重复处理两个或多个用例时,可以考虑使用包含关系,实现一个基本用例对另一个用例的引用。

处理正常行为的变型而且只是偶尔描述时,可以考虑只用泛化关系。描述正常行为的变型而且希望采用更多的控制方式时,可以在基本用例中设置扩展点,使用扩展关系。

6.5.1.4 开发用例图

主要用例(也称为主要路径或幸运路径)由系统中描述一个标准系统行为的标准事件流组成。主要用例表示用例的正常实现、期望实现和成功实现。用例图上也可以划出其他路径或例外(也称为替代路径)并对它们加以描述。

开发用例图时,首先要求用户列出系统应当为他们做的一切。这可以通过面谈、联合用户设计会议或通过其他便利的团队会议来完成。记下每个用例都牵涉到哪些人,以及该用例必须提供给参与者或其他系统的责任或服务。在初始阶段,这可以是一个部分列表,并在以后的分析阶段加以扩展。开发用例图时应遵循如下指导原则:

(1)仔细研究业务规范,识别出问题域中的参与者。

(2)识别高级事件,开发出描述这些事件的主要用例以及参与者如何启动它们。仔细研究参与者扮演的角色,识别出每个参与者启动的所有可能的主要用例。几乎没有或根本没有用户交互的用例不用表示出来。

(3)仔细研究每个主要用例,确定通过用例的事件流的可能变体。据此分析,建立替代路径。因为事件流通常在每种情况下都会不同,所以应寻求可能成功或失败的活动,还要寻求用例逻辑中可能导致不同结果的任何分支。

如果已经创建了上下文级数据流图,则可以把它作为创建用例的起点。外部实体是潜在的参与者。需要仔细分析数据流,以确定是由它启动一个用例,或者它是由一个用例产生的。用例图是一个良好的起点,但是为了对用例进行编档,还需要用例更完备的描述。一个完整的用例将包含一个用例图以及后面所要阐述的一系列用例描述。

6.5.1.5 开发用例场景

每个用例都有一个描述,我们把这种描述称为用例场景。如前所述,主要用例表示系统的标准事件流,而替代路径描述行为的变体。用例场景可以描述要购买的商品没有现货时会发生什么,以及信用卡公司拒绝客户请求的购买时会发生什么。用例场景没有标准格式,因此规定应采用什么样的标准,是每个项目开发伊始都会面对的问题。通常,项目组应预先确定用例文档模板,该模板应尽可能规范化,以便所描述的用例更容易阅读与交流。

一般而言,模板应包含三部分内容,即用例标识和启动者、执行的步骤以及条件、假设和问题。

第一部分内容,即用例标识和启动者,包含用例名和一个唯一的 ID;该用例所属的应用领域或系统;用例功能的简单描述;启动(触发)事件,即什么事件使用例启动;以及触发器类型(外部或临时)。外部事件是那些由参与者启动的事件。参与者可能是一个人,也可能是另一个请求信息的系统,诸如从一个航空系统请求航班信息的机票预定系统。时间事件是那些由时间启动或触发的事件。事件在特定的时间发生,诸如每周一次于星期天晚上通过电子邮件发送有关特价信息,在指定日期发送账单,或者每季度在指定日期产生政府统计信息等。

模板的第二部分内容包括执行步骤以及每个步骤所需的信息。这些陈述表示标准事件流以及成功地完成该用例所需的步骤。期望的做法是详细描写一个用于主路径的用例,然后详细描写每个替代路径的用例,而不是使用 IF…THEN…语句。

第三部分内容包括前件,即用例可以执行前应满足的系统条件;后件,即用例执行完以后的系统状态;将会影响该用例方法的任何假设;在实现该用例前必须解决的任何未决问题;用例优先级的可选陈述;以及创建该用例所牵涉风险的可选陈述。

开发了用例场景以后,一定要与业务专家一起对它进行评审,以验证这些用例并根据需要对它们进行提炼。一旦完成验证过程并且所有业务专家认为这些用例是正确的,就可以开始后续的系统分析与设计工作。

6.5.2 状态图

UML 中的状态图(statechart diagram)主要用于描述一个对象在其生存期间的动态行为,表现一个对象所经历的状态序列,引起状态转移的事件(event),以及因状态转移而伴随的动作(action)。一般可以用状态机对一个对象(这里所说的对象可以是类的实例、用例的实例或整个系统的实例)的生命周期建模,状态图是用于描述状态机的,而且描述的重点在于状态之间的控制流。

在状态机中,动作既可以与状态相关也可以与转移相关。如果动作是与状态相关,则对象在进入一个状态时将触发某一动作,而不管是从哪个状态转入这个状态的;如果动作是与转移相关的,则对象在不同的状态之间转移时,将触发相应的动作。

对于一个状态机,如果其中所有的动作都是与状态相关的,则称这个状态机是 Moore 机;如果其中所有的动作都是与转移相关的,则称这个状态机是 Mealy

机。在理论上可以证明，Moore 机和 Mealy 机在表示能力上是等价的，但一般状态图中描述的状态机会混合使用 Mealy 机和 Moore 机风格。

状态图所描述的对象往往具有多个属性，一般状态图应该在具有以下两个特性的属性上建模：

（1）属性拥有较少的可能取值；

（2）属性在这些值之间的转换有一定的限制。

1. 状态

状态（state）是指在对象的生命期中的某个条件或状况，在此期间对象将满足某些条件、执行某些活动或等待某些事件。所有对象都具有状态，状态是对象执行了一系列活动的结果，当某个事件发生后，对象的状态将发生变化。

状态可以细分为不同的类型，如初态、终态、组合状态、历史状态等。一图只能有一个初态，但终态可以有一个或多个，也可以没有终态。

嵌套在另一个状态中的状态称作子状态（substate），一个含有子状态的状态称为组合状态（composite state）。组合状态中也可以有初态和终态。可以从组合状态中的子状态直接转移到目标状态，也可以从组合状态本身转移到目标状态。

子状态之间可分为 or 关系和 and 关系两种。or 关系说明在某一时刻仅可到达一个子状态，and 关系说明组合状态中在某一时刻可同时到达多个子状态。

历史状态（history state）是一个伪状态（pseudostate），其目的是记住从组合状态中退出时所处的子状态。当再次选入组合状态时，可直接进入这个子状态，而不是再次从组合状态的初态开始。

2. 转移、事件和动作

转移（transition）是两个状态之间的一种关系，表示对象将在第一个状态中执行一定动作，并在某个特定事件发生而且某个特定的警戒条件满足时进入第二个状态。

一般状态之间的转移是由事件触发的，因此应在转移上标出触发转移的事件表达式，如果转移上未标明事件，则表示在源状态的内部活动执行完毕后自动触发转移。

对于一个给定的状态，最终只能产生一个转移，因此从相同的状态出来的、事件相同的几个转移之间的条件应该是互斥的。事件（event）是对一个在时间和空间上占有一定位置的有意义的事情的详细说明。事件产生的原因有调用、满足条件的状态的出现、到达时间点或经历某一时间段、发送信号等。

调用事件（call event）表示的是对操作的调度。如果一个布尔表达式中的变量发生变化，使得该布尔表达式的值相应地变化，从而满足某些条件，则这种事件称作变化事件(change event)。时间事件(time event)指的是满足某一时间表达式的情况的出现,例如,到了某一时间点或经过了某一时间段。信号事件(signal event)表示的是对象接收到了信号这种情况,信号事件往往会触发状态的转移。信号就是由一个对象异步地发送并由另一对象接收的已命名的对象。信号事件和调用事件比较相似,但信号事件是异步事件,调用事件一般是同步事件。

动作(action)是一个可执行的原子计算。也就是说,动作是不可被中断的,其执行时间是可忽略不计的。

6.5.3　活动图

活动图(activity diagram)是 UML 用于对系统的动态行为建模的另一种常用工具,它描述活动的顺序,展现从一个活动到另一个活动的控制流。活动图在本质上是一种流程图。活动图着重表现从一个活动到另一个活动的控制流,是内部处理驱动的流程。虽然 UML 活动图与状态图都是状态机的表现形式,但是两者还是有本质区别:UML 活动图着重表现从一个活动到另一个活动的控制流,是内部处理驱动的流程;而状态图着重描述从一个状态到另一个状态的流程,主要有外部事件的参与。

6.5.3.1　活动图的组成元素

活动图的组成元素(activity diagram element)主要包括动作状态(actions state)、活动状态(activity state)、动作流(control flow)、分支与合并(decision and merge nodes)、分叉与汇合(fork and join nodes)、泳道(swimlane)和对象流(object flows)。

动作状态是指原子的、不可中断的动作,并在此动作完成后通过完成转换转向另一个状态。动作状态有如下特点:

(1)动作状态是原子的,它是构造活动图的最小单位。

(2)动作状态是不可中断的。

(3)动作状态是瞬时的行为。

(4)动作状态可以有入转换,入转换既可以是动作流,也可以是对象流。动作状态至少有一条出转换,这条转换以内部的完成为起点,与外部事件无关。

(5)动作状态与状态图中的状态不同,它不能有入口动作和出口动作,更不能有内部转移。

(6)在一张活动图中,动作状态允许多处出现。

活动状态用于表达状态机中非原子的运行,其特点如下:

(1)活动状态可以分解成其他子活动或者动作状态。

（2）活动状态的内部活动可以用另一个活动图来表示。

（3）和动作状态不同，活动状态可以有入口动作和出口动作，也可以有内部转移。

（4）动作状态是活动状态的一个特例，如果某个活动状态只包括一个动作，那么它就是一个动作状态。

UML 中活动状态和动作状态的图标相同，一般用平滑的圆角矩形表示，但是活动状态可以在图标中给出入口动作和出口动作等信息。

动作之间的转换称为动作流，与状态图不同，UML 活动图的转换一般都不需要特定事件的触发；与状态图的转换相同，活动图的转换用带箭头的直线表示，箭头的方向指向转入的方向。

菱形表示判断（也称为分支）或合并。判断有一个箭头进入菱形，有几个箭头出来，还可以包含监护条件（guard condition），表示条件值。合并表示几个事件联合形成一个事件。

对象在运行时可能会存在两个或多个并发运行的控制流，为了对并发的控制流建模，UML 中引入了分叉与汇合的概念。分叉用于将动作流分为两个或多个并发运行的分支，而汇合则用于同步这些并发分支，以达到共同完成一项事务的目的。一个长而扁的矩形表示同步条（synchronization bar）。这些同步条用来表示并行活动，并且可以有一个事件进入同步条而有多个事件出来，这就是所谓的分叉（fork）。把几个事件合并成一个事件的同步称为汇合（join）。

泳道是活动图中的区域划分，用来表明哪些活动在哪些平台（诸如浏览器、服务器或大型机）上执行，或者表明由不同的用户组完成的活动。泳道不仅可以描述类的责任，而且还可以描述其逻辑的区域。泳道用垂直实线绘出，垂直线分隔的区域就是泳道。在泳道的上方可以给出泳道的名字或对象的名字，该对象负责泳道内的全部活动。泳道没有顺序，不同泳道中的活动既可以顺序进行也可以并发进行，动作流和对象流允许穿越分隔线。

对象流是动作状态或者活动状态与对象之间的依赖关系，表示动作使用对象或动作对对象的影响。用活动图描述某个对象时，可以把涉及到的对象放置在活动图中并用一个依赖将其连接到进行创建、修改和撤销的动作状态或者活动状态上，对象的这种使用方法就构成了对象流。对象流用带有箭头的虚线表示。如果箭头是从动作状态出发指向对象，则表示动作对对象施加了一定的影响。施加的影响包括创建、修改和撤销等。如果箭头从对象指向动作状态，则表示该动作使用对象流所指向的对象。

对象流中的对象有以下特点：

（1）一个对象可以由多个动作操作。

（2）一个动作输出的对象可以作为另一个动作输入的对象。

（3）在活动图中，同一个对象可以多次出现，它的每一次出现表明该对象正处于对象生存期的不同时间点。

6.5.3.2 创建活动图的步骤

UML活动图记录了单个操作或方法的逻辑、单个用户案例，或者单个业务流程的逻辑。在很多方面，活动图是结构化开发中流程图和数据流程图（DFD）的面向对象等同体，要创建一个UML活动图，需要反复执行下列步骤：

第一步，定义UML活动图的范围首先应该定义用户要对什么建模。单个用户案例？一个用户案例的一部分？一个包含多个用户案例的商务流程？一个类的单个方法？一旦定义了所作图的范围，应该在其顶部，用一个标注添加标签，指明该图的标题和唯一的标识符。可以包括制图的时间甚至作者名。

第二步，添加起始和结束点。每个活动图有一个起始点和结束点，因此要马上添加它们。Fowler和Scott认为结束点是可选的。有时一个活动只是一个简单的结束，如果是这种情况，指明其唯一的转变是到一个结束点也是无害的。这样，当其他人阅读图时，会明白图中已经考虑了如何退出这些活动。

第三步，添加活动。如果是对一个用户案例建模，对每个参与者（actor）所发出的主要步骤引入一个活动（该活动可能包括起始步骤，加上对起始步骤系统响应的任何步骤）；如果是对一个高层的商务流程建模，对每个主要流程引入一个活动，通常为一个用户案例或用户案例包；最后，如果是对一个方法建模，那么对此引入一个活动是很常见的。

第四步，添加活动间的转变。好的风格总是应该退出一个活动，即使它是转变到一个结束点。一旦一个活动有多个转变时，必须对每个转变加以相应标识。

第五步，添加决策点。有时所建模的逻辑需要做出一个决策。有可能是需要检查某些事务或比较某些事务。要注意的是，使用决策点是可选的。

第六步，找出可并行活动之处。当两个活动间没有直接的联系，而且它们都必须在第三个活动开始前结束，那它们是可以并行运行的。

6.5.4 顺序图和协作图

顺序图（sequence diagram）和协作图（collaboration diagram）都属于交互图（interaction diagram）的范畴，主要用来描述对象之间以及对象与参与者之间的动态协作关系以及协作过程中的行为次序。交互图可以帮助分析人员对照检查每个用例中所描述的用户需求，如这些需求是否已经落实到能够完成这些功能的类中去实现，提醒分析人员去补充遗漏的类或方法。交互图和类图可以相互补充，类图对类的描述比较充分，但对对象之间的消息交互情况的表达不够详细;而交互图不考虑系统中的所有类及对象,但可以表示系统中某几个对象之间的交互。交互图描述的是对象之间的消息发送关系,而不是类之间的关系。在交互图中一般不会包括系统中所有类的对象,但同一个类可以有多个对象出现在交互图中。

顺序图着重描述对象按照时间顺序的消息交换,协作图着重描述系统成分如何协同工作。顺序图和协作图从不同的角度表达了系统中的交互和系统的行为,它们之间可以相互转化。

6.5.4.1　顺序图

顺序图也称时序图。Rumbaugh 对顺序图的定义是:顺序图是显示对象之间交互的图,这些交互是按时间顺序排列的。特别地,顺序图中显示的是参与交互的对象及对象之间消息交互的顺序。

顺序图可以说明一段时间内类与类之间或者对象实例之间的一连串交互。顺序图通常用来说明用例场景描述的处理功能。实际上,顺序图是通过用例分析得出的,并在系统设计时用来得出系统中的交互、关系和方法。顺序图用来展示一个用例中的活动或交互的总模式。每个用例场景可以创建一个顺序图,但是次要场景并非总是要创建顺序图。

顺序图是一个二维图形。在顺序图中水平方向为对象维,沿水平方向排列的是参与交互的对象。其中对象间的排列顺序并不重要,但一般把表示参与者的对象放在图的两侧,主要参与者放在最左边,次要参与者放在最右边(或表示人的参与者放在最左边,表示其他系统的参与者放在最右边)。顺序图中的垂直方向为时间维,沿垂直向下方向按时间递增顺序列出各对象所发出和接收的消息。

顺序图中包括的建模元素有对象(参与者实例也是对象)、生命线(lifeline)、控制焦点(Focus Of Control,FOC)、消息(message)。生命线在顺序图中表示为从对象图标向下延伸的一条虚线,表示对象存在的时间。控制焦点是顺序图中表示时间段的符号,在这个时间段内,对象将执行相应的操作。控制焦点表示为在生命线上的小矩形。控制焦点可以嵌套,嵌套的控制焦点可以更精确地说明消息的开始和结束位置。

消息一般有调用(procedure call)消息、异步(asynchronous)消息和返回(return)消息几种。调用消息的发送者把控制传递给消息的接收者,然后停止活动,等待消息接收者放弃或返回控制。调用消息可以用来表示同步的意义,一般地,调用消息的接收者必须是一个被动对象(passive object),即它是一个需要通过消息驱动才能执行动作的对象。异步消息的发送者通过消息把信号传递给消息的接收者,然后继续自己的活动,不等待接收者返回消息或控制。异步消息的接收者和发送者是并发工作的。返回消息与异步消息相对应,表示接收者返回消息或控制。对调用消息而言,返回消息是隐含的。

建立顺序图的一般步骤是:确定交互过程的上下文(context);识别参与交互过程的对象;为每个对象设置生命线,即确定哪些对象存在于整个交互过程中,哪些对象在交互过程中被创建和撤销;从引发这个交互过程的初始消息开始,在生命线之间自顶向下依次画出随后的各个消息;如果需要表示消息的嵌套或/和表示消息发生时的时间点,则采用控制焦点;如果需要,可以为每个消息附上前置条件和后置条件。

6.5.4.2 协作图

协作图是用于描述系统的行为是如何由系统的成分协作实现的图,协作图中包括的建模元素有对象(包括参与者实例、多对象、主动对象等)、消息、链等。

在协作图中,多对象指的是由多个对象组成的对象集,一般这些对象是属于同一个类的。当需要把消息同时发给多个对象而不是单个对象的时候,就要使用多对象这个概念。

主动对象是一组属性和一组方法的封装体,其中至少有一个方法不需要接收消息就能主动执行(称作主动方法)。也就是说,主动对象可以在不接收外部消息的情况下自己开始一个控制流。除含有主动方法外,主动对象的其他方面与被动对象没有区别。

在协作图中消息的概念和顺序图中消息的概念一样。

协作图中用链(link)来连接对象,而消息显示在链的旁边,一个链上可以有多个消息。在 UML 中,很多元素都有实例(instance)。例如,对象是类的实例,脚本是用例的实例,而链是关联的实例。在链上可以加一些修饰,如角色名、导航(navigation,即表示链是单向还是双向的)、链两端的对象是否有聚集关系等,但由于链是连接对象的,所以链的两端没有多重性(multiplicity)标记。

建立协作图的一般步骤是:确定交互过程的上下文(context);识别参与交互过程的对象;如果需要,为每个对象设置初始特性;确定对象之间的链以及沿着链的消息;从引发这个交互过程的初始消息开始,将随后的每个消息附到相应的链上;如果需要表示消息的嵌套,则用 Dewey 十进制数表示法;如果需要说明时间约束,则在消息旁边加上约束说明;如果需要,可以为每个消息附上前置条件和后置条件。

6.5.5 类图与对象图

6.5.5.1 类的定义

Rumbaugh 对类的定义是:类是具有相似结构、行为和关系的一组对象的描述符。在 UML 中,类用矩形表示。在最简单的格式下,矩形可以只包含类名,但是还可以包含属性和方法。属性是类知道的有关对象的特征,而方法(也称为操作)是类知道的有关如何做事情的功能。方法是与属性合作的代码小片段。

属性可以包括属性的可见性、属性名称、类型、多重性、初始值和特性。属性可见性在 UML 规范中用 + 、#和 − 等符号表示。类中的属性通常指定为私有,这通过属性名前面的减号来表示。属性也可以是受保护的,并用符号#表示。除了直接子类,这些属性对所有其他的类都是隐藏的。属性很少是公有的,公有意味着该属性对该类外面的其他对象是可见的。使属性成为私有,意味着外部对象只有通过该类的方法才能使用这些属性,这就是封装或信息隐藏技术。属性的多重性表示该属性的值可能为 null、一个、两个或多个。属性的特性是用户对该属性性质的一个约束说明。例如,{只读}这样的特性说明该属性的值不能被修改。

类的方法用于修改、检索类的属性或执行某些动作,但是它们被约束在类的内部,只能作用到该类的对象上。方法可以包括方法的可见性、方法名、参数列表、返回类型和特性。可见性的含义与属性的可见性相同,而特性则是一个文字串,说明方法的一些相关信息,例如,{query}这样的特性表示该方法不会修改系统的状态。

6.5.5.2 类之间的关系

关系是类与类之间的联系,类似于实体—关系图上看到的那些关系。一般来说,类之间的关系有关联(association)、聚集(aggregation)、组合(composition)、泛化(generalization)和依赖(dependency)等。

关联是模型元素间的一种语义联系,它是对具有共同的结构特性、行为特性、关系和语义的链(link)的描述。在上面的定义中,需要注意链这个概念,链是一个实例,就像对象是类的实例一样,链是关联的实例,关联表示的是类与类之间的关系,而链表示的是对象与对象之间的关系。一个关联可以有两个或多个关联端(association end),每个关联端连接到一个类。关联也可以有方向,可以是单向关联(unidirectional association)或双向关联(bi − directional association)。可以给关联加上关联名,来描述关联的作用。显然这样语义上更加明确。一般说,关联名通常是动词或动词短语。当然,在一个类图中,并不需要给每个关联都加上关联名,给关联命名的原则应该是命名有助于理解该模型。

关联两端的类可以某种角色参与关联。例如,Company 类以 employer 的角色、Person 类以 employee 的角色参与关联,employer 和 employee 称为角色名。如在关联上没有标出角色名,则隐含地用类的名称作为角色名。角色还具有多重性(multiplicity),表示可以有多少个对象参与该关联。例如,雇主(公司)可以雇佣多个雇员,表示为 0 ~ n;雇员只能被一家雇主雇佣,表示为 1。

关联本身也可以有特性,通过关联类(association class)可以进一步描述关联的属性、操作以及其他信息。关联类通过一条虚线与关联连接。在关联端紧靠源类图标处可以有限定符(qualifier),带有限定符的关联称为限定关联(qualified association)。限定符的作用是在给定关联一端的一个对象和限定符值以后,可确定另一端的一个对象或对象集。需要注意的是,限定符是关联的属性,而不是类的属性。也就是说,实现中,关联的属性可能是任一关联端类中的一个属性,也可能是在其他类中的一个属性。限定符这个概念在设计软件时非常有用,如果一个应用系统需要根据关键字对一个数据集做查询操作,则经常会用到限定关联。引入限定符的一个目的就是把多重性从 n 降为 1 或 0 ~ 1,这样如果做查询操作,则返回的对象至多是一个,而不会是一个对象集。如果查询操作的结果是单个对象,则这个查询操作的效率会较高。所以在使用限定符时,如果限定符另一端的多重性仍为 n,则引入这个限定符的作用就不是很大。因为查询结果仍然还是一个结果集,所以,也可以根据多重性来判断一个限定符的设计是否合理。

聚集是一种特殊形式的关联。聚集表示类之间整体与部分的关系。在对系统进行分析和设计时,需求描述中的"包含"、"组成"、"分为……部分"等词常常意味着存在聚集关系。例如,一个圆可以有颜色等样式(style)方面的属性,可以用一个样式对象表示这些属性,但同一个样式对象也可以表示别的对象如三角形的样式方面的属性,也就是说,样式对象可以用于不同的地方。如果圆这个对象不存在了,不一定意味着样式这个对象也不存在了,因此圆与样式之间是聚集关系。

组合表示的也是类之间的整体与部分的关系,但组合关系中的整体与部分具有同样的生存期。也就是说,组合是一种特殊形式的聚集。例如,一个圆可以由半径和圆心点确定,如果圆不存在了,那么表示这个圆的圆心也就不存在了,所以圆类和圆心点类是组合关系。

聚集关系的实例是传递的,反对称的,也就是说,聚集关系的实例之间存在偏序关系,即聚集关系的实例之间不能形成环。需要注意的是,这里说的是聚集关系的实例(链)不能形成环,而不是说聚集关系不能形成环。事实上,聚集关系可以形成环。

聚集关系也称为"has - a"关系,组合关系也称为"contains - a"关系。聚集关系表示事物整体/部分关系较弱的情况,组合关系表示事物的整体/部分关系较强的情况。在聚集关系中,代表部分事物的对象可以属于多个聚集对象,可以为多个聚集对象所共享,而且可以随时改变它所从属的聚集对象。代表部分事物的对象与代表聚集事物的对象的生存期无关,一旦删除了它的一个聚集对象,不一定也就随即删除代表部分事物的对象。在组合关系中,代表整体事物的对象负责创建和删除代表部分事物的对象,代表部分事物的对象只属于一个组合对象。一旦删除了组合对象,也就随即删除了相应的代表部分事物的对象。

泛化关系定义了一般元素和特殊元素之间的分类关系,如果从面向对象程序设计语言的角度来说,类与类之间的泛化关系就是平常所说的类与类之间的继承关系。泛化关系也称为"a – kind – of"关系。在 UML 中,泛化关系不仅仅是类与类之间才有,像用例、参与者、关联、包、构件(component)、数据类型(data type)、接口(interface)、结点(node)、信号(signal)、子系统(subsystem)、状态(state)、事件(event)、协作(collaboration)等这些建模元素之间也可以有泛化关系。

依赖表示两个或多个模型元素之间语义上的关系,设有两个元素 X、Y,如果修改元素 X 的定义可能会导致对另一个元素 Y 的定义的修改,则称元素 Y 依赖于元素 X。对于类而言,依赖关系可能由各种原因引起,如一个类向另一个类发送消息,或者一个类是另一个类的数据成员类型,或者一个类是另一个类操作的参数类型。

前述的关联、聚集、组合和泛化关系都可以看作是依赖关系,因为它们都包含了依赖的思想。但在实践中,如果两个类之间有关联关系,那么一般只要表示出关联关系即可,不必再表示这两个类之间还有依赖关系。而且,如果在一个类图中有过多的依赖关系,反而会使类图难以理解。

6.5.5.3　抽象类和接口

在面向对象的概念中,所有的对象都是通过类来描绘的,但是反过来却不是这样。并不是所有的类都是用来描绘对象的,如果一个类中没有包含足够的信息来描绘一个具体的对象,这样的类就是抽象类。抽象类往往用来表征人们在对问题领域进行分析、设计中得出的抽象概念,是对一系列看上去不同,但是本质上相同的具体概念的抽象。例如,如果进行一个图形编辑软件的开发,就会发现问题领域存在着圆、三角形这样一些具体概念,它们是不同的,但是它们又都属于形状这样一个概念,形状这个概念在问题领域是不存在的,它就是一个抽象概念。正是因为抽象的概念在问题领域没有对应的具体概念,所以用以表征抽象概念的抽象类是不能够实例化的。

在面向对象领域,抽象类主要用来进行类型隐藏。可以构造出固定的一组行为的抽象描述,但是这组行为却能够有任意个可能的具体实现方式。这个抽象描述就是抽象类,而这一组任意个可能的具体实现则表现为所有可能的派生类。模块可以操作一个抽象体。由于模块依赖于一个固定的抽象体,因此它可以是不允许修改的;同时,通过从这个抽象体派生,也可扩展此模块的行为功能。为了能够实现面向对象设计的一个最核心的原则 OCP(Open - Closed Principle),抽象类是其中的关键所在。

抽象类在面向对象设计中的作用是:首先,为一些相关的类提供了公共基类以便为下层派生类中功能相似而实现代码不同的那些方法对外提供统一的调用接口,实现多态性;其次,为下层派生类提供一些公用方法的实现代码,以减少代码冗余;第三,防止类被意外实例化,以增加代码的安全性。

接口实际上定义了一个协议。相对于抽象类是对实体对象类型的抽象而言,接口是对某些功能的抽象。接口常常被用来为具有相似功能的一组类对外提供一致的服务接口,并且这组类可以是相关的,也可以是不相关的。故此,接口口往往比抽象类具有更大的灵活性。

抽象类体现了一种继承关系,要想使得继承关系合理,父类和派生类之间必须存在"is a"关系,即父类和派生类在概念本质上应该是相同的。而接口并不要求接口的实现者和接口定义在概念本质上是一致的,仅仅要求接口的实现者实现了接口定义的契约而已。抽象类与接口的区别主要体现在三个方面:第一,抽象类可以包含方法的声明,也可以提供方法的实现代码,而接口中只能提供方法声明,不可以有任何实现代码;第二,抽象类与其派生类之间存在层次关系,而接口与实现它的类之间则不存在任何层次关系;第三,抽象类只能被单继承,而接口可以被多继承。

6.5.5.4　边界类、控制类和实体类

UML 中将类分为三类,即边界类(boundary class)、控制类(control class)和实体类(entity class)。引入边界类、控制类和实体类的概念有助于分析和设计人员确定系统中的类。

边界类位于系统与外界的交界处,窗体(form)、对话框(dialog box)、报表(report)以及表示通信协议(如 TCP/IP)的类、直接与外部设备交互的类、直接与外部系统交互的类等都是边界类的例子。通过用例图可以确定需要的边界类。每个 actor/use case 对至少要有一个边界类,但并非每个 actor/use case 对都要拥有自己的边界类。例如,多个 actor 启动同一 use case 时,可以用同一个边界类与系统通信。

实体类保存要放进持久存储体的信息。持久存储体就是数据库、文件等可以永久存储数据的介质。

控制类(或活动类)用来控制活动流,它们在实施类交互时充当协调者。

6.5.5.5　OO 设计原则

OO 设计的原则具体如下:

（1）单一职责原则（Single – Responsibility Principle）。"对一个类而言，应该仅有一个引起它变化的原因"。本原则是人们非常熟悉的"高内聚性原则"的引申，但是通过将"职责"极具创意地定义为"变化的原因"，使得本原则极具可操作性。同时，本原则还揭示了内聚性和耦合性是"一物两面"的关系，为了降低耦合性，基本途径就是提高内聚性；如果一个类承担的职责过多，那么这些职责就会相互依赖，一个职责的变化可能会影响另一个职责的履行。其实 OOD 的实质就是合理地进行类的职责分配。

（2）开放封闭原则（Open – Closed Principle）。"软件实体应该是可以扩展，但是不可修改的"。本原则紧紧围绕变化展开，变化来临时，如果不必改动软件实体的源代码，就能扩充它的行为，那么这个软件实体的设计就是满足开放封闭原则的。如果我们预测到某种变化，或者某种变化发生了，我们应当创建抽象来隔离以后发生的同类变化。

（3）Liskov 替换原则（Liskov – Substitution Principle）。"子类型必须能够替换掉它们的基类型"。本原则和开放封闭原则关系密切，正是子类型的可替换性，才使得使用基类型的模块无需修改就可扩充。Liskov 替换原则从基于契约的设计演化而来，契约为每个方法声明"先验条件"和"后验条件"；定义子类时，必须遵守这些"先验条件"和"后验条件"。

（4）依赖倒置原则（Dependency – Inversion Principle）。"抽象不应依赖于细节，细节应依赖于抽象"。本原则几乎就是软件设计的正本清源之道。因为人解决问题的思考过程是先抽象后具体，从笼统到细节，所以先生产出的势必是抽象程度比较高的实体，而后才是更加细节化的实体。于是，细节依赖于抽象，就意味着后来的依赖于先前的，这是自然而然的重用之道。而且，抽象的实体代表着笼而统之的认识，人们总是比较容易正确认识它们，而且它们本身也是不易变的，依赖于它们是安全的。依赖倒置原则适应了人类认识过程的规律，是面向对象设计的标志所在。

（5）接口隔离原则（Interface – Segregation Principle）。"多个专用接口优于一个单一的通用接口"。这是单一职责原则用于接口设计的自然结果。一个接口应该保证实现该接口的实例对象可以只呈现为单一的角色，这样，当某个客户程序的要求发生变化，而迫使接口发生改变时，影响到其他客户程序的可能性最小。

6.5.5.6　构造类图

类加它们之间的关系就构成了类图，类图中可以包含接口、包、关系等建模元素，也可以包含对象、链等实例。类、对象和它们之间的关系是面向对象技术中最基本的元素，类图可以说是 UML 的核心。类图描述的是类和类之间的静态关系。与数据模型不同，类图不仅显示了信息的结构，同时还描述了系统的行为。

软件开发的不同阶段使用的类图具有不同的抽象层次。一般类图可分为三个层次，即概念层、说明层和实现层。概念层（conceptual）类图描述应用领域中的概念，一般这些概念和类有很自然的联系，但两者并没有直接的映射关系。刻画概念层类图时，很少考虑或不考虑实现问题，因此，概念层类图应独立于具体的程序设计语言。说明层（specification）类图描述软件的接口部分，而不是软件的实现部分。这个接口可能因为实现环境和运行特性的不同而有多种不同的实现。实现层（implementation）类图考虑的是类的实现问题，提供类的实现细节。

概念层类图只有一个类名，说明层类图有类名、属性名和方法名，但对属性没有类型的说明，对方法的参数和返回类型也没有指明，实现层类图则对类的属性和方法都有详细的说明。

确定系统中的类是 OO 分析和设计的核心工作，但类的确定是一个需要技巧的工作，系统中的有些类可能比较容易发现，而另外一些类可能很难发现，不可能存在一个简单的算法来找到所有类。寻找类的一些技巧包括：根据用例描述中的名词确定类的候选者；使用 CRC 分析法寻找类，CRC 是类（Class）、职责（Responsibility）和协作（Collaboration）的简称，CRC 分析法根据类所要扮演的职责来划分类；根据边界类、控制类和实体类的划分来帮助发现系统中的类；对领域进行分析，或利用已有的领域分析结果得到类；参考设计模式来确定类。

在构造类图时，不要试图使用所有的符号，这个建议对于构造别的图也是适用的。在 UML 中，有些符号仅用于特殊的场合和方法中。UML 中大约 20% 的建模元素可以满足 80% 的建模要求。

构造类图时不要过早陷入实现细节，应该根据项目开发的不同阶段，采用不同层次的类图。如果处于分析阶段，应画概念层类图；当开始着手软件设计时，应画说明层类图；当考查某个特定的实现技术时，则应画实现层类图。构造类图的一般步骤是：研究分析问题领域，确定系统的需求；确定类，明确类的含义和职责，确定类的属性和操作；确定类之间的关系，把类之间的关系用关联、泛化、聚集、组合、依赖等关系表达出来；调整和细化已得到的类和类之间的关系，解决诸如命名冲突、功能重复等问题；最后绘制类图。

第7章 软件复用与组件技术

7.1 软件复用概念

在北大西洋公约组织的软件工程会议上,Mcllroy 第一次提出了软件复用的概念。1983 年,Freeman 对软件复用给出了详细的定义——在构造新的软件系统的过程中,对已存在的软件人工制品的使用技术。此后,随着对计算机软件研究的不断深入,面向对象技术不断发展,软件复用受到人们越来越多的关注。

软件复用(software reuse)是指重复使用为了复用目的而设计的软件的过程,而可复用软件(reusable software)则是指为了复用目的而设计的软件,用于复用目的的软件一般也称为软件组件(software component)。软件复用的出发点是,应用系统的开发不再采用"一切从零开始"的模式,而是以已有的工作为基础,充分利用在过去应用系统开发中积累的知识和经验,从而将开发的重点集中于应用的某些特有构成成分。

第一,软件复用能够提高软件生产率,减少开发代价。第二,用可复用的软件构造系统还可以提高系统的性能和可靠性。因为可复用软件大都进行过高度的优化,并在实践中经受过检验,通过复用这些高质量的既有成果,能避免开发中可能引入的错误和不当,可以控制软件开发的复杂度,缩短开发周期,从而提高系统的质量。第三,软件复用能够减少系统的维护代价。第四,软件复用能够提高系统间的互操作性,由于系统实现的不一致性,要实现软件的复用,系统应当有效地解决与其他系统之间的互操作性问题。第五,软件复用能够支持快速原型设计。第六,软件复用还能减少培训开销。

复用是成熟工程领域的一个基本特征,传统产业发展的基本模式大都呈现标准的零部件(组件)生产与基于标准组件的产品组装生产相结合的特征。其中组件是核心和基础,复用是必需的手段。实践证明,这种模式是产业工程化、工业化的必由之路。标准零部件业的独立存在和发展是产业形成规模经济的前提,计算机硬件产业的成功发展就是依据这种模式,实践已充分证明这种模式的可行性和正确性,因而是软件产业发展的良好借鉴,软件产业要发展并形成规模经济,标准的生产和组件的复用是关键因素。

依据复用的对象,可以将软件复用分为产品复用和过程复用,产品复用是复用已有的软件组件,通过集成组装得到新系统。过程复用是指复用已有的软件开发过程,使用可复用的应用生成器来自动或半自动地生成所需系统。过程复用依赖于软件自动化技术的发展,仅适用于一些特殊的领域,目前最主要的软件复用方式是产品复用,即复用已有的软件组件。

近几十年来,面向对象技术出现,并逐渐成为主流技术,为软件复用提供了基本的技术支持。探讨应用系统的本质,可以发现其中通常包含三类成分:通用基本组件、领域共性组件和应用专用组件。应用系统开发中的重复劳动主要集中于前两类构成成分的重复开发。

软件复用已经融入软件工程研究的主流,被视为使软件开发真正走向工程化和产业化道路的希望。总地来说,软件复用有三个基本问题:一是必须有可复用的产品,二是所复用的对象必须是有用的,三是复用者要知道如何去使用被复用的对象。软件复用还包括两个相关过程,即可复用软件产品的开发和基于可复用软件的应用系统构造。解决好这几个方面的问题才能实现真正意义上的软件复用,基于组件的复用是目前学术界和产业界公认的主流复用技术,与其他复用方式相比,基于组件的复用更可行、更实用。

7.2 组 件 技 术

组件技术是近年发展起来的一种软件复用技术。组件是具有某种特定功能的软件模块,组件技术是模块化思想和面向对象技术的发展结果,是人们在不断追求软件可复用过程中的一个里程碑。人们一直梦想有一天软件可以像硬件一样通过标准的集成电路的组合而实现不同的功能。出现面向对象技术之前,即在使用第三代程序设计语言(如 C 语言)时,人们习惯于用函数调用来模块化代码。这种以处理(功能)为中心的函数复用其作用是有限的。面向对象技术出现以后,人们通过对象引用来解决复用问题。对象是以数据为中心的,面向对象技术是组件技术的基础,然而它没有解决对象在分布环境下的跨平台、跨语言环境和时空版本的对象引用问题。组件技术则是面向对象技术的进一步扩展,即将面向对象技术的应用边界自单机环境扩展到网络环境。

组件是指语义完整、语法正确和具有可复用价值的软件,是软件复用过程中可以明确辨识的系统;在结构上,它是语义描述、通信接口和实现代码的复合体。简单地说,组件是具有一定功能,能够独立工作或能够同其他组件装配起来协调工作的程序体,组件的使用同它的开发、生产无关。从抽象程度来看,面向对象技术已达到了类级复用(代码复用),它是以类为封装的单位。这样的复用粒度还太小,不足以解决异构互操作和效率更高的复用。组件将抽象的程度提到一个更高的层次,它是对一组类的组合进行封装,并代表完成一个或多个功能的特定服务,整个组件隐藏了具体的实现,只用接口提供服务。

软件组件是指应用系统中可以明确辨识的有机构成成分,是软件系统设计中能够重复使用的构造模块,是一个独立的、可替换系统的一部分,它具有相对独立性、互换性和功能性。软件组件不依存于某一个系统,它可以被相同功能的组件所替换,并且具有实际的功能意义。其特征有:①有用性,必须提供有用的功能;②可用性,必须易于理解和使用;③可靠性,组件自身及其变形必须能正确工作;④适应性,应易于通过参数化等方式在不同的语境中进行配置;⑤可移植性,能在不同的硬件平台和软件环境中工作。

组件模型由一系列标准和规范组成。主要用于指导分布于网络的软件功能模块的构建,并协调这些分布式的软件功能模块(这里称作组件)的交互,以实现完整的系统功能和可重用性。组件技术规范是一种应用范型,可以满足用户分布式应用对可适用性、可伸缩性、可靠性、安全性以及可维护性的要求。目前,主要的组件模型有 CORBA、COM/DCOM 和 JavaBeans 几种。

为了使分布于网络环境中不同计算机上的组件能够协同完成某一项应用,组件模型一般提供下列机制和规范:

(1) 组件之间的通信机制(send and wait/send and continue);

(2) 应用域(application domain)范围内组件(或称为服务)命名机制;

(3) 组件(服务)的迁移、故障切换(fail over)管理机制;

(4) 组件(服务)的生命周期管理(服务的激活、去活)机制;

(5) 安全性机制(验证、访问控制、传输加密);

(6) 不同应用域之间的交互规范;

(7) 服务使用者接口规范;

(8) 服务提供者接口规范。

7.3　基于组件的软件开发

基于组件的软件开发技术是新一代软件技术发展的标志,基于组件的软件开发(Component – Based Software Development,CBSD)或基于组件的软件工程(Component – Based Software Engineering,CBSE)是一种软件开发新范型,它是在一定组件模型的支持下,复用组件库中的一个或多个软件组件,通过组合手段高效率、高质量地构造应用软件系统的过程。CBSD 的理论建立在软件工程、软件复用和分布式计算基础之上,重点研究构件的互操作性(interoperability)、可用性(availability)、可复用性(reusability)和效率(efficiency)等。

由于以分布式对象为基础的组件实现技术日趋成熟，CBSD 已经成为现今软件复用实践的研究热点，被认为是最具潜力的软件工程发展方向之一。软件不仅在规模上快速发展，而且其复杂性也在急剧增加，使用软件复用技术可以减少软件开发活动中大量的重复性工作，这样就能提高软件生产率，降低开发成本，缩短开发周期。同时，由于软件组件大都经过严格的质量认证，并在实际运行环境中得到检验，因此，复用软件组件有助于改善软件质量。此外，大量使用软件组件，软件的灵活性和标准化程度也可以得到提高。

CBSD 遵循"购买而不创建"（buy，don't build）的开发哲学，使人们从"一切从头开始"的程序编制方式转向软件组装，将以往"算法 + 数据结构"的开发方法转化为"组件开发 + 组件组合"模式。基于组件的开发任务包括创建、检索和评价、适配、组装、测试和验证、配置和部署、维护和演进以及遗产系统再工程等主要活动。

对象是人们提出重用性方面的第一个尝试，组件技术是在面向对象软件开发法的基础上逐渐发展起来的一种新技术。由于面向对象开发环境本质上不够完善，缺乏解决对象互操作的公共基础设施，妨碍了它们成为主流产品。组件技术与面向对象技术紧密相关，组件和对象都是对现实世界的抽象描述，通过接口封装了可复用的代码。不同的是：在概念层上，对象描述客观世界实体，组件提供客观世界服务；在复用策略上，对象通过继承实现复用，而组件通过合成实现复用；在技术手段上，组件通过对象技术而实现，一个组件通常是多个对象的集合体。

组件技术和面向对象技术之间的关系如下：① CBSD 抽象了许多面向对象技术的实现概念，是将面向对象技术应用于系统设计级上的一种自然延伸。② CBSD 是面向对象的一个简化的版本，它注重封装性，但忽略了继承性和多态性。③CBSD 是构造系统的体系结构级的方法，并且可以采用面向对象方法很方便地实现组件。有时一个组件就是一个对象，但一般意义上组件好比是化合物，而对象好比是原子，组件能被直接使用，而不必关心构成它们的原子。④在面向对象框架下实现软件重用一般需提供源代码，而用组件实现则完全不用了解它是如何实现的。

CBSD 的兴起主要源于以下四个背景：①在研究方面是对现代软件工程思想，特别是对复用技术的强调。②在产业方面是支持用组件来建造 GUI、数据库和应用部件的一些理论上质朴但实际可用的技术的成功。③在策略方面是某些主流互操作技术，如 CORBA、COM 和 EJB 的开发者自下而上的技术推动。④在软件界，对象技术的广泛使用，提供了建造和使用组件的概念基础和实用工具。

CBSD 是一种社会化的软件开发方法，它使得开发者可将用不同语言、由不同供应商开发的组件组装在一起来构造软件系统,通过软件组件的社会化生产,可实现软件的社会化生产,在全球范围内实现软件生产的协作分工。生产软件组件的公司以各种高质量的标准将可组装的软件组件投放市场,而应用软件开发商们在全球范围内采购和订购可重用的软件组件,再通过组装和加工,生产用户所需的应用软件。

可以预见,组件化软件生产将会对整个软件界产生巨大的影响,并会推动软件产业进一步发展,而组件技术所扮演的角色就是把零件、生产线和装配运行的概念运用在软件工业中,利用它可以提高开发速度,降低开发成本,增加应用软件的灵活性,降低软件维护的费用,软件组件技术是软件产业化革命的必然发展趋势。

7.4　主要组件模型

组件模型是对组件本质特征、构成及相互关系的描述,在基于组件的软件开发方法中,组件理论模型是最根本的基础,它不但影响着组件的分类、存储和管理,也决定了组件的组装方式,是 CBSD 所有工作的核心。代表性的实现级工业标准组件模型有 COM/DCOM、EJB、CORBA 组件模型。

7.4.1　COM /DCOM

Microsoft 的 COM(Component Object Model)是组件对象之间相互连接和通信的一种协议,两个 COM 对象通过称为"接口"的机制进行通信。COM 中定义了一个所有组件都必须支持的特殊接口 IUNKNOWN,它提供了三个基本的操作:Queryinterface,Addref 和 Release,其他接口必须从这个接口进行接口继承。当一个 COM 对象进行通信时,需要调用另一个对象的接口指针来调用接口方法。

DCOM(Distributed COM)是 COM 在分布计算方面的自然延续,它把组件对象技术推向网络环境。当客户和服务组件位于不同的网络结点时,DCOM 用网络协议(TCP/IP 等)取代 COM 中的本地进程间通信协议 LRPC (Local RPC),从而对位于网络上不同机器的组件对象之间的相互通信提供了透明的支持。DCOM 体系结构如图 7 - 1 所示,其中,COM 运行库向客户和组件提供面向对象的服务,并使用远程过程调用 RPC 和安全提供者(Security Provider)按照 DCOM 网络协议(TC P/IP 等)标准生成网络协议包 Packet。

DCOM 利用一种代理—存根机制实现基于 COM 的分布组件间协作,DCOM 通过 Microsoft IDL(Interface Description Language)描述一个接口,生成相应的代

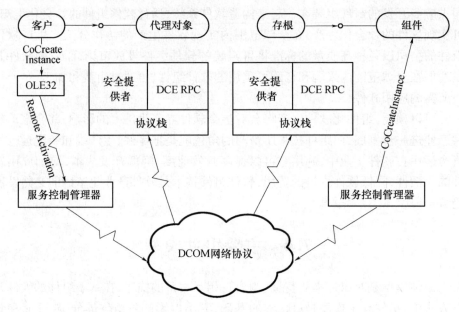

图 7-1　DCOM 体系结构

理(proxy)和存根(stub),代理位于客户端计算机上,由于代理表现出的特征行为与远程组件接口的行为完全一样,因此在客户端可像调用本地组件接口一样调用代理,代理接收客户的请求,通过 RPC 与远程计算机上的组件存根进行通信,然后完成对组件接口的真正调用。具体调用过程如图 7-2 所示。

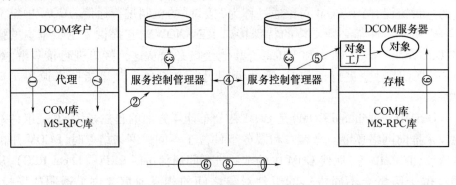

图 7-2　DCOM 工作流程

其中,各环节的操作说明如下:

(1) 客户查询对象实例以建立远程请求。

(2) 服务控制管理器(SCM)负责创建对象实例。

（3）SCM 查找注册信息获得服务器类型、位置（本地路径或远程计算机名）和安全模型。

（4）如果是远程对象，在获取了对象所在的计算机名后，SCM 与远程 SCM 相连。

（5）由远程 SCM 负责激活服务器对象。

（6）远程 SCM 也检查它的注册信息以获得参数进而创建目标对象的实例，接下来如果有必要，SCM 激活服务器进程，从类库进程中获得目标类的实例，创建的对象引用最终返回给客户。

（7）客户与服务器相连接，客户发出远程进程调用。

（8）消息通过 ORPC 通信协议传输到服务器。

（9）请求通过存根被提交给目标对象。

DCOM 体系结构中，客户和服务器通过 ORPC 进行通信，服务器对象通过唯一的标识符 GUID 表示，为了和服务器对象建立连接，客户通过提供类标识符在 DCOM 库中查询对象实例。服务控制管理器（SCM）查询注册信息，如果对象是本地对象，SCM 返回对象引用，如果是远程对象，SCM 与远程 SCM 相连来获得对象引用，对服务对象接口的描述使用微软的 IDL 语言。DCOM 中可以进行静态调用，也可以进行动态调用，动态调用使用称为类型库的描述文件，而且在 DCOM 中支持在 SCM 间的分布式垃圾收集机制。

DCOM 规范提供了底层的系统服务，这些服务包括接口谈判、生命周期和事件服务等。COM/DCOM 组件目前广泛地用于 Windows 平台，由于 Windows 平台极大的市场占有率，使得 COM/DCOM 事实上已经成为一种组件标准。另外，COM/DCOM 的流行还得益于众多优秀的开发工具的支持，Visual C＋＋、Visual Basic、Delphi 等语言工具都支持 COM 组件的制作。

7.4.2　EJB

SUN 公司的 EJB（Enterprise Java Beans）技术是在 Java Bean 本地组件基础上发展起来的面向服务器端的分布式组件技术。EJB 是 SUN 公司推出的基于 Java 的服务器端组件规范 J2EF（Java 2 Platform，Enterprise Edition）的一部分，已经成为应用服务器端的标准技术。EJB 给出了系统的服务器端分布组件规范，包括组件、组件容器接口规范以及组件打包、组件配置等标准规范。EJB 技术的推出，使得用 Java 基于组件方法开发服务器端分布式应用成为可能。从企业应用多层结构角度来看，EJB 是业务逻辑层的中间件技术，提供了事务处理能力，是处理事务的核心。从分布式计算角度来看，EJB 像 CORBA 一样，提供了分布式技术的基础，提供了对象之间的通信手段，从互联网技术应用角度来看，EJB

和 Servlet、JSP 一起成为新一代应用服务器的技术标准。

EJB 技术在 Java 面向企业计算中起着重要作用。EJB 的上层分布式应用是基于对象组件模型的,底层的事务服务则采用了 API 技术、EJB 技术,简化了使用 Java 语言编写的企业应用程序的开发、配置和执行。EJB 使得开发人员开发的组件可以直接放入 Java 服务器端运行框架中执行,这些服务器端框架集中表现为容器和应用服务器。EJB 体系结构如图 7 - 3 所示。

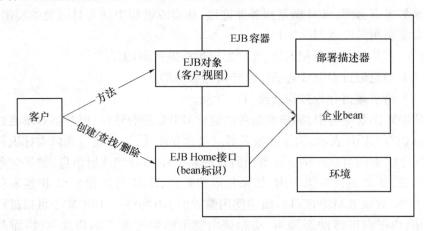

图 7 - 3　EJB 体系结构

组件模型定义了组件基本的体系结构,指定了组件接口的结构,提供了组件与容器和其他组件交互的机制。企业 Bean(Bean 即组件)部署于 EJB 服务器中的 EJB 容器中,容器好比是客户和企业 Bean 的联络点,部署时容器自动产生一个 EJB Home 接口来标识企业 Bean 类,还为每个 Bean 实例产生一个 EJB Object 接口,EJB Home 用来对企业 Bean 类实例进行创建、查找和删除。EJB Object 接口提供对 Bean 中事务方法的访问,所有的客户请求传输到 EJB Home 或 EJB Object 接口都要通过 EJB 容器解释,并为每个操作插入生命周期、事务、状态、安全和持久性规则,并且这些操作对客户和 Bean 透明,容器使用 JNDI API 自动地把 EJB Home 接口注册到目录中,客户使用 JNDI(Java Name Dictionary Interface) 定位 EJB Home 接口,创建新的 Bean 实例或查找现有的实体 Bean 实例,当创建或找到 Bean,容器返回 EJB Object 接口。EJB Object 接口提供对事务方法的访问并向客户展现所有与应用相关的接口,但是向客户隐藏容器与 Bean 间交互的接口。EJB 组件模型提了企业应用所需的不同的底层服务,如分布式通信服务、命名和目录服务、事务服务、消息服务、数据访问服务、持久性服务、资源管理服务和安全服务等。

EJB 使用 RMI(Remote Method Invocation) 协议调用远程接口,通过 RMI 高

层编程接口使得服务器对象的位置对客户透明,RMI 编译器在客户端创建一个代理(proxy),在服务器端创建一个框架(skeleton),代理和框架对象实现了所有的远程接口并透明地跨网络向远程对象分发所有的方法调用。

EJB 组件分为会话组件(session bean)和实体组件(entity bean),会话 bean 用于模拟暂态行为,会话 bean 又分为无状态会话 bean 和有状态会话 bean。实体 bean 用于模拟持久性数据。

EJB 组件以 ejb – jar 文件进行分发,部署描述器对象用来为 bean 建立运行时服务设置,指定了如何创建和维护 bean 对象,通过这些设置 EJB 容器知道如何管理和控制 bean,可以在应用装配时进行设置,也可以在应用部署时进行设置。

7.4.3　CORBA

OMG(Object Management Group)组织定义了"对象管理体系结构"(Object Management Architecture,OMA)作为分布于异构环境中对象之间交互的参考模型。CORBA(Common Object Request Broker Architecture)标准是针对对象请求代理系统制定的规范。OMA 和 CORBA 标准为分布对象计算技术提供了一个可参考的理论和实现模型。CORBA 的体系结构是基于面向对象技术的,并且是围绕着三个关键成分构建的:对象请求代理(Object Request Broker,ORB)、OMG 的接口定义语言(IDL)和基于 TCP/IP 的 ORB 互联协议(Internet Inter – ORB Protocol,IIOP)。CORBA 体系结构如图 7 – 4 所示。

CORBA 核心是对象请求代理 ORB, ORB 负责对象在分布环境中透明地收发请求和响应,它是构建分布对象应用、在异构或同构环境下实现应用间互操作的基础,是分布式对象借以相互操作的中介通道。ORB 的作用是将客户对象的请求发送给目标对象,并将相应的结果返回给发出请求的客户对象。ORB 的关键特征是客户与目标对象之间通信的透明性。在通信过程中,ORB 隐蔽了目标对象的以下内容:

(1)目标对象的位置。客户无需了解具体目标对象所在的地址,目标对象可在同一机器的相同或不同进程中,也可在网络上另一机器的进程中。

(2)对象实现的方式。客户无需了解具体目标对象是如何实现的,用何种语言写成的,也无需了解该对象所在的操作系统和具体的硬件环境。

(3)对象执行的状态。当客户发送请求时,它无需了解目标对象当前是否处于激活状态,若有必要 ORB 可透明地激活该对象。

(4)对象通信机制。客户无需了解 ORB 使用何种底层通信机制来发送请求和响应回答(如 TC P/IP、共享存储器及本地方法调用等)。

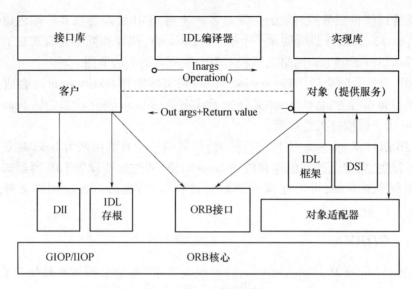

图 7 - 4　CORBA 体系结构

　　OMG 接口定义语言 IDL 用于定义对象的接口。IDL 定义可以储存在一个接口库中,客户端可以使用接口库进行类型检查以及动态执行接口操作,一个对象的接口指定该对象所支持的类型和操作,客户在构造请求时,必须了解对象的接口。IDL 仅为一个说明式语言,不是一个全面的程序设计语言,因此,IDL 本身并不提供诸如控制结构这样的特征,IDL 也不能直接用于实现分布式应用;相反,客户和对象的实现是采用具体的程序设计语言完成的。语言编译器是决定 IDL 的内容如何映射为具体程序设计语言的设施。IDL 编译器将具体接口翻译为目标语言代码。目前,OMG 已完成了从 C、C + +、Java、Smalltalk 等语言映射的标准化工作。

　　OMG IDL 编译器除了生成目标语言类型外,同时生成客户端的存根(stub)和服务端的框架(skeleton)。存根是一个可有效创建和发送客户端请求的机制,而框架是一个可将客户端请求传送至服务端 CORBA 对象实现的机制。因为存根和框架是直接从 CORBA 对象接口的 OMG IDL 描述中编译而得到,故存根和框架通常与特殊对象接口相关。通过存根和框架发送和传递请求的方式常称为静态调用。存根和框架被直接嵌入客户应用和对象实现,因此,它们具有需要调用的 CORBA 对象接口的所有静态信息。

　　除了使用存根和框架的静态调用方式外,CORBA 提供了动态调用接口(Dynamic Invocation Interface, DII)和动态框架接口(Dynamic Skeleton Interface, DSI),前者支持动态客户请求调用,而后者支持将请求动态指派给对象,客户程序可通过使用 DII 对任何对象进行请求调用,客户在激活服务器对象之前必须在接口库中获得服务器对象的描述而无需持有对象的编译信息。

CORBA 对象适配器(adapter)的作用是适配对象实现和 ORB 本身的连接。adapter 本身是一个对象,它使被调用对象的接口适配于调用对象所期望的接口。CORBA 对象的调用流程分为以下几个步骤:

(1) 服务器对象在对象适配器中注册,此后它可以接收客户发出的请求。对象输出它的对象引用使得它可以被访问。

(2) 客户输入服务对象的对象引用并把它转化为本地对象。

(3) 客户请求通过 IIOP(Internet Inter – ORB Protocol)协议传输。

(4) 服务器接收请求并解码,然后传输给对象适配器,由对象适配器选择正确的目标对象。

(5) 请求提交给服务器对象并接受处理。

CORBA 中客户端 ORB 和服务器端 ORB 通过 IIOP 协议通信。IIOP 规范还通过使用 CDR(Character Data Representation)数据格式化规则定义了一套消息类型,这些消息类型支持 CORBA 核心规范中所有的 ORB 语义。另外还定义了最基本的对象服务和公共设施。对象服务包括最基本和最常用的服务内容,如名字服务、事件服务等,而公共设施则包括用户界面、信息管理、系统管理和任务管理等。

7.4.4　组件模型比较

CORBA、COM/DCOM 和 EJB 从本质上为基于组件的软件开发提供了类似的体系结构,通过抽象和隐藏网络问题而解决了复杂的网络交互,使开发者能够致力于特定的事务逻辑。三种平台因为其形成的历史背景和商业背景有所不同,各有自己的特点,但在它们之间也有很大的相通性和互补性。EJB 提供了一个概念清晰、结构紧凑的分布计算模型和组件互操作的方法,为组件应用开发提供了相当的灵活性。CORBA 是一种集成技术,而不是编程技术,它提供了对各种功能模块进行组件化处理并将它们捆绑在一起的粘合剂。COM/DCOM 是使用最广泛的组件软件模型。三种组件模型在机制上的相似性表现在以下方面:第一,三个模型都强调组件通过其接口提供服务,接口是组件与外界交互的唯一渠道,构成了客户和服务器之间的契约;第二,三个模型指定组件是软件包或黑盒模块;第三,三个模型中都提供了解决组件互连的方法;第四,为了实现位置透明性,三个模型在客户端和服务器端分别提供代理对象,这使得客户方和服务器方都能严格按照本地调用协定进行调用,不用考虑远程的实现和调用;最后,三个模型均提供了可变性机制,允许通过接口特化组件,如继承和聚合。

同时三种组件模型又各有自己的技术特点,在具体的实现方法和细节上存在不兼容性,造成这种不兼容性的主要原因是:底层模型的不同以及它们表示和使用软件对象方式的差异。具体表现在:

1. 对象标识的差异性

对象标识可以认为是在分布式环境中标识对象的一种方法,通过对象标识符来识别每一个对象,对于不同的系统来说,区别对象采用的对象标识符也是不同的。对于 CORBA 来说主要是采用了对象和接口的名称;DCOM 采用的是GUID , GUID 是在 Window 系统注册管理中采用的标识方法;EJB 采用的是基于URL 的对象名称和接口名称。

2. 对象引用和对象存储的差异性

分布式对象系统中,客户方如果想调用某一个对象的操作,它必须首先获得关于对象的接口信息。客户方必须能够识别对象的名称,它必须知道到哪里去寻找以及如何获取对象的接口信息。在 CORBA 中,IDL 编译器产生了客户方的存根和服务器方的框架,它们可以静态调用所需要的信息。对于动态调用来说,客户方和服务器方可以通过访问在接口库中的信息来完成。在 CORBA 中还可以通过命名服务来完成对象的定位和查找。在 DCOM 中,服务方对象的绑定是通过系统注册来完成的。客户方可在注册表中寻找到所需要的 DCOM 组件。在 EJB 中,服务方创建了对象并且通过使用 naming. rebind( ) 函数将它绑定到RMIRegistry 中,客户方可从服务器方的注册表中获得一个对象的引用。

3. 数据传输的差异性

CORBA 主要是使用了 GIOP(General Inter – ORB Protocol) 协议,具体实现一般使用的是基于互联网的 IIOP 协议,也就是说,IIOP 把 GIOP 消息数据映射为 TCP/IP 连接行为和输入/输出流;DCOM 使用的协议是 RPC;EJB 使用的是JRMP(Java Remote Method Protocol) 和基于 IIOP 的 RMI。

第8章　软件可靠性设计与评估技术

8.1　软件可靠性基础

8.1.1　软件可靠性的基本概念

8.1.1.1　软件失效机理

　　错误(error)一般是指软件开发者在开发过程中所犯的人为错误,正是由于这些人为的错误,才使开发出的软件中存在问题,也才使它在其应用环境中运行时表现出故障现象。人们于是又将软件中客观存在的、静态的错误存在形式称为缺陷(defect)。软件缺陷(software defect)是指存在于软件中那些不期望或不可接受的偏差,其结果是当软件运行于某一特定条件时将出现软件故障(software fault)(软件缺陷被激活)。软件缺陷以一种静态的形式存在于软件内部,是软件开发过程中人为错误的结果。因为缺陷的客观存在,软件系统的实际行为——作为存在缺陷的软件的运行结果,就必定会偏离事先规定的行为要求,这种现象就称为故障。因此,软件故障是一个相对于缺陷而言的一种动态概念,它们只有当软件在其应用环境中运行时才能被观察到。举一个例子,假定一个程序没有被启动,那么该程序就违背了其应具有的运行状态,这就是一个故障。与这个故障相对应的错误可理解为设计人员或程序员遗漏了设置变量初始化指令,而与这个故障相对应的缺陷可理解为程序本身未含设置变量初始化指令。

　　值得进一步说明的是,软件故障是在软件运行过程中出现的一种不期望或不可接受的内部状态,此时若无适当措施加以处理(如容错)就会产生软件失效(software failure)。软件失效是软件对要求行为的偏离,是软件运行时产生的一种不期望或不可接受的外部行为结果。失效同样是动态产生的,必须通过执行程序才会发现。

　　虽然软件故障和软件失效都表现为一种动态行为,但是它们之间还是有差别的。首先,在某种意义上讲,软件故障和软件失效代表了软件两个不同层次的问题,软件故障是软件的内部问题,是软件开发人员能够察觉到的问题;而软件失效是软件的外部问题,是用户能够察觉到的问题。其次,可以认为软件故障和软件失效都是由软件缺陷导致的,但是,对于具有容错(fault tolerance)能力的软件而言,软件缺陷必然导致软件故障而不一定导致软件失效;对于无容错能力的软件而言,发生故障即失效。

综上所述,软件失效机理可以描述为:软件错误是一种人为错误,一个软件错误必定会产生一个或多个软件缺陷;当一个软件缺陷被激活时,便产生一个软件故障。同一个软件缺陷在不同的条件下被激活,可能产生不同的软件故障;软件故障如果没有及时的容错措施加以处理,便不可避免地导致软件失效,同一个软件故障在不同条件下可能产生不同的软件失效。

8.1.1.2 软件可靠性

软件系统在特定的环境(条件)下,在给定的时间内,不发生故障地工作的概率称为该软件系统的可靠度,而这种性质,就称为软件系统的可靠性。以 E 表示特定的环境,t 表示给定的时间,设系统从时间 0 开始运行,直到 T 时刻发生故障,则

$$R(E,t) = P_r\{T > t|E\}$$

就表示软件系统在特定的环境 E 下的、正常工作到时刻 t 时的概率。其中,T 是从时刻 0 开始,软件系统运行到发生故障的时间。

通常,特定环境 E 表示软件系统的运行环境,对于特定的软件系统而言,一般是确定和不变的。因此可以把可靠度函数 $R(E,t)$ 简写为 $R(t)$。

我们知道,一个事件 A 的概率是赋予这个事件的一个数 $P(A)$,它可以解释为:如果实验重复进行 n 次,事件 A 发生 n_A 次,则当 n 足够大时,A 发生的相对频率 n_A/n 以高度的确定性接近 $P(A)$ 表示。用公式表示为 $P(A) \approx n_A/n$。

那么,上述软件可靠性定义中的概率性质体现在什么地方呢?是否可以像测试硬件可靠性那样,在一批生产出来的相同软件产品中,随机地抽取若干个进行测试,根据故障发生的相对频率来确定软件的可靠性?答案是否定的。按一般意义的理解,软件产品可靠性中的概率性质主要体现在输入的选取上。

现在我们从操作剖面(operational profile)的角度给出软件可靠性的另一个定义。操作剖面是对系统使用条件的定义。也就是说,系统的输入值都是按时间的分布或按它们在可能输入范围内出现概率的分布来定义的。如果把软件(程序)看作输入空间到输出空间的映射,那么软件运行出错就是由于软件未将某些输入映射到人们所期望的输出上去。假设:输入空间有 I 个点,那么当点 i 输入时软件可能正确运行也可能不正确,引入一个变量 Y 表示运行结果,当输入点 i 时软件运行正确,则 $Y(i) = 1$;当输入点 i 时软件运行不正确,则 $Y(i) = 0$。

在特定的应用中,设 $P(i)$ 为输入点 i 出现的概率,则在这一特定应用中的一次输入导致程序正确运行的概率为

$$\sum_{i=1}^{I} P(i) Y(i)$$

由此可得

$$R(t) = \Big[\sum_{i=1}^{I} P(i) Y(i) \Big]^{n}$$

其中，n 是在时间区间 $(0, t)$ 内程序总共运行的次数。

　　这种描述软件可靠度的方法，的确从本质上反映了软件可靠度定义的概率性质，但是它对实际确定软件的可靠度意义不大。主要问题在于，第一，输入空间 I 的大小即使不是无穷大，通常也是十分大的数字；第二，也是更重要的一点就是，在某一特定的应用中如何来确定 $P(i)$ 的大小，也是一件十分困难的工作。

　　下面给出基于运行的软件可靠性的第三种定义。设 n 表示在一特定应用中程序实际运行的次数，C_n 表示在 n 次运行中正确运行的次数，则 $\lim\limits_{n\to\infty}\dfrac{c_n}{n}$ 就表示一次运行正确的概率，于是有 $R(t) = \Big[\lim\limits_{n\to\infty}\dfrac{c_n}{n} \Big]^{r}$，其中，$r$ 是在时间区间 $(0, t)$ 内程序运行的总次数。

　　上述三种定义可以认为是从一般意义、基于操作剖面和基于运行等三个角度给出的。下面我们从故障率（hazard rate）的角度给出软件可靠性的第四种定义。

　　故障率也称为风险函数（hazard function），一般用 $\lambda(t)$ 表示，定义为软件正确运行到时刻 t 时，单位时间内软件发生故障的概率（实际上，$\lambda(t)$ 应该是条件概率密度，真正的条件概率是 $\lambda(t) \cdot \Delta t$）。

　　如果以 T 表示从 0 开始运行一个软件直到软件发生故障为止所经过的时间，则对于不同的软件运行，T 的值显然是不同的，因而可以断定 T 是一个连续型的随机变量。于是有 $\lambda(t) \cdot \Delta t = P_r\{t < T \leqslant t + \Delta t \mid T > t\}$。推导可得 $R(t) = \exp\Big[-\int_{0}^{t}\lambda(x)\,\mathrm{d}x \Big]$。

　　上式描述了风险函数 $\lambda(t)$ 与可靠度函数 $R(t)$ 的关系。可以看出，一旦知道了 $\lambda(t)$，则软件的可靠性即可计算出来。

8.1.2　软件可靠性的特点及其与硬件可靠性的区别

　　软件中的故障源是在设计阶段的人为因素所产生的缺陷，而硬件中的故障源则是因物理性能的恶化所造成的。为研究软件可靠性而开发出来的概念、理论，可以实际地应用到任何的设计活动中去，其中当然也包括对硬件的设计。但是,软件可靠性的概念毕竟不同于传统的硬件可靠性概念,其具体的体现之一就在于,软件中出现的故障不能归因于硬件所特有的"运行损耗"。一旦软件(设计)上的缺陷需要修改,一般地说,凡在它出现的所有地方都必须进行相应的修复。也就是说,对软件的修复,直接的结果就是要改变软件本身的结构,而且不论局部的或全局的影响都要考虑到。但对于硬件而言,即便是同种类的元器件,发生故障的地方也只是局部性的。从时空概念上来看,软件无论放多长时间,它是什么样还是什么样,无论复制多少份,只要进行复制的硬件环境不发生故障,它们都是一个样。但硬件一方面存在"自然老化"现象,一方面在批量生产时,因生产过程中众多环节上某些变动,它们的质量是存在一定离散性的。

通常软件故障只有当程序所面临的环境并非是为设计或测试该程序所期望的特定环境时才会出现。这里的环境当然不是指硬件环境和系统软件环境,如RISC 架构的计算机和 UNIX 操作系统等。这些环境不同了,软件根本就无法运行。这里环境是指:软件的使用条件、承担的任务、输入数据的范围等。在实践当中,大量可能出现的状态和大量可能的输入(甚至是无限的输入空间)使得对于程序要求的完全理解、完美的实现以及完全的测试,都成为理论上的空话,不可能真正做到,从而,使得软件可靠度基本上只是我们对于软件在设计、生产的过程中,以及在它所预定环境中具有的能力置信度的一个测度罢了。

虽然发生于软件系统的故障过程与发生于硬件系统的故障过程不同,但是它们对于系统所造成的结果是相同的,这就是为什么软件可靠性理论能够以类似于硬件可靠性理论的方式来建立的原因之所在。

关于软件可靠性理论与硬件可靠性理论的关系,要把握以下两点:第一,软件可靠性理论是可靠性理论在软件系统上的特殊应用,它们在许多地方有着相通之处,但也各有其特殊性的一面。在研究软件可靠性理论时,一方面要应用许多可靠性理论的知识,但应时刻记住软件可靠性的特殊性。第二,在从硬件可靠性理论向软件可靠性理论的类推过程中,一定要强调它们不同的地方,切莫太注重它们的共同点,以致产生"一切都可以借鉴硬件可靠性理论"的误解。

概括起来,软件可靠性与硬件可靠性的区别主要如下:

(1)软件可靠性在意义上区别于硬件可靠性,它主要关心的实际上是软件的设计质量。

(2)硬件失效是物理变化的结果,即故障的物理过程;软件失效则是因为设计过程中引入程序中的错误所产生的结果。

(3)硬件有损耗,软件没有,不存在关于软件的浴盆曲线。

(4)关于硬件可靠性已有完整的数学理论加以描述,但对于软件可靠性的数学理论尚待建立。

（5）硬件有风险函数,软件相对地有错误函数。

（6）对于估测目的,可靠性增长是一种设计现象,关于许多技术,硬件和软件都可应用。

（7）事先估计可靠性、测试和可靠性的逐步增长等技术,对于硬件和软件在意义上是不同的。

（8）大多数用于硬件可靠性的冗余技术并不能用以改进软件可靠性。

（9）用于硬件防止发生故障的预防性维护技术,对于软件并不适用,因为软件并不会产生物理失效。

（10）硬件的纠错维护是通过修复失效的系统以重新恢复系统功能,而软件只有通过再设计。

（11）对数正态分布是用于描述硬件修复时间的,而对软件是不适用的。

（12）软件故障不能像硬件那样采用断开失效部件的办法来克服。

8.1.3　软件可靠性模型的作用及意义

软件可靠性模型是随机过程的一种表示,或者说软件可靠性模型可以通过随机过程的形式反映。可以将软件可靠性或与软件可靠性直接有关的量,如平均无故障时间或故障率等表示成时间以及软件产品的特性,或者开发过程的函数。软件可靠性模型通常描述了软件可靠性对软件产品特性或开发过程各变量的依赖关系。其描述的形式则通常由已知的故障数据出发所作的统计推断过程来确定。对于软件的模块、子系统、系统都可以应用软件可靠性模型。

为了给软件可靠性的评估建立数学模型,应首先考虑影响到评估的基本要素。它们是:错误引入软件的方式、排错的实际过程以及程序运行的环境。错误的引入主要依赖于已开发出的程序代码的特性(程序代码开发出来主要是为了实际的应用以及对程序的修改过程)以及开发过程的特性。最明显的代码特性就是程序代码的长度。开发过程特性包括软件工程技术、使用的工具以及开发者个人的业务经历。有一点必须注意的是:程序既可以开发出来用以增加软件的功能,也可以开发出来用于排错。排错依赖于用于排错的时间、排错时的运行环境、用于排错的输入数据以及修复行为的质量。环境则直接依赖于操作剖面。操作剖面主要指各种类型的运行出现的概率,而它们则由各自的输入状态描述其各种运行的性质。因为上述各基本要素大多具有随机性且均与时间有关,所以软件可靠性评估模型大多都处理成随机过程的形式。模型与模型之间,大多根据故障时间或已发生的故障次数的概率分布来加以区分,也可以根据与时间有关的随机过程的不同处理方式来加以区分。

一个好的软件可靠性模型还应描述出上述诸基本要素间的依赖关系以及与

总的故障过程的关系。根据定义,我们已假定模型以时间为基础(这并不等于说不以时间为基础的模型就不能用)。用不同的数学公式描述故障过程的可能性几乎是没有什么限制的。我们仅限于研究那些具有实际数据、应用广泛和得到合理结果的模型。一般通过下述方式来确立一般形式模型中的参数值,以建立特定形式的模型。

(1)估计模型参数——将统计推断过程应用于程序运行过程中产生的故障数据;

(2)预测程序将来的故障行为——由软件产品的特性和它的开发过程来进行判断(这可以在程序的任何执行之前进行)。

在特定形式参数的确定中,总存在着某种不确定性。可以考虑采用置信区间的概念来予以解决。置信区间就是指对于给定的一个确定的置信度,待估计的参数值确切地可以落在某个范围之内。

一旦确立了数学表达式,对许多不同的故障特性都能加以判定。对于各种不同的模型,它们分别采用了许多不同的表达式:

(1)在任一时刻所发生的故障的平均数;

(2)在一时间区间内发生的故障的平均数;

(3)在任一时刻的故障密度;

(4)故障间隔的概率分布。

一个好的软件可靠性模型应有一系列重要的性质:

(1)对于将来的故障行为能给出好的预测;

(2)对有用的量能进行计算;

(3)简单明了;

(4)具有广泛的应用;

(5)它应在合理的、与实际情况完全吻合的或十分接近的假设基础上得出。

在对将来的故障行为进行预测时,应保证模型参数的值不发生变化。如果在进行预测时发现引入了新的错误,或修复行为使新的故障不断发生,就应停止预测,并等至足够多的故障出现以后,再重新进行模型参数的估计。否则,这样的变化会因为增加问题的复杂程度而使模型的实用性降低。

一般说来,软件可靠性模型是以在固定不变的运行环境中运行的不变程序作为估测实体的。也就是说,模型一般假设程序的代码和操作剖面都不发生变化,但事实上往往总要发生变化,于是在这种情况之下,就应采取分段处理的方式来进行工作。如果能保持一个不变的操作剖面,则程序的故障密度可假定为一个常数。

8.2　软件可靠性模型

软件可靠性模型可适用于软件设计阶段、软件测试阶段和软件确认阶段,其目的在于定量估计和预测软件可靠性行为。一个软件可靠性模型通常(但不是绝对)由模型假设、性能度量、参数估计方法、数据要求四部分组成。

鉴于影响软件可靠性的主要因素大多具有随机性且均与时间有关,所以软件可靠性模型大多处理成随机过程的形式。"随机"仅在精确值未知的意义上指"不可预计的",但平均值和离差是可知的;它也不意味着"不受其他变量影响"。尽管故障的发生是随机性的,但它无疑受测试强度和使用剖面等因素的影响。随机性的两个主要原因:首先,错误在程序中的位置是未知的,这是由于软件设计开发过程造成差错而引出的错误是复杂而难以预计的;其次,程序执行条件一般是不可预料的。

利用软件可靠性模型可以做两件事:第一,估计模型参数——将统计推断过程应用于程序运行过程中产生的故障数据。第二,预测程序将来的故障行为——由软件产品的特性和它的开发过程来进行可靠性判断。估计和预测总存在某种不确定性,一般采用置信区间的概念表示这种不确定性。

随机过程类的软件可靠性模型主要包括马尔可夫过程模型(Markov Process Model)和非齐次泊松过程模型(Non – Homogeneous Poisson Process Model, NHPP)。一般都假定故障出现率在软件无改动的区间内是常数,并且随着故障数目的减少而下降,这样的模型属于马尔可夫过程模型,J – M 模型是最具代表性的马尔可夫过程模型;另外,排错过程中的累积故障数目作为时间的函数 $N(t)$,在一定条件下可以近似为一个非齐次泊松过程,这一类的数学模型属于非齐次泊松过程模型,G – O 模型是最著名的 NHPP 模型,它是由 Goel 和 Okumoto 在 1979 年提出的。Musa 的执行时间模型,究其实质应划入马尔可夫过程类;而 Musa – Okumoto 的对数泊松执行时间模型,应归入非齐次泊松过程模型。但它们都是以程序的执行时间,即以 CPU 时间为基本的测度,所以把它们单独作为一类模型予以比较研究。

8.2.1　Jelinski – Moranda 模型

1. 基本假设

A1. 程序中的固有缺陷数 N_0 是一个未知的常数。

A2. 程序中的各个缺陷是相互独立的,每个缺陷导致系统发生故障的可能性大致相同,各次故障发生间隔时间也相互独立。

A3. 测试中检测到的缺陷,都被排除,每次排错只排除一个缺陷,排除时间可以忽略不计,排错过程中不引入新的缺陷。

A4. 程序测试环境与预期的使用环境相同。

A5. 程序的失效率在每个失效间隔时间内是常数,其数值正比于程序中残留的缺陷数,在第 i 个测试区间,其失效率函数为

$$\lambda(x_i) = \Phi(N_0 - i + 1) \tag{8-1}$$

式中: Φ 为比例常数; x_i 为第 i 次失效间隔中以 $i-1$ 次失效为起点的时间变量。

2. 基本公式

在假设的基础上,运用可靠性工程学的基础理论,Jelinski 和 Moranda 建立了 J-M 模型。J-M 模型认为,以第 $i-1$ 次失效为起点的第 i 次失效发生的时间是一个随机变量 x_i,它服从以 $\Phi(N_0 - i + 1)$ 为参数的指数分布,其密度函数为

$$f(x_i) = \Phi(N_0 - i + 1)\exp\{-\Phi(N_0 - i + 1)x_i\} \tag{8-2}$$

其分布函数为

$$F(x_i) = 1 - \exp\{-\Phi(N_0 - i + 1)x_i\} \tag{8-3}$$

其可靠性函数为

$$R(x_i) = \exp\{-\Phi(N_0 - i + 1)x_i\} \tag{8-4}$$

3. 参数估计

在式(8-2)中有两个未知参数 N_0 和 Φ,只有在确定了 N_0 和 Φ 之后,式(8-2)才真正具有实用价值。确定参数 N_0 和 Φ 的前提是必须从开发过程中获得有关的数据,然后用统计学中的最大似然法或最小二乘法求出 N_0 和 Φ 的估计值。

8.2.2 G-O 非齐次泊松过程模型

1. 基本假设

A1. 软件是在与预期的操作环境相似的条件下运行的。

A2. 在任何时间间隔内检测到的故障数是相互独立的。

A3. 每个故障的严重性和被检测到的可能性大致相同。

A4. 在 t 时刻检测出的累积故障数[$N(t), t \geq 0$]是一个独立增量过程,$N(t)$ 服从期望函数 $m(t)$ 的泊松分布,在 $(t, t + \Delta t)$ 时间区间中发现的故障数的期望值正比于 t 时刻剩余故障的期望值。

A5. 累积故障数的期望函数 $m(t)$ 是一个有界的单调增函数,并满足:

$$\begin{cases} m(0) = 0 \\ \lim_{t \to \infty} m(t) = a \end{cases} \tag{8-5}$$

式中:a 为最终可能被检测出的故障总数的期望值。

2. 基本公式

对于任意一个足够小的时间区间$(t, t + \Delta t)$,根据假设 A4 可得

$$m(t + \Delta t) - m(t) = b(a - m(t)) \cdot \Delta t + o(\Delta t) \tag{8-6}$$

式中:$o(\Delta t)$ 为 Δt 的高阶无穷小;b 为比例常数。

在 $o(\Delta t)$ 忽略不计时,有

$$b = \frac{m(t, t + \Delta t) - m(t)}{(a - m(t)) \cdot \Delta t} \tag{8-7}$$

即常数 b 等于在$(t, t + \Delta t)$区间检测到的故障数和 t 时刻剩余故障数之比除以时间区间长度 Δt,可见 b 是剩余故障的相对发生率。

从式(8-7)可得期望函数 $m(t)$ 满足下列微分方程:

$$m'(t) + b \cdot m(t) - a \cdot b = 0 \tag{8-8}$$

用初始条件 $m(0) = 0$,解出

$$m(t) = a(1 - e^{-bt}) \tag{8-9}$$

按假设 A4 得到

$$P_r\{N(t) = k\} = \frac{(m(t))^k}{k!} e^{-m(t)} \tag{8-10}$$

用 $\lambda(t)$ 表示故障强度函数,则

$$\lambda(t) = m'(t) = ab \cdot e^{-bt} \tag{8-11}$$

用 $N_r(t)$ 表示在 t 时刻的软件剩余故障数,即

$$N_r(t) = N(\infty) - N(t) \tag{8-12}$$

则 $N_r(t)$ 的期望值为

$$E(N_r(t)) = m(\infty) - N(t) = a \cdot e^{-bt} \tag{8-13}$$

软件发生第 n 次故障后可靠性函数为

$$R_{n+1}(x \mid T_n = s) = P\{X_{n+1} > x \mid T_n = s\}$$
$$= \exp\{-a[e^{-bt} - e^{-b(s+x)}]\}$$
$$= \exp\{-m(x) \cdot e^{-bt}\} \tag{8-14}$$

3. 参数估计

由最大似然估计可推导出两个联立方程:

$$\begin{cases} a(1 - e^{-bt_m}) = n_m \\ at_m e^{-bt_m} = \sum_{i=1}^{n} \frac{(n_i - n_{i-1})(t_i e^{-bt_i} - t_{i-1} e^{-bt_{i-1}})}{e^{-bt_{i-1}} - e^{-bt_i}} \end{cases} \tag{8-15}$$

用数值计算法可以解出 a 和 b,也就得到了这两个参数的点估计值 $\hat{a}$ 和 $\hat{b}$。

8.2.3 Musa 执行时间模型

Musa 模型由 Musa 于 1975 年提出,此后获得了较广泛的应用。该模型以 CPU 时间为基础描述程序的可靠性特征,建立了 CPU 时间与日历时间的联系,并建立了程序的可靠性特征与测试过程资源消耗的关系。

1. 基本假设

Musa 模型假设的基本内容如下:

A1. 故障的检测是相互独立的。

A2. 所有的软件故障都能观察到。

A3. 各次故障间隔时间分段服从指数分布,即在任何一个测试区间内故障率为常数,进入下一个区间故障率改变为另一个常数。

A4. 故障率正比于程序中残留的缺陷数。

A5. 测试中故障改正率正比于故障发生率。

A6. 故障识别人员、故障改正人员和 CPU 时间这三项资源的数量在测试过程中是固定的。

A7. 在测试过程中,故障识别人员可以充分使用的计算机机时是常数。

A8. 测试过程中故障改正人员的使用要受故障排队长度的影响,故障排队长度可由假定故障改正过程服从泊松过程得出,所以故障排队长度也是一个随机变量。

A9. 程序的 MTBF 从 T_1 增加到 T_2 时,资源消耗增加量可近似的表示为

$$\Delta\gamma_k \approx \theta_k \cdot \Delta\tau + \mu_k \cdot \Delta m \qquad (8-16)$$

式中:$\Delta\gamma_k$ 为指第 k 项资源消耗增量;$\Delta\tau$ 为执行时间增量,用 CPU 时间表示;Δm 为故障次数增量;θ_k 为第 k 项资源消耗的时间系数;μ_k 为第 k 项资源消耗的失效系数。

在这九项假设中,前五项是研究软件的可靠性特征所必需的假设,后面四项假设仅在研究软件可靠性特征与资源消耗的关系时用到。

2. 基本公式

设 N_0 为程序中固有缺陷数,n 为在测试时间 τ(CPU 时间)中已改正的缺陷数,则按照假设 A5,程序在 τ 时刻的故障率为

$$\lambda(\tau) = f \cdot K \cdot (N_0 - n) \qquad (8-17)$$

式中:f 为线性执行频率,即指令平均执行率与程序中指令总数之比;K 为比例常数。

按照假设 A6,可得

$$\frac{\mathrm{d}n}{\mathrm{d}\tau} = B \cdot C \cdot \lambda(\tau) \tag{8-18}$$

式中:B 是缺陷递减因子(缺陷改正率与故障发生率的平均比值),B 取正值,通常小于 1,因为缺陷改正率通常小于故障发生率。有时一个故障发生后,可能找出和改正几个缺陷,这时 B 大于 1。C 是测试压缩系数,C 的数值可用测试状态下故障发生率与使用状态下故障发生率之比来决定。

由于在测试状态下具有比使用状态下更强的发现故障的能力,因此 C 通常大于 1。从式(8-17)和(8-18)可得

$$\frac{\mathrm{d}n}{\mathrm{d}\tau} + B \cdot C \cdot f \cdot K \cdot n = B \cdot C \cdot f \cdot K \cdot N_0 \tag{8-19}$$

设 m 为改正 n 个缺陷所经历的故障次数,M_0 表示改正全部 N_0 个缺陷所需的故障次数,则

$$\begin{cases} n = B \cdot m \\ N_0 = B \cdot M_0 \end{cases} \tag{8-20}$$

从式(8-19)可得

$$\frac{\mathrm{d}m}{\mathrm{d}\tau} + B \cdot C \cdot f \cdot K \cdot m = B \cdot C \cdot f \cdot K \cdot M_0 \tag{8-21}$$

由于 $\tau = 0$ 时 $n = m = 0$,所以式(8-19)和(8-21)式的解为

$$\begin{cases} n = N_0(1 - \exp(-B \cdot C \cdot f \cdot K \cdot \tau)) \\ m = M_0(1 - \exp(-B \cdot C \cdot f \cdot K \cdot \tau)) \end{cases} \tag{8-22}$$

由此可得

$$\begin{aligned} MTTF &= 1/\lambda(\tau) = 1/(f \cdot K \cdot (N_0 - n)) \\ &= 1/(f \cdot K \cdot N_0 \exp(-B \cdot C \cdot f \cdot K \cdot \tau)) \end{aligned} \tag{8-23}$$

用 T_0 表示测试开始 $\tau = 0$ 时的 MTTF:

$$T_0 = 1/\lambda(0) = 1/(f \cdot K \cdot N_0) \tag{8-24}$$

3. 参数估计

要用 Musa 模型进行可靠性分析,首先必须知道模型参数的数值。在测试初期,可用的数据量很少,难于对模型参数值做出较准确的估计。Musa 认为在这种情况下参数的初始值可由其他具有相似性质的程序获得,随着测试的发展,数据占有量逐渐增加,可以修正或重新估计参数值。Musa 建议缺陷递减因子 B 的初始取值范围为 0.94 ~ 1.00。对于测试压缩系数 C,如果没有其他数据可供

参考,可采用偏保守的估计。令 $C = 1$, M_0 的初始值可由式(8 – 20)推出。式(8 – 20)中的初始值 N_0 可以从具有相似性质的程序中获得。

当故障数据足够多时,模型中的参数 M_0、T_0 可用最大似然法求出:

$$\begin{cases} \dfrac{m}{T_0} - \dfrac{C}{T_0^2} \sum_{i=1}^{m} \left(1 - \dfrac{i-1}{M_0}\right) \tau_i = 0 \\ \sum_{i=1}^{m} \dfrac{1}{M_0 - i + 1} - \dfrac{C}{M_0 T_0} \sum_{i=1}^{m} \tau_i = 0 \end{cases} \qquad (8-25)$$

由上面两式用数值计算法解出 M_0、T_0 值,就得到它们的点估计值 $\hat{M}_0$, $\hat{T}_0$。由此可得未知数 K 的估计值 $\hat{K}$:

$$\hat{K} = \frac{1}{f \cdot B \cdot \hat{T}_0 \cdot \hat{M}_0} \qquad (8-26)$$

8.2.4　Littlewood – Verrall 模型

1. 基本假设

A1. 软件的测试剖面和运行剖面相同。

A2. 所有软件的故障等级相同。

A3. 相邻故障的间隔时间 X_i, $i = 1, 2, \cdots, n$, 构成一列独立随机变量,概率密度函数是以 λ_i 为条件的指数分布:

$$f(x_i \mid \lambda_i) = \lambda_i \exp(-\lambda_i x_i) \qquad (8-27)$$

A4. λ_i 假定为一随机变量,它服从形参 α 和标参 $\psi(i)$ 的 Gamma 分布,即 λ_i 的概率密度函数为

$$g(\lambda_i) = \frac{[\Psi(i)]^\alpha \lambda_i^{\alpha-1} e^{-\lambda_i \Psi(i)}}{\Gamma(\alpha)} \qquad (8-28)$$

其中 $\Psi(i)$ 是可靠性增长函数, $\Psi(i) = \beta_0 + \beta_1 i$ 或 $\Psi(i) = \beta_0 + \beta_1 i^2$, $\beta_0, \beta_1 > 0$ 用以描述软件开发人员的质量和开发任务的难易程度。

2. 基本公式

根据全概率公式,X_i 的概率密度函数为

$$f(x_i \mid \alpha, \Psi(i)) = \int_0^\infty f(x_i \mid \lambda_i) g(\lambda_i) \mathrm{d}\lambda_i$$

$$= \int_0^\infty \lambda_i e^{-\lambda_i x_i} \frac{[\Psi(i)^\alpha \lambda_i^{\alpha-1} e^{-\lambda_i \Psi(i)}}{\Gamma(\alpha)} \mathrm{d}\lambda_i$$

$$= \frac{\alpha [\Psi(i)]^{\alpha}}{[x_i + \Psi(i)]^{\alpha+1}} \tag{8-29}$$

这是 Pareto 分布。

第 $i-1$ 个失效之后软件可靠性函数为

$$R(x_i) = P\{X_i > x_i\} = \left[\frac{\Psi(i)}{x_i + \Psi(i)}\right]^{\alpha} \tag{8-30}$$

第 $i-1$ 个失效之后软件 MTTF 为

$$\mathrm{MTTF}_i = E[X_i] = \int_0^{\infty} R(x_i)\,\mathrm{d}x_i = \frac{\Psi(i)}{\alpha-1} \tag{8-31}$$

第 $i-1$ 个失效之后软件危害率函数为

$$\lambda_i(x_i) = \frac{R'(x_i)}{R(x_i)} = \frac{\alpha}{x_i + \Psi(i)} \tag{8-32}$$

8.2.5　Seeding 模型

种子撒播/加标记(Seeding/Tagging)模型又称为故障植入模型,通常用于估计动物群体或鱼群中的个体数。Mills 将 Seeding 模型用于估计软件中的缺陷个数。将一程序人为地加入若干个缺陷,然后交由排错员排错,但加入的缺陷他事先不知道。在排错的记录中,人为加入的缺陷很可能只被查出一部分,这就是 Seeding 模型的基本作法。

1. 基本假设

A1. 程序中的固有缺陷数是一个未知的常数。

A2. 程序中的人为缺陷是按均匀分布随机植入的。

A3. 程序中的固有缺陷及人为缺陷被检测到的概率相同。

A4. 检测到的缺陷立即改正。

2. 基本公式

Seeding 模型本身并不包含时间变量,因此模型既可用于上机运行测试,也可用于人工查错及若干种方法联合使用的场合,但是模型无法直接得出程序的失效率、MTBF 等可靠性参数。

8.2.6　Nelson 模型

Nelson 模型是重要的软件可靠性模型之一,在软件确认阶段获得众多应用, Nelson 模型是数据域软件可靠性模型的代表。

1. 基本假设

A1. 程序被认为是集合 E 上的一个可计算函数 F 的一个规范，这里

$$E = (E_i, i = 1, 2, \cdots, N) \qquad (8-33)$$

表示用于执行程序的所有输入数据的集合。一个输入数据对应一个程序执行回合。

A2. 对每个输入，程序执行产生输出 $F(E_i)$。

A3. 由于程序包含缺陷，程序实际确定函数 F'，该函数不同于希望函数 F。

A4. 对于某些 E_i，程序实际输出 $F'(E_i)$ 在希望输出 $F(E_i)$ 的容许范围之内，即

$$|F'(E_i) - F(E_i)| \leqslant \Delta_i \qquad (8-34)$$

但对另一些 E_j，程序实际输出 $F'(E_j)$ 超出容许范围，即

$$|F'(E_j) - F(E_j)| > \Delta_j \qquad (8-35)$$

这时认为程序发生了一次失效。

2. 基本公式

设 E_e 表示所有导致程序失效的输入数据的集合，那么在一次运行中导致一次故障的概率是

$$p = \frac{n_e}{N} \qquad (8-36)$$

如果以 p_i 表示 E_i 被选取的概率，那么一次运行成功的概率为

$$R_i = 1 - p = \sum_{i=1}^{N} p_i (1 - y_i) \qquad (8-37)$$

其中：

$$y_i = \begin{cases} 0, E_i \notin E_e \\ 1, E_i \in E_e \end{cases} \qquad (8-38)$$

8.3 软件可靠性分配

从软件可靠性分配过程发生于软件的设计和实现阶段这一事实可知，它是一个重要的可靠性工作项目。它要求设计人员在保证整个软件产品的可靠性指标得到满足的前提下，正确地、科学地、经济地将可靠性指标分配到每一个软件部件或模块上。这里的部件和模块指的是在进行可靠性分配时，需要面对的最小软件实体，本书将统一用模块一词来表达这一概念。如果将它们的软件可靠

性指标定得过低,虽然容易达到,但不一定能保证整个产品可靠性指标的实现;如果将它们的软件可靠性指标定得过高,必将极大地增加软件产品的开发成本,而且从工程的角度来考虑,也无此必要。

在进行软件可靠性分配的时候,要遵循以下两个原则:

(1) 要保证满足系统可靠性的要求。

(2) 要平衡设置各部件的可靠性指标。有两层意思,第一,对于每个部件的开发过程,都要保证适当的均衡性,如对时间、难度、风险等因素的考虑,都要综合权衡,不要使各部件之间相差悬殊;第二,要保证整个系统的开发成本最低。

另外,在进行软件可靠性分配之前,必须具备下列四个条件:

(1) 必须定出软件需求说明和软件的可靠性开发大纲;

(2) 必须有定量的可靠性指标和定义明确的功能概图;

(3) 必须对系统失效做出了明确的定义;

(4) 软件必须能够进行结构分解。

软件可靠性分配技术由于软件系统的结构以及对开发时间、难度、风险、费用等各因素的权衡重点的不同而多种多样,但是总地来说,大的分配过程还是相同的。首先,描述软件系统的结构特性,设法将系统分解成组块,进行系统分解时,要考虑各种因素,包括系统的物理特性、以前所收集数据的特性(如存在哪些可靠性已知的类似模块)、出于工程管理目的而跟踪某个特殊模块的需要以及收集数据所需要的工作量等;然后,根据具体情况选用适当的可靠性分配技术进行可靠性试分配;最后,根据试分配值计算系统的可靠性,将它与所要求的系统可靠性的值进行比较,调整分配方案,直到可靠性要求得到满足为止。

在讨论软件可靠性分配的具体技术时,有两种可供选择的途径,也就是说,因为软件可靠性度量有两种主要的方法(对软件可靠度的度量和软件故障率的度量),所以,对软件可靠性的分配可以是对可靠度的分配,也可以是对软件故障率的分配,这要视具体的分配方法而定。

8.3.1　软件可靠性快速分配方法

假设一个软件系统由 M 个子系统组成,从可靠性的角度观察,这 M 个子系统呈现出串联配置的逻辑关系。那么,整个软件系统的可靠性指标可以是系统在规定的运行时间的可靠度 $R_s(t)$,也可以是系统故障率 λ_s 或系统的 MTBF(故障平均时间间隔)。用 $R_i(t)(i = 1,2,\cdots,M)$ 表示子系统 i 的可靠度,用 λ_i 表示子系统 i 的故障率,对于串联配置的系统有

$$R_s(t) = R_1(t)R_2(t)\cdots R_M(t)$$

$$\lambda_s = \lambda_1 + \lambda_2 + \cdots + \lambda_M$$

下面的各种可靠性分配方法都是以串联配置的假设为基础得出的。子系统 i 分配到的可靠性用 R_i^* 表示,分配到的故障率用 λ_i^* 表示。在某些特殊的情况下,如果串联配置关系不能成立,还可以按照系统或子系统实际的逻辑关系构造数学模型,参照以下的方法进行分配。

8.3.1.1 相似程序法

相似程序法是一种简单而有效的软件可靠性分配方法。如果项目开发组在开发新的项目时,能够找到一个旧的软件系统,其结构与新开发的软件系统相似,而且这旧系统在过去的使用过程中,已经积累了相当多的可靠性数据,这时应该充分地利用这些已有信息进行新系统的可靠性分配。在更新系统的版本时,常常会遇到这种情况。

假设新旧系统由 M 个子系统组成,新系统的故障率指标为 $\lambda_{s,\text{new}}$,旧系统的故障率为 $\lambda_{s,\text{old}}$。

分配步骤如下:

(1) 求新旧系统故障率比例系数,即

$$\beta = \frac{\lambda_{s,\text{new}}}{\lambda_{s,\text{old}}}$$

(2) 求子系统分配的故障率,即

$$\lambda_i^* = \beta \lambda_i$$

8.3.1.2 相似模块法

如果对于新开发的系统,没有类似的旧系统可以借鉴,但是新系统中的部分模块与其他系统的模块相似,这时可借鉴这些相似模块的可靠性数据进行可靠性分配。假定新系统由 $M+K$ 个模块组成,其中 K 个模块有相似模块的数据可供借鉴。相似模块的可靠性数据为 $\lambda_{M+1}, \lambda_{M+2}, \cdots, \lambda_{M+K}$,令

$$\lambda_{s,\text{old}} = \lambda_{M+1} + \lambda_{M+2} + \cdots + \lambda_{M+K}$$

新系统的故障率指标为 $\lambda_{s,\text{new}}$。将新系统分解为两部分,一部分由 M 个没有参考数据的模块组成,这一部分应该分配的故障率指标为 $\lambda_{s,\text{new1}}$,另一部分由 K 个有参考数据的模块组成,这一部分应该分配的故障率指标为 $\lambda_{s,\text{new2}}$。

分配步骤如下:

(1) 令 $A = \dfrac{K}{M+K} \lambda_{s,\text{new}}$。

(2) 比较 A 和 $\lambda_{s,\text{old}}$ 的大小,若 $A \geqslant \lambda_{s,\text{old}}$ 执行第(3)步和第(4)步;否则,执行第(5)步至第(9)步。

(3) 令 $\lambda_{s,\text{new2}} = \lambda_{s,\text{old}}$,$\lambda_i^* = \lambda_i (i = M+1, M+2, \cdots, M+K)$,则有

$$\lambda_{s,\text{new1}} = \lambda_{s,\text{new}} - \lambda_{s,\text{new2}}$$

（4）采用其他方法（如前面提到的相似程序法），将 $\lambda_{s,\text{new1}}$ 分配给其余的 M 个模块。

（5）令 $\lambda_{s,\text{new2}} = A$。

（6）求比例系数 $\beta = \dfrac{\lambda_{s,\text{new2}}}{\lambda_{s,\text{old}}}$。

（7）给第 $M+1$ 至第 $M+K$ 个模块分配可靠性指标：$\lambda_i^* = \beta\lambda_i$。

（8）令 $\lambda_{s,\text{new1}} = \lambda_{s,\text{new}} - \lambda_{s,\text{new2}}$。

（9）采用其他方法（如前面提到的相似程序法），将 $\lambda_{s,\text{new1}}$ 分配给其余的 M 个模块。

8.3.2　可靠性分配的一般方法

图 8-1 显示出软件可靠性分配的前提条件，以及在不同情况下应该选用哪种适合的分配方法。

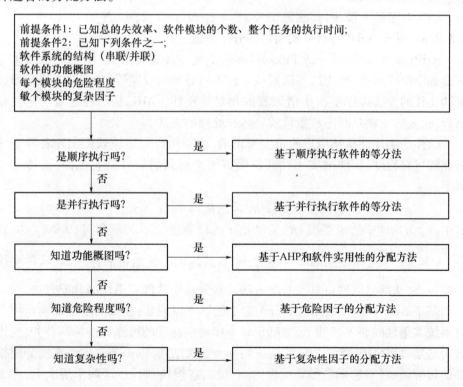

图 8-1　软件可靠性分配过程

8.3.2.1 基于顺序执行的软件系统的等分法

如果软件系统的各模块是按顺序一个接一个地执行,也就是说只有所有模块都成功执行了,该系统才算执行成功,则可用等分法将故障率分配到各个模块中。该方法要求软件系统总的故障率 λ_s 和模块数 M 已知。

分配步骤如下:

(1) 确定总的故障率 λ_s。

(2) 确定模块数 M。

(3) 对于每一模块,其故障率为 $\lambda_i^* = \lambda_s (i = 1, 2, \cdots, M)$。

8.3.2.2 基于并行执行的软件系统的等分法

如果软件系统的各模块是并行执行的,则可用等分法将故障率分配到各个模块中。该方法要求软件系统总的故障率 λ_s 和模块数 M 已知。

分配步骤如下:

(1) 确定总的故障率 λ_s。

(2) 确定模块数 M。

(3) 对于每一模块,其故障率为 $\lambda_i^* = \lambda_s / M (i = 1, 2, \cdots, M)$。

8.3.2.3 基于 AHP 和软件实用性的分配方法

AHP(Analytic Hierarchy Process)本质上是一种思维方式,它把复杂问题分解成各个组成因素,再将这些因素按支配关系分组形成递阶层次结构,进而通过两两比较的方式排序层次中诸因素的相对重要性。AHP 是一种定量与定性相结合,将人的主观判断用数量形式表达和处理的方法。

软件的实用性是从用户的角度来说的,是指用户利用该软件实现各种不同功能的可靠程度,软件的实用性高说明该用户得到的软件质量也高,具体定义如下:

$$U(r,w) = w_1 R_1 + w_2 R_2 + \cdots + w_N R_N$$

式中:w_i 为功能 i 的重要度;R_i 为功能 i 的可靠度。不失一般性,$0 \leqslant w_i < 1$ 且 $\sum_{i=1}^{N} w_i = 1$。功能 i 使用的概率越大,w_i 也就越大。显然可靠性越高,软件实用性也越高,从而将软件可靠性分配方法转换为基于软件实用性的分配方法。

基于 AHP 和软件实用性的分配方法的基本原理是:在最大限度地满足用户对系统实用性的要求基础上,来确定每个模块应达到的可靠性指标。首先,应用分析分层过程 AHP 将一个软件系统划分为层次结构,以得到软件可靠性分配模型的目标函数(目标函数是非线性的);其次,在模块和程序这两个层次上,考虑软件可靠的各种技术和经济上的约束条件,使软件系统的实用性达到最大;第三,求解该非线性规划问题,则可以确定在模块和程序级别上的软件可靠性的分配方案。

　　基于 AHP 的分配过程如图 8-2 所示。首先,将软件产品按功能划分为功能层(F 级);然后,将功能按程序进一步划分为程序层(P 级);最后,将程序细分为模块层(M 级)。

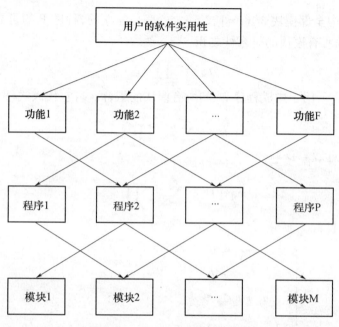

图 8-2　基于 AHP 的分配过程

具体步骤如下:

(1) 确定划分层次的结构。

(2) 确定 F 级的每个功能、P 级的每个程序以及 M 级的每个模块的相对重要性,得到输入矩阵 A。

(3) 根据本层次元素相对于上一层次所估计的相对权值矢量 W,用下列等式计算矩阵 A 的最大特征值 λ_{max}:

$$A \cdot W = \lambda_{max} \cdot W$$

分别以 WF^i、WP^i、WM^i 表示在 F 级、P 级、M 级的局部相对权,WF、WP、WM 表示全局相对权,按下式求得模块的重要度:

$$WP = WF \begin{bmatrix} WP^1 \\ WP^2 \\ \vdots \\ WP^p \end{bmatrix}, WM = WP \begin{bmatrix} WM^1 \\ WM^2 \\ \vdots \\ WM^m \end{bmatrix}$$

设 w_{fi}, w_{pi}, w_{mi} 分别为功能 i、程序 i、模块 i 的相对重要度，r_{fi}, r_{pi}, r_{mi} 分别为功能 i、程序 i、模块 i 的可靠性，则软件实用性可写为

$$U = \sum_{i=1}^{f} w_{fi} r_{fi}, \quad U = \sum_{i=1}^{p} w_{pi} r_{pi}, \quad U = \sum_{i=1}^{m} w_{mi} r_{mi} \qquad (8-39)$$

设软件中全部模块 $M_i (i=1,2,\cdots,m)$ 都是独立的，程序 P 的可靠性可以写成组成 P_i 的所有模块的可靠性之积：

$$r_{pi} = \prod_{mj \in \{mi\}} r_{mi}$$

其中，$\{mi\}$ 表示用于构成程序 P_i 的所有模块的集合。将它代入式(8-39)，有

$$U = \sum_{i=1}^{p} w_{pi} \prod_{mj \in \{mi\}} r_{mj}$$

因此有可靠性分配模型：

$$\max_{mj} \left[U = \sum_{i=1}^{p} w_{pi} \prod_{mj \in \{mi\}} r_{mj} \right]$$

同时满足条件：

$$\begin{cases} r_{mj} \leqslant u_j \\ r_{mj} \geqslant l_j \\ a_j + c_j r_{mj} \leqslant v_j \qquad j=1,2,\cdots,m \\ \sum_{j=1}^{m} (a_j + c_j r_{mj}) \leqslant C^* \end{cases}$$

其中，u_j 是 M_j 可能取得的可靠性的上限值，称为"可行的"可靠性水平。l_j 是 M_j 的可靠性下限值，称为"最低可接受的"可靠性水平。u_j 和 l_j 构成系统控制目标，它们可以由软件工程师在软件产品的计划和设计阶段确定。在无任何原则可遵循时，不妨取 $u_j = 1$，$l_j = 0$。

a_j 表示模块 M_j 达到可靠度为 r_{mj} 时的一般开销，c_j 为可变的成本开销；v_j 是模块 M_j 的预计开发成本。

第四个约束为整个项目的资源控制条件。C^* 为有效的财政资源，可靠性成本的综合应小于它。

可靠性分配模型由 $3m+1$ 个线性控制条件和 1 个非线性目标函数构成，有许多算法可供求解这一问题。它的解可以得出程序级和模块级的可靠性分配指标。

8.3.2.4 基于危险性因子的分配方法

该方法根据软件系统的危险性指标将故障率分配到各个模块中，软件系统

的危险性是对软件系统以下两种能力的度量：

（1）软件系统连续运行的能力。

（2）软件系统失效后不会造成危险的能力。

软件系统的危险性也可看作是软件系统的可靠性或安全性的程度。若某一模块的危险性越大，那么分配给它的可靠性指标应该越大，故障率指标应该越小。

分配步骤如下：

（1）确定总的故障率 λ_s。

（2）确定模块数 M。

（3）确定每一模块的危险性因子 k_i（如将危险性分为 10 个等级，$k_i = 1$ 时说明该模块最容易引起危险，$k_i = 10$ 时最不容易引起危险）。

（4）确定每一模块实际运行的时间 t_i 以及任务的时间 T。

（5）计算故障率的调整系数

$$\xi = \frac{\sum\limits_{i=1}^{M} k_i t_i}{T}$$

（6）各模块的故障率为

$$\lambda_i^* = \lambda_s k_i / \xi$$

8.3.2.5 基于复杂性因子的分配方法

该方法根据软件系统的复杂性将故障率分配到各个模块中。确定一个软件系统的复杂性有各种方法。若某一模块的复杂性越大，那么为达到一定的可靠性而花的费用也越多，故障率将越高。

分配步骤如下：

（1）确定总的故障率 λ_s。

（2）确定模块数 M。

（3）确定每一模块的危险性因子 w_i。

（4）确定每一模块实际运行的时间 t_i 以及任务的时间 T。

（5）计算故障率的调整系数为

$$\xi = \frac{\sum\limits_{i=1}^{M} w_i t_i}{T}$$

（6）各模块的故障率为

$$\lambda_i^* = \lambda_s w_i / \xi$$

8.4 软件可靠性评估

8.4.1 软件可靠性增长测试

软件可靠性增长测试的目的是检测并排除尽可能多的错误,使软件的可靠性得到明显提高;同时,进行软件可靠性的度量工作,获得软件的质量指标,并预计软件将来的故障行为。

在可靠性增长测试中,观察到故障发生,就要进行错误检测和排除,这样,软件的可靠性才能得到逐步提高。自然,人们期望对错误的排除过程是完全的,即在排除的过程中不会引进新的错误。同时,要记录下故障的发生时间,它将被用来估计软件可靠性增长模型的参数,进行软件可靠性的度量。度量的结果与阶段性可靠性目标相比较,获得可靠性的进展情况,用以指导资源的分配,以便及时有效地达到最终可靠性目标。软件可靠性增长的速率取于"测试—发现故障—排错"过程进行的快慢。一个理想的软件可靠性增长曲线中的故障强度 $\lambda(\tau)$ 是执行时间 τ(测试时间的一种实际的度量方法,指 CPU 时间)的降函数,该下降过程也就显示出软件可靠性的增长过程。一旦 $\lambda(\tau)$ 达到设计规定的软件可靠性目标值,该软件即可发行。

8.4.2 软件可靠性度量

软件可靠性度量包括两种活动:软件可靠性估测和软件可靠性预计。软件可靠性估测是将统计推理技术应用于软件可靠性增长测试中得到的故障数据,确定软件系统当前的可靠性。软件可靠性预计是将统计推理技术应用于软件可靠性增长测试中得到的故障数据,确定软件系统未来的可靠性。测试和可靠性度量是软件可靠性增长测试中密不可分的两部分,进行可靠性度量可以:

(1)预计达到规定的软件可靠性目标还需多少测试时间。

(2)预计测试结束时软件的可靠性。

(3)跟踪可靠性进展情况,适时调配资源。

(4)指导测试用例的选择。

(5)指导测试过程中对软件行为的观察和记录。

(6)保证软件质量,同时避免不必要的测试。

8.4.2.1 软件可靠性度量的过程

软件可靠性度量的基本原理是,运用软件可靠性模型对收集的故障数据建模,并以此来预计软件在以后阶段的可靠性。在软件可靠性增长测试中,可靠性度量应根据测试阶段的不同分为两部分:在软件调试测试阶段,主要是进行软件排错,同时收集故障数据,定期进行可靠性的度量,以跟踪可靠性的进展,调整资源分配,使软件的可靠性按计划增长;当实施完成软件调试测试,进入操作剖面测试阶段后,由于测试策略发生重大变化,应重新开始故障数据的收集、可靠性的建模和度量,这一阶段可以使用与调试测试阶段相同或不同的软件靠性模型和方法。

软件可靠性度量的步骤大致如下:

(1)进行软件可靠性增长测试,并收集故障数据,主要是记录故障间隔时间(故障发生时间)、累积故障数以及其他有关信息;

(2)根据故障数据,选择软件可靠性度量方法和软件可靠性增长模型;

(3)根据收集的故障数据对模型选行参数估计;

(4)利用该软件可靠性模型进行可靠性度量,计算出感兴趣的可靠性指标,如软件的当前可靠性、软件的故障强度、达到可靠性目标需要的时间、软件在以后某一时刻的可靠性等;

(5)根据以上结果,管理人员对各种资源进行调配,使软件可靠性按计划增长。

8.4.2.2　模型的参数估计及可靠性度量

在确定了软件可靠性增长模型的情况下,首先需要确定出模型的参数值,方可利用模型进行可靠性度量。确定模型的参数有两种方法:参数预计和参数估计。

在软件的设计阶段,由于软件没有被实际执行,也就没有故障数据可供收集。这时,可按软件的一些固有特性,如规模、开发效率等,预计软件可靠性增长模型的参数值,但这样获得参数值的精确度较差。

在软件可靠性增长测试中,当收集了一定的故障数据后,就可以对软件可靠性增长模型进行参数估计。特定的模型需要特定的故障数据,有些模型使用故障时间数据,有些模型使用故障数数据,有些两者均可。参数估计的精度比参数预计要高。参数估计一般采用统计的方法,主要有最大似然法、最小二乘法、贝叶斯估计等。

第9章 软件工程与软件质量管理

9.1 软件的基本特征

在 1970 年,只有不到 1% 的人能够比较准确地描述出什么是"计算机软件",而现在,大多数软件专业人士和许多业外公众都认为他们了解什么是软件,但他们真的了解吗?

关于软件,教科书上一般是这样定义的:软件是①当它被执行时可提供期望功能和性能的指令(计算机程序);②使得计算机程序能够适当地操作信息的数据结构;③描述程序的操作和使用的文档。毫无疑问,也可以给出其他更完备的定义,但是,我们这里需要的不仅仅是一个形式化的定义。

要理解软件(以及最终理解软件工程),先了解软件的特征是很重要的,据此能明白软件与人类建造的其他事物之间的区别。当建造硬件时,人的创造性过程(分析,设计、建造、测试)最终被转换成有形的形式。如果我们建造一个新的计算机,初始的草图、正式的设计图纸和试验板的原型一步步演化成为一个有形的产品(芯片、线路板、电源等)。而软件是逻辑的而不是有形的系统元件。因此,软件具有与硬件完全不同的特征:

(1) 软件是被开发或设计的,而不是传统意义上被制造的。虽然在软件开发和硬件制造之间有一些相似之处,但两类活动在本质上是不同的。对于这两种活动,都可以通过良好的设计达到高质量,但硬件在制造过程中可能会引入质量问题,这种情况对于软件而言几乎不存在或是很容易改正;两者都依赖于人,但参与的人和完成的工作之间的关系不同;两种活动都要建造一个"产品",但方法不同。软件成本集中于开发上,这意味着软件项目不能像制造项目那样管理。

(2) 软件不会"磨损"。图 9 - 1 描述了作为时间函数的硬件故障率,常常被称作"浴缸曲线",表明了硬件在其生命初期有较高的故障率(这些故障主要是由于设计或制造的缺陷引起的);这些缺陷修正之后,故障率在一段时间中会降到一个稳定的水平上(理想情况下,相当低)。然而,随着时间的流逝,故障率又提升了,这是因为硬件构件由于种种原因会不断受到损害,如灰尘、振动、不合理的使用、温度的急剧变化以及其他许多环境问题。简单讲,硬件已经开始磨损了。

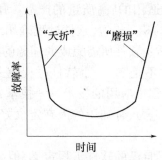

图 9 - 1   硬件的故障曲线

软件并不受到这些引起硬件磨损的环境因素的影响。因此,理论上,软件的故障率曲线呈现出如图 9 - 2 中所示的"理想曲线"形式。程序中的错误会引起程序在其生命初期具有较高的故障率,然而,当这些错误改正之后(理想情况下,不引入其他错误),曲线就趋于平稳。理想曲线是软件的实际故障模型非常粗略的简化,但其含义很清楚——软件不会磨损。

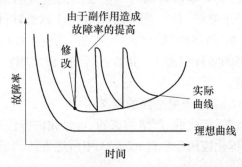

图 9 - 2   软件的理想故障曲线和实际故障曲线

(3)虽然软件产业正在向基于构件的组装方向迈进,大多数软件仍是定制的。考虑一个基于计算机的产品的控制硬件被设计和建造的方式。设计工程师画一个简单的数字电路图,做一些基本的分析以保证可以实现预定的功能,然后查阅所需的数字零件的目录。每一个集成电路(通常称为"IC"或"芯片")都有一个零件编号、一个定义的和确认过的功能、定义好的接口和一组标准的集成指南。每一个选定的零件都可以在货架上买到。这就是说,在硬件世界,构件复用是工程过程自然的一部分,而在软件世界,它是刚刚开始起步的事物。

9.2   软 件 工 程

当构造一个软件产品或系统时,重要的是经历一系列可预测的步骤——一个路线图,它帮助用户创建适用的、高质量的产品。用户所遵循的路线图称为"软件过程",但是,从技术的观点来看,软件过程确切地说是什么呢?这里定义软件过程为一个为建造高质量软件所需完成的任务的框架。软件过程与软件工程同义吗?答案是"是"和"不是"。一个软件过程定义了软件开发中采用的方法,但软件工程还包含该过程中应用的技术——技术方法和自动工具。更重要的一点,软件工程是由有创造力、有知识的人在定义好的、成熟的软件过程中进行的。

虽然有很多人都给出了自己的软件工程定义,但 Fritz Bauer 1969 年在该主题的奠基性会议上给出的定义仍是进一步展开讨论的基础:(软件工程是)建立和使用一套合理的工程原则,以便获得经济、可靠并可以在实际机器上高效地运行的软件。

几乎每一个读者都忍不住想在这个定义上增加点什么。它没有提到软件质量的技术层面;它也没有直接谈到用户满意度或按时交付产品的要求;它忽略了测量和度量的重要性;它甚至没有阐明一个成熟的过程的重要性。但 Bauer 的定义给我们提供了一个基线,什么是可以应用到计算机软件开发中的"合理的工程原则"?如何建立"经济的"软件和"可靠的"软件?如何才能创建出不是在一个而是在多个不同的实际机器上"高效运行"的程序呢?这些都是进一步挑战软件工程师的问题。

IEEE(IEE93)给出了一个更全面的定义:

软件工程是:①将系统化的、严格约束的、可量化的方法应用于软件的开发、运行和维护,即将工程化应用于软件;②在①中所述方法的研究。

9.2.1 软件工程的过程、方法和工具

软件工程是一种层次化的技术(如图 9 - 3 所示)。任何工程方法(包括软件工程)必须以有组织的质量承诺为基础。全面的质量管理和类似的理念培养了不断的过程改进文化,正是这种文化导致了更成熟的软件工程方法的不断出现。支持软件工程的根基就在于对质量的关注。

软件工程的基础是过程层。软件工程过程是将技术层结合在一起的凝聚力,使得计算机软件能够被合理地和及时地开发。过程定义了一组关键过程区域(Key Process Area,KPA)的框架,这对于软件工程技术的有效应用是必需的。关键过程区域构成了软件项目的管理控制的基础,并且建立了一个语境,其中规定了技术方法的采用、工程产品(模型、文档、数据、报告、表格等)的产生、里程碑的建立、质量的保证及变化的适当管理。

软件工程的方法提供了建造软件在技术上需要"如何做"。方法覆盖了一

图9-3　软件工程层次图

系列的任务:需求分析、设计、编程、测试和支持。软件工程方法依赖于一组基本原则,这些原则控制了每一个技术区域且包含建模活动和其他描述技术。

　　软件工程的工具对过程和方法提供了自动的或半自动的支持。当这些工具被集成起来使得一个工具产生的信息可被另外一个工具使用时,一个支持软件开发的系统就建立了,称为计算机辅助软件工程(CASE)。CASE集成了软件、硬件和一个软件工程数据库(一个中心存储库,其中包含了关于分析、设计、程序构造和测试的重要信息),从而创建了一个软件工程环境,类似于硬件的CAD、CAE(计算机辅助设计/工程)。

9.2.2　软件工程的一般视图

　　工程是对技术(或社会)实体的分析、设计、构造、验证和管理。抛开要工程化的实体,下列问题是必须首先回答的:

　　(1) 工程化的目标或者说要解决的问题是什么?

　　(2) 用于解决该问题的实体应具有什么特征或属性?

　　(3) 如何实现该实体(和解决方案)?

　　(4) 如何构造或集成该实体?

　　(5) 采用什么方法去发现该实体设计和构造过程中产生的错误?

　　(6) 该实体的用户要求修改、适应和增强时,如何长期支持这些实体?

　　对计算机软件而言,要适当地建造一个软件,软件开发过程是必须定义的。这里仅给出了软件过程的一般性特征,后面将进一步阐述特定的过程模型。

　　如果不考虑应用领域、项目规模和复杂性,与软件工程相关的工作可分为三个一般的阶段。每一个阶段回答了上述的一个或几个问题。

　　定义阶段集中于"做什么",即在定义过程中,软件开发人员试图弄清楚要处理什么信息,预期完成的功能和达到的性能,希望什么样的系统行为,建立什么样的界面,有什么设计约束,以及定义一个成功系统的确认标准是什么。系统和软件的关键需求被标识。虽然在定义阶段采用的方法取决于使用的软件工程范型(或范型的组合),但在某种程度上均有三个主要任务:系统或信息工程、软

195

件项目计划和需求分析。

开发阶段集中于"如何做",即在开发过程中,软件工程师试图定义数据如何被结构化,功能如何被实现于软件体系结构中,过程细节如何实现,界面如何表示,设计如何被翻译成程序设计语言(或非过程语言),测试如何执行等。在开发阶段采用的方法可以不同,但都有三个特定的任务:软件设计、代码生成和软件测试。

支持阶段关注于"变化",与以下几种情况相关:纠正错误,随着软件环境的演化而要求的适应性修改,以及由于用户需求的变化而带来的增强性修改。支持阶段重复定义阶段和开发阶段的步骤,但却是在已有软件的基础上。

在支持阶段可能遇到四类变化:

(1) 纠错。即使有最好的质量保证机制,用户还是有可能发现软件中的错误。纠错性维护是指为改正软件错误修改软件的活动。

(2) 适应。随着时间的推移,原来的软件运行环境(如 CPU、操作系统,商业规则、外部产品特征等)可能发生变化。适应性维护是指为了适应这些外部环境的变化而修改软件的活动。

(3) 完善。随着软件的使用,用户可能认识到某些新功能会产生效益。完善性维护是指由于用户需求的变化而带来的对软件的增强性修改活动。

(4) 预防。计算机软件由于修改而逐渐退化,因此,预防性维护(常常称为软件再工程)就必须施行,以便软件能够满足其最终用户的要求。从本质上讲,预防性维护修改计算机程序使得它们能够被更好地纠错、适应和增强。

此外,还有很多庇护性活动来补充在软件工程的一般视图中所阐述的阶段和相关步骤。典型的活动包括软件项目跟踪和控制、正式的技术评审、质量保证、配置管理、文档的准备和产生、可复用管理、测度和风险管理等。庇护性活动贯穿于整个软件过程。

9.2.3 软件工程原理

自从 1968 年在联邦德国召开的国际会议上正式提出并使用了"软件工程"这个术语以来,研究软件工程的专家学者们陆续提出了 100 多条关于软件工程的准则或"信条"。B. W. Boehm 于 1983 年提出软件工程的七条基本原理。这七条原理是互相独立的,其中任意六条原理的组合都不能代替另外一条原理,即它们是缺一不可的最小集合。同时这七条原理又是完备的,虽然不能用数学方法严格证明它们是一个完备集,但是可以证明在此之前已经提出的 100 多条软件工程原理都可以由这七条原理的任意组合所蕴含或派生。

这七条软件工程原理是:

1）用分阶段的生命周期计划严格管理

统计发现，在不成功的软件项目中有一半左右是由于计划不周造成的。在软件开发与维护漫长的生命周期中，需要完成许多性质各异的工作，应该把软件生命周期划分成若干阶段，并相应地制定出切实可行的计划，然后严格按照计划对软件的开发与维护工作进行管理。

2）坚持进行阶段评审

软件的质量保证工作不能等到编码阶段结束之后再进行。有两个理由：第一，大部分错误是在编码之前造成的，例如，根据 Boehm 等人的统计，设计错误占软件错误的 63%，编码错误仅占 37%；第二，错误发现与改正得越晚，所需付出的代价也越高。因此，在每个阶段都进行严格的评审，以便尽早发现在软件开发过程中所犯的错误，这是一条必须遵循的重要原则。

3）执行严格的配置管理程序

软件开发各个阶段产生的文档或程序代码（经过阶段评审）作为软件配置项必须纳入配置管理，配置管理也称为变动控制。一切有关修改软件的建议，特别是涉及对软件配置项的修改建议，都必须按照严格的规程进行评审，获得批准以后才能实施修改。

4）采用现代程序设计技术

从提出软件工程的概念开始，人们一直把主要精力用于研究各种新的程序设计技术，这些技术包括结构分析（SA）与结构设计（SD）、面向对象的分析（OOA）与面向对象设计（OOD）等。实践表明，采用先进的技术既可提高软件开发的效率，又可提高软件维护的效率。

5）结果应能清楚地审查

软件产品不同于一般的物理产品，它是看不见摸不着的逻辑产品。软件开发人员（或开发小组）的工作进展情况可见性差，难以准确度量，从而使软件产品的开发过程比一般产品的开发过程更难以评价与管理。为了提高软件开发过程的可见性，更好地进行管理，应根据软件开发项目的总目标及完成期限，规定开发组织的责任和产品标准，从而使所得到的结果能够清楚地审查。

6）开发小组的人员应该少而精

这条基本原理的含义是，软件开发小组的组成人员的素质要好，而人数则不宜过多。开发小组人员的素质和数量是影响产品质量和开发效率的重要因素。素质高的人员的开发效率比素质低的人员的开发效率可能高几倍甚至几十倍，而且所开发软件的错误会明显减少。此外，随着开发小组人员数目的增加，相互之间的通信与协调开销将急剧增加。

7）承认不断改进软件工程实践的必要性

遵循上述六条基本原理,就可以实现软件的过程化生产,但是,仅有上述六条原理并不能保证软件开发与维护的过程能赶上技术的不断进步。因此,Boehm 提出,应把承认不断改进软件工程实践的必要性作为软件工程的第七条原理。按照这条原理,不仅要积极主动采纳新的软件技术,而且要注意不断总结经验,例如,收集进度和资源耗费数据,搜集出错类型和问题报告数据等。

9.3 软件工程范型

为了解决软件开发过程中的实际问题,软件工程师必须综合出一个开发策略,该策略包含软件工程的过程、方法和工具三个层次的内容以及软件工程一般视图中所讨论的一般性阶段。这个策略常常被称为过程模型或软件工程范型(paradigm)。软件工程过程模型的选择基于项目和应用的性质、采用的方法和工具以及需要的控制和交付的产品。

所有软件开发都可被刻画为一个问题解决环(图 9 - 4(a)),其中包含四个不同的阶段:状态引用、问题定义、技术开发和解决集成。状态引用表示事物的当前状态;问题定义标识要解决的特定问题;技术开发通过应用某些技术来解决问题;解决集成提交结果(如文档、程序、数据、新的商业功能、新产品)给那些需要解决方案的人。软件工程一般视图中所定义的软件工程的一般性阶段和步骤可以很容易地映射到这些阶段上。

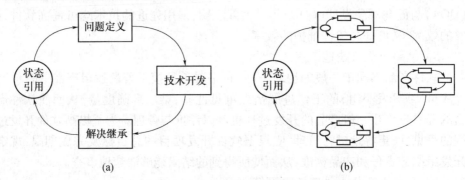

图 9 - 4 问题解决环示意图

上述的问题解决环可以应用于软件工程的多个不同开发级别上。它可以用于考虑整个系统的宏观级、开发程序构件的中间级,甚至是代码行一级。因此,可以使用分形(定义一个模式,然后在连续的更小的规模上递归地应用它,一个模式套着一个模式)表示来提供关于过程的理想化的视图。在图 9 - 4(b)中,问题解决环的每一个阶段又包含一个相同的问题解决环,该环还可以再包含另一个问题解决环(这可以一直继续下去直到一个合理的边界,对于软件而言,是代码行)。

实际上,要想像图9-4(b)那样清楚地划分活动是很困难的,因为阶段内部和阶段之间的活动常常是交叉的,但这个简化的视图产生了一个重要的思想:对于一个软件项目而言,不管选择了什么过程模型,所有的阶段(状态引用、问题定义、技术开发和解决集成)在某个细节的级别上都是同时共存的。给定图9-4(b)的递归性质,上面讨论的四个阶段可以同样用于一个完整应用的分析和一小段代码的生成。

9.3.1 线性顺序模型

线性顺序模型(Linear Sequential Model)有时也称传统生存周期或瀑布模型(Waterfall Model),它提出了软件开发的系统化的、顺序的方法,从系统级开始,随后是分析、设计、编码、测试和支持。借鉴传统的工程周期,线性顺序模型包含以下活动:

(1)系统/信息工程和建模。因为软件总是一个大系统(或业务)的组成部分,所以一开始应该建立所有系统成分的需求,然后再将这些需求的某个子集分配给软件。整个系统的视图是必要的,因为软件必须与其他成分如硬件、人及数据库交互。系统工程和分析包括了在系统级收集的需求及一小部分顶层分析和设计。信息工程包含了在战略业务级和业务领域级收集的需求。

(2)软件需求分析。需求收集过程特别集中于软件上。要理解待建造程序的本质,软件工程师("分析员")必须了解软件的应用领域以及所需的功能、行为、性能和接口。系统需求和软件需求均需文档化并与客户一起评审。

(3)设计。软件设计实际上是一个多步骤的过程,集中于程序的四个不同属性上:数据结构、软件体系结构、接口表示及过程(算法)细节。设计过程将需求转换成软件表示,在编码之前可以评估其质量。像需求一样,设计也要文档化,并且是软件配置的一部分。

(4)代码生成。设计必须转换成机器可读的形式。代码生成这一步就是执行这个任务的。如果设计已经表示得很详细,代码生成可以自动、机械地完成。

(5)测试。一旦生成了代码就可以开始程序测试。测试过程集中于软件的内部逻辑以及外部功能上。

(6)支持。软件在交付给用户之后不可避免地会发生修改(一个可能的例外是嵌入式软件)。修改在如下情况下发生:当遇到错误时,当软件必须适应外部环境的变化时(例如,因为使用新的操作系统或外设)或者当用户希望增强功能或性能时,软件支持/维护重复以前各个阶段,不同之处在于它针对已有的程序,而非新程序。

线性顺序模型是最早也是应用最广泛的软件工程范型,但使用线性顺序模型时可能会遇到如下一些问题:

(1)实际的项目很少按照该模型给出的顺序进行。虽然线性模型能够容许迭代,但却是间接的,结果,在项目组的开发过程中变化可能引起混乱。

(2)客户常常难以清楚地给出所有需求。而线性顺序模型却要求如此,且不能接受在许多项目的开始阶段自然存在的不确定性。

(3)客户必须有耐心。程序的运行版本一直要等到项目开发周期的晚期才能得到。大的错误如果直到检查运行程序时才被发现,后果可能是灾难性的。

虽然这些问题都是真实存在的,但不管怎样,传统的生存周期范型在软件工程中仍占有肯定的和重要的位置。它提供了一个模板,使得分析、设计、编码、测试和支持的方法可以在该模板的指导下应用。虽然它确实有不少缺陷,但很显然它比起软件开发中随意的状态要好得多。

9.3.2 原型实现模型

常有这种情况,用户定义了软件的一组一般性目标,但不能标识出详细的输入、处理及输出需求;还有一些情况,开发者可能不能确定算法的有效性、操作系统的适应性或人机交互的形式。在这些及很多其他情况下,原型实现范型(Prototyping Model)可能是最好的选择。

原型实现范型(如图9-5所示)从需求收集开始。开发者和客户在一起定义软件的总体目标,标识出已知的需求,并规划出需要进一步定义的区域。然后

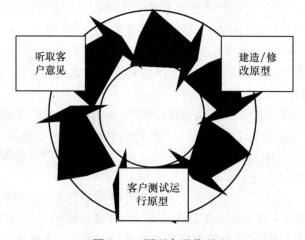

图9-5　原型实现范型

是"快速设计",快速设计集中于软件中那些对用户可见的部分的表示（如输入方式和输出格式）。快速设计导致原型的创建。原型由用户评估并用于进一步精化待开发软件的需求。逐步调整原型使其满足客户的要求，而同时也使开发者对用户需求有更好的理解，这个过程是迭代的。

理想情况下，原型可以作为标识软件需求的一种机制。如果建立了可运行原型，开发者就可以在其基础上试图利用已有的程序片断或使用工具（如报表生成器、窗口管理器等）来尽快生成可运行的程序。

但当原型已经完成了上述的目的之后，我们将如何处理它们呢？一般而言，在大多数项目中，建造的原型系统很少是可用的。它可能太慢、太臃肿、难以使用或三者都有。此时没有其他选择，只能重新开始，这样虽然痛苦，但却是不得不付出的代价。

原型可以被抛弃，但这可能是一种理想化的看法。客户和开发者确实都喜欢原型实现范型，用户能够感受到实际的系统，开发者能够很快地建造出一些东西；因此，客户似乎看到的是软件的工作版本，他们不知道原型只是"用口香糖和打包绳"拼凑起来的；不知道为了使原型很快能够工作，我们没有考虑软件的总体质量和长期的可维护性。当被告知该产品必须重建使其能达到高质量时，用户会叫苦连天，要求做"一些修改"使得原型成为最终的工作产品。如此，软件开发管理常常就放松了。

同时，开发者常常需要实现上的折衷以使原型能够尽快工作。一个不合适的操作系统或程序设计语言可能被采用，仅仅因为它是通用的和有名的；一个效率低的算法可能被使用，仅仅为了演示功能。经过一段时间之后，开发者可能对这些选择已经习惯了，忘记了它们不合适的所有原因，于是这些不理想的选择就成了系统的组成部分。

虽然会出现问题，原型实现仍是软件工程的一个有效范型。关键是定义开始时的游戏规则，即客户和开发者两方面必须达成一致：原型被建造仅是为了定义需求，之后就被抛弃了（或至少部分被抛弃），实际的软件在充分考虑了质量和可维护性之后才被开发。

9.3.3　RAD 模型

快速应用开发（Rapid Application Development, RAD）是一个增量型的软件开发过程模型，强调极短的开发周期。RAD 模型是线性顺序模型的一个"高速"变种，通过使用基于构件的建造方法赢得了快速开发。如果需求理解得很好且约束了项目范围，RAD 过程使得一个开发队伍能够在很短时间内（如 60 天到 90天）创建出"功能完善的系统"。RAD 模型包括如下阶段：

（1）业务建模。基于业务功能中的信息流建模以回答如下问题：什么信息驱动业务流程？生成什么信息？谁生成该信息？该信息流往何处？谁处理它？

（2）数据建模。作为业务建模阶段一部分而定义的信息流被精化，形成一组支持该业务所需的数据对象。标识出每个对象的特征（也称为属性），并定义这些对象间的关系。

（3）过程建模。数据建模阶段定义的数据对象被变换以实现完成一个业务功能所需的信息流。创建过程描述以增加、修改、删除或检索一个数据对象。

（4）应用生成。RAD 采用第四代技术（能使软件工程师在较高级别上规约软件的某些特征，并且有工具支持规约自动生成源代码）。RAD 过程不是采用传统的第三代程序设计语言来创建软件，而是复用已有的程序构件（如果可能的话）或是创建可复用的构件（如果需要的话）。在所有情况下，均使用自动化工具辅助软件建造。

（5）测试及反复。因为 RAD 过程强调复用，许多程序构件已经是测试过的，这减少了测试时间，但新构件必须测试，所有接口也必须完全测试到。

RAD 过程模型如图 9-6 所示。很显然，加在一个 RAD 项目上的时间约束需要"一个可伸缩的范围"。如果一个业务应用能够被模块化使得其中每一个主要功能均可以在不到三个月时间内完成（使用前面描述的方法），它就是 RAD 的一个候选者。每一主要功能可由一个单独的 RAD 组来实现，最后再集成起来形成一个整体。

像所有其他过程模型一样，RAD 方法也有其缺陷：

（1）对于大型的但可伸缩的项目，RAD 需要足够的人力资源以建立足够的 RAD 组。

（2）RAD 要求开发者和客户承担在一个很短的时间框架下完成一个系统所必要的快速活动。如果两方中的任何一方没有实现承诺，都会导致 RAD 项目失败。

（3）并非所有应用都适合 RAD。如果一个系统难以被适当地模块化，那么建造 RAD 所需的构件就会有问题；如果高性能是一个指标，且该指标必须通过调整接口使其适应新构件才能赢得，RAD 方法也有可能不能奏效。

（4）RAD 不适合高技术风险的情况。例如，当一个新应用要采用很多新技术或当新软件要求与已有软件频繁互操作时，就不适合使用 RAD 方法。

9.3.4 演化软件过程模型

人们已经越来越认识到，软件就像所有复杂系统一样，要经过一段时间的演化。业务和产品需求随着开发的进展常常发生改变，到最终产品的一条直线路

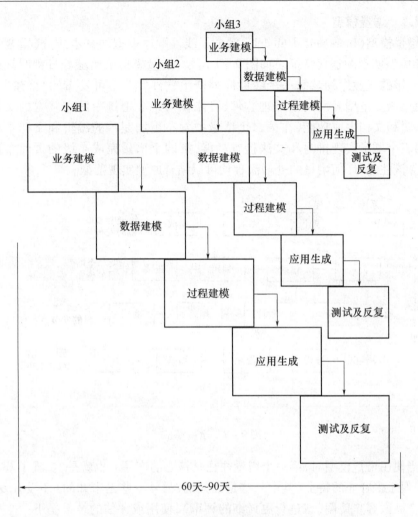

图 9 – 6　RAD 过程模型

径是不现实的;在很多情况下,核心的产品或系统需求能够被很好地理解,但产品或系统的细节部分还需进一步定义。因此,软件工程师需要一个过程模型,该模型被明确设计为能够适应随时间演化的产品开发。

　　线性顺序模型设计成支持直线开发,本质上,瀑布方法是假设当线性序列完成之后就能够交付一个完善的系统。原型实现模型设计成帮助客户(或开发者)理解需求,总体上讲,它并不是交付一个最终产品系统,而软件的演化特征在这些传统的软件工程范型中都没有加以考虑。

　　演化模型是迭代的。它的特征是使软件工程师渐进地开发逐步完善出软件版本。

9.3.4.1　增量模型

　　增量模型(Incremental Model)融合了线性顺序模型的基本成分(重复地应用)和原型实现的迭代特征。如图9-7所示,增量模型采用随着日程时间的进展而交错的线性序列。每一个线性序列产生软件的一个可发布的"增量"。例如,使用增量范型开发的字处理软件,可能在第一个增量中发布基本的文件管理、编辑和文档生成功能,在第二个增量中发布更加完善的编辑和文档生成能力,第三个增量实现拼写和文法检查功能,第四个增量完成高级的页面布局能力。应该注意:任何增量的处理流程均可以结合原型实现范型。

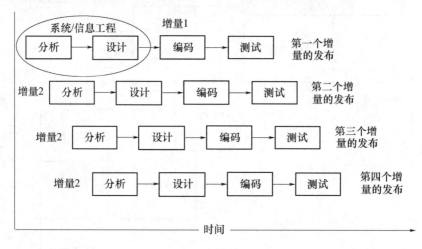

图9-7　增量模型

　　当使用增量模型时,第一个增量往往是核心的产品。也就是,实现了基本的需求,但很多补充的特征(其中一些是已知的,另外一些是未知的)还没有发布。核心产品由客户使用(或进行更详细的评审),使用或评估的结果是下一个增量的开发计划。该计划包含对核心产品的修改,使其能更好地满足客户的需要,并发布一些新增的特征和功能。这个过程在每一个增量发布后不断重复,直到产生了最终的完善产品。

　　增量过程模型像原型实现和其他演化方法一样,本质上是迭代的。但与原型实现不一样的是,增量模型强调每一个增量均发布一个可操作产品。早期的增量是最终产品的"可拆卸"版本,但它们确实提供了为用户服务的功能,并且提供了给用户评估的平台。增量开发是很有用的,尤其是在配备的人员不能在为该项目设定的市场发布期限之前实现一个完全的版本时。早期的增量可以由较少的人员实现,如果产品很受欢迎,可以增加新的人手(如果需要的话)实现下一个增量。此外,增量能够有计划地管理技术风险,例如,系统的一个重要部分需要使用正在开发的且发布时间尚未确定的新硬件,有可能计划在早期的增量中避免使用该硬件,这样,就可以先发布部分功能给最终用户,以免过分延迟。

9.3.4.2 螺旋模型

螺旋模型(Spiral Model)是一个演化软件过程模型,它将原型实现模型的迭代特征与线性顺序模型中的顺序和系统化特征结合起来,从而使得软件增量版本的快速开发成为可能。在螺旋模型中,软件开发是一系列的增量发布。在早期的迭代中,发布的增量可能是一个纸上的模型或原型;在以后的迭代中,被开发系统的更加完善的版本逐步产生。

螺旋模型被划分为若干框架活动,也称任务区域,一般有三到六个任务区域,图9-8刻画了包含六个任务区域的螺旋模型。

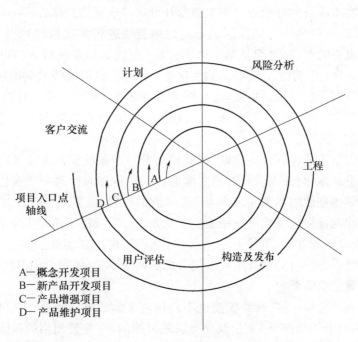

图9-8 一个典型的螺旋模型

(1)客户交流。建立开发者和客户之间有效通信所需要的任务。

(2)计划。定义资源、进度及其他相关项目信息所需要的任务。

(3)风险分析。评估技术的及管理的风险所需要的任务。

(4)工程。建立应用的一个或多个表示所需要的任务。

(5)构造及发布。构造、测试、安装和提供用户支持(如文档及培训)所需要的任务。

（6）客户评估。基于对在工程阶段产生的或在安装阶段实现的软件表示的评估，获得客户反馈所需要的任务。

每一个区域均含有一系列适应待开发项目特点的工作任务，称为任务集合。随着演化过程的开始，软件工程项目组按顺时针方向沿螺旋移动，从核心开始。螺旋的第一圈可能产生产品的规约；再下面的螺旋可能用于开发一个原型；随后可能是软件的更完善的版本。经过计划区域的每一圈是为了对项目计划进行调整，基于由客户评估得到的反馈调整费用和进度。此外，项目管理者可以调整完成软件所需计划的迭代次数。

螺旋模型能够被修改以适用于计算软件的整个生存周期。通过检查项目入口点轴线，可得到螺旋模型的另一个视角，沿轴线放置的每一个小方块都代表了一个不同类型项目的开始点。一个概念开发项目从螺旋的核心开始一直持续到概念开发结束（沿着中心阴影区域限定的螺旋线进行多次迭代）。如果概念将被开发成真正的产品，过程从第二个小方块（新产品开发项目入口点）开始，一个新的开发项目启动了。新产品的演化沿着比中心区域略浅的阴影区域所限定的螺旋进行若干次迭代。本质上，具有上述特征的螺旋是一直运转的，直到软件退役。有时这个过程处于睡眠状态，但任何时候出现了改变，过程都会从合适的入口点开始（如产品增强）。

对于大型系统及软件的开发，螺旋模型是一个很现实的方法。因为软件随着过程的进展演化，开发者和客户能够更好地理解和对待每一个演化级别上的风险。螺旋模型使用原型实现作为降低风险的机制，但更重要的是，它使开发者在产品演化的任何阶段均可应用原型实现方法。它保持了传统生存周期模型中系统的、阶段性的方法，但将其并进了迭代框架，更加真实地反映了现实世界。螺旋模型要求在项目的所有阶段直接考虑到技术风险，如果应用得当，能够在风险变成问题之前降低它。

但像其他范型一样，螺旋模型也不是包治百病的灵丹妙药。它可能难以使客户（尤其在合同情况下）相信演化方法是可控的；它需要相当的风险评估的专门技术，且其成功依赖于这种专门技术。如果一个大的风险未被发现和管理，毫无疑问会出现问题。最后，该模型本身相对比较新，不像线性顺序范型或原型实现范型那样广泛应用。这个重要的新范型的功效能够被完全确定，还需假以时日。

9.3.4.3　并发开发模型

并发开发模型（Concurrent Development Model）有时也称并发工程。并发过程模型可以被大致表示为一系列的主要技术活动、任务及它们的相关状态。例如，螺旋模型所定义的工程活动（任务区域）是通过执行下列任务来完成的：原型实现或分析建模,需求规约以及设计。

图9-9给出了并发过程模型中一个分析活动的图形表示。该活动在任一给定时间可能处于任一状态。同样地,其他活动(如设计或客户通信)也能够用类似的方式表示。

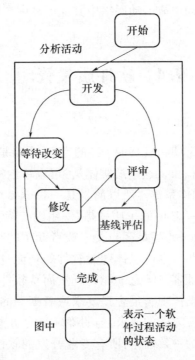

图9-9 并发过程模型元素

并发过程模型定义了一系列事件,对于每一个软件工程活动,它们触发从一个状态到另一个状态的变迁。例如,在设计的早期阶段,发现了分析模型中的一个不一致,这产生了事件"分析模型修改",该事件触发了分析活动从"完成"状态变迁到"等待改变"状态。同样地,如果用户表示必须做某些需求上的修改,那么分析活动就从"开发"状态转移到"等待改变"状态。

并发过程模型常常被用于作为客户机/服务器应用的开发范型。一个客户机/服务器系统由一组功能组件组成。当应用于客户机/服务器系统时,并发过程模型在两个维度上定义活动:一个系统维和一个构件维。系统维包含三个活动:设计、组装和使用。构件维包含两个活动:设计和实现。并发性通过两种方式得到:①系统维和构件维活动同时发生,并可以使用上述的面向状态的方法进行建模;②一个典型的客户机/服务器应用是通过多个构件实现的,其中每个构件均可以并发地设计和实现。

实际上,并发过程模型可应用于所有类型的软件开发,并能够提供关于一个项目的当前状态的准确视图。该模型不是将软件工程活动限定为一个顺序的事件序列,而是定义了一个活动网络。网络上的每一个活动均可与其他活动同时发生。在一个给定的活动中或活动网络中其他活动中产生的事件将触发一个活动中状态的变迁。

9.4 软件质量管理

9.4.1 软件质量

按照 GB/T 6583 – ISO 8402(1994 版)的定义,质量是"反映实体满足明确和隐含需要的能力的特性总和",这里的实体是"可以单独描述和研究的事物",如产品、活动、过程、组织和体系等。所以质量是一种需要,是一组好的特性组合。在 ISO 9000:2000 中,进一步明确了质量是"一组固有特性满足要求的程度"。

从产品的角度讲,质量是满足客户要求或者期望的有关产品或服务的一组特性,落实到软件上,这些特性可以体现为软件的功能、性能和安全性等。这些特性决定了软件产品保证客户满意的能力。然而从软件工程的角度讲,软件质量的内涵就不能仅仅包括体现满足客户要求或者期望的那些特性。因此,软件质量的内涵应涵盖以下三方面的要求:与明确确定的功能和性能需求的一致性;与明确成文的开发标准的一致性;与所有专业开发的软件所期望的隐含特性的一致性。

软件产品质量用质量特性和质量子特性的组合来描述。按照 ISO/IEC 9126 –1,软件质量分为六个质量特性,定义如下:

(1)功能性(functionality):是与一组功能及其指定的性质有关的一组属性,这里的功能是指满足明确或隐含的要求的那些功能。

(2)可靠性(reliability):是与在规定的时间和条件下,软件维持其性能水平的能力有关的一组属性。

(3)可用性(usability):是与一组规定或潜在用户为使用软件所需做出的努力和对这样的使用所作的评价有关的一组属性。

(4)效率(efficiency):是在规定的条件下,软件性能水平与所使用资源量之间关系有关的一组属性。

(5)可维护性(maintainability):是与进行指定的修改所需的努力有关的一组属性。

（6）可移植性（portability）：是与软件从某一环境迁移到另一个环境的能力有关的一组属性。

表 9 - 1 综合列出了基于质量特性和质量子特性组合的软件质量要素的简明定义。

表 9 - 1　软件质量要素的定义

质量特性	质量子特性	定义
功能性	适合性（suitability）	与指定任务所需各项功能的实现及其适合程度有关的软件属性
	准确性（accurateness）	与保证正确（或符合要求的）结果（或效果）有关的一些软件属性
	互操作性（inter – operability）	与软件同一些指定系统交互作用能力有关的一些软件属性
	功能依从性（compliance consistency）	使软件遵守相关的标准、约定或法律和类似规定的一些软件属性
	保密性（security）	对蓄意或无意非法存取程序和数据的预防能力有关的一些软件属性
可靠性	成熟性（maturity）	与软件故障引起的失效频率有关的一些软件属性
	容错性（fault – tolerance）	与在软件故障发生或其规定界面被破坏的情况下仍保持规定性能水平的能力有关的一些软件属性
	易恢复性（recoverability）	与在失效情况下能在给定时间和力量条件下重建性能水平并恢复直接受影响的数据的能力有关的一些软件属性
可用性	易理解性（understandability）	与用户为理解其逻辑概念及适用范围需作的努力有关的一些软件属性
	易学性（learnability）	与用户学习其应用（如操作控制、输入、输出）需作的努力有关的一些软件属性
	易操作性（operability）	与用户操作及运行控制所需的努力有关的一些软件属性
效率	时间特性（time behavior）	与完成软件功能时的响应及处理时间和吞吐率有关的一些软件属性
	资源利用性（resource behavior）	与完成软件功能所用资源量及占用时间有关的一些软件属性

（续）

质量特性	质量子特性	定义
可维护性	易分析性（analyzability）	与诊断故障或失效原因，或标识需修改部位所需的努力有关的一些软件属性
	易修改性（changeability）	与修改、故障排除或环境改变所需的努力有关的一些软件属性
	稳定性（stability）	与修改的意外影响带来的风险有关的一些软件属性
	易测试性（testability）	与确认修改的软件所需的努力有关的一些软件属性
可移植性	适应性（adaptability）	除已有手段外，与无需要其他措施或手段，软件便能适应指定的不同环境的能力有关的一些软件属性
	易安装性（installability）	与在指定环境中安装软件所需要的努力有关的一些软件属性
	一致性（conformance）	使软件符合与可移植性有关的各种标准和约定的若干软件属性
	易替换性（replaceability）	与在指定的其他软件运行环境中用本软件来置换那个软件的可能及所需的努力有关的一些软件属性

9.4.2　质量管理思想

质量管理指一个组织以质量为中心、全员参与为基础，为追求顾客满意和组织所有受益者满意而建立和形成的一整套质量方针、目标和体系。它通过质量策划设定组织的质量目标并规定必要的作业过程和相关资源；通过质量控制监视内部质量过程，排除质量环中可能存在的缺陷隐患；通过质量改进提高内部的质量管理能力，改善组织内部的质量过程；通过质量保证提供足够的信任证据，表明组织有能力满足用户的质量要求。

ISO 9000：2000 对质量管理的定义是"在质量方面指挥和控制组织的协调活动"。所以质量管理是确定质量方针、目标和职责，指导和控制组织所有与质量有关的相互协调活动。这些活动通常指后面介绍的质量策划、质量控制、质量保证和质量改进。质量管理的目标是为了追求更高的利益目标，保持组织的持续发展。

质量管理针对产品的质量环，通过 PDCA 循环，形成螺旋上升的质量改进。

PDCA 循环如图 9－10 所示。

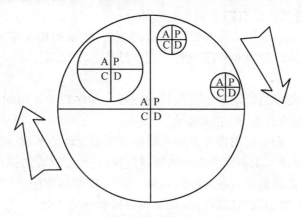

图 9－10 质量管理的 PDCA 循环

（1）策划（Plan－P）：质量管理的一个重要内容是对质量方针、目标和过程的策划，对质量过程进行识别和定义。

（2）实施（Do－D）：贯彻和实施质量策划，展开质量过程，执行质量计划。

（3）检查（Check－C）：检查质量过程的执行结果，评价质量过程的实施是否有效地达到了预期的目标。

（4）处理（Act－A）：分析检查结果，肯定成功的经验，形成组织的标准。分析不成功的原因，采取纠正预防措施，并在下一个 PDCA 循环中评价其是否有效。

PDCA 的一个特点是作为循环不停地转动，四个阶段一个也不能少，按 PD-CA 顺序不停地循环。第二个特点是，大循环套小循环。整个组织的质量活动是一个 PDCA 的大循环，每个过程会形成一个 PDCA 的小循环，过程中的活动又会形成 PDCA 循环。这样大循环套小循环，各项工作彼此联系、相互促进，形成了一个良好的自我完善机制。PDCA 的第三个特点是，循环的滚动是螺旋式上升的滚动，而不是原地旋转或在同一水平上的循环。

9.4.3 质量管理体系

GB/T 6583－ISO 8402（1994 版）对质量管理体系的定义是："为实施质量管理所需的组织结构、程序、过程和资源。"ISO 9000：2000 表述为："在质量方面指挥和控制组织的管理体系。"CMM（Capability Maturity Model）没有明确提出质量管理体系的概念，但在每个关键过程域的目标要求中，隐含提出了建立有关质量管理体系的要求。

质量管理体系是质量管理的运作实体。质量管理通过质量管理体系来运作和执行。质量管理体系有四个基本组成部分：

（1）组织结构：组织结构是组织成员的职责、权限和相互关系的有序安排，包括机构设置、岗位设置和权限设置。组织结构还可以延伸至组织与外部组织之间的接口。

（2）程序：程序是活动或过程执行的途径。程序规定了组织进行各种质量活动和质量过程的方法、规定和途径。

（3）过程：过程是利用资源将输入转换成输出活动的系统，质量管理体系的一个重要任务就是标识和定义组织的质量过程，并确定过程的执行程序。

（4）资源：资源包括人员、设备、设施、资金、技术和方法。质量管理体系必须规定和提供合适的资源以执行各项质量过程和质量活动。

9.4.4　软件质量策划

ISO 9000 评价质量管理体系有效性的第一个方面是，组织的过程是否被恰当地识别和定义，并且形成文件化的程序，亦即对组织的质量活动进行策划。

具体对软件组织而言，质量策划的内容包括以下方面：

（1）确定软件组织，建立适应其生产特点的组织结构，以及人员的安排和职责分配。为建立软件组织的质量管理体系做最基础的准备。

（2）确定组织的质量管理体系目标，根据组织的商业需要和产品市场，确定选择 ISO 9000 或 CMM 作为其质量管理体系的符合性标准或模型。

（3）标识和定义组织的质量过程，亦即对组织的质量过程进行策划，确定过程的资源、主要影响因素、作业程序和规程、过程启动条件和过程执行结果规范等。过程策划不仅策划过程本身的质量因素，还要考虑过程间的关系和相互影响。显然，过程策划是质量策划的一个最艰巨、也是最关键的任务。事实上，在 CMM 体系中，组织的标准软件过程是根据过程策划的结果而建立的。

（4）识别产品的质量特性，进行分类和比较，建立其目标、质量要求和约束条件。产品策划的关键是确定产品的特性和类型，它遵循过程策划的结果，定义具体产品或项目的质量过程。在 CMM 中，用项目定义软件过程来描述这一策划。

（5）质量策划的最后一个重要内容，是策划质量改进的计划、方法和途径。

不论 ISO 9000 还是 CMM 都强调过程、活动之间的关系，尽管 ISO 9000 和 CMM 对过程（Process）一词所涵盖的范围有所不同，但它们的本质是一样的。

GB/T 6583 - ISO 8402（1994 版）对过程的定义是"将输入转化为输出的一组彼此相关的资源和活动"；ISO 9000:2000 明确地将过程定义为"一组将输入

转化为输出的相互关联或相互作用的活动"。CMM 中没有对过程的定义,但用过程域(Process Area)的概念来组织和关联主要的软件质量过程。CMM 中对过程域的描述是"一组彼此相关的活动,这些活动执行后,使得过程可以达到某些目标,以证明其有这样的能力,满足用户有关的质量要求"。所以过程是由活动组成的,而质量管理体系策划的第一步是识别并定义过程。

软件组织的质量过程通常包含两种类型,即软件工程过程和组织支持过程。

1. 软件工程过程

软件工程过程是我们通常所说的软件生命周期中的活动,一般包括软件需求分析、软件设计、软件编码、软件测试、交付、安装和软件维护。

软件工程过程是软件生产的基本活动,但随着软件工程方法学的发展,新的软件工程模型或者说生命周期模型不断出现。将软件工程的基本活动按照一定的生命周期模型组织起来,就构成了软件的基本生产过程。一个组织的软件过程策划一般包括两个阶段:组织标准生产过程的策划和项目产品策划。

CMM 中定义了三个关键过程区域来实现这两个阶段的过程策划:

(1)组织过程定义(Organization Process Definition):组织过程定义的主要任务是识别和确定组织的质量过程,将实现组织目标所必需的和比较成熟的软件过程、过程资源要求、过程程序、过程产品要求等,通过文件化形成制度,并通过培训等机制贯彻到整个组织,以改进所有项目的过程性能。

(2)软件项目策划(Software Project Planning):软件项目策划对应于 ISO 9001 的产品策划。其目的是为具体软件项目的开发、检查活动制定合理的计划。软件项目策划本身就是质量策划的一个活动。项目策划的主要内容包括确定项目开发的主要活动(软件工程过程)及活动间的关系、制定项目的开发进度、配备合适的资源、设定合适的检查点和检查方式等。

(3)软件产品工程(Software Product Engineering):软件产品工程的目的是协调一致地执行良定义的工程过程,将软件工程活动组成一个有机的整体以生产出更好、更符合用户要求的软件产品。软件产品工程描述了项目的技术活动,如需求分析、设计、编码和测试。

2. 组织支持过程

组织支持过程是软件组织为保证软件工程过程的实施和检查而建立的一组公共支持过程。通常支持过程不属于软件生命周期的活动。主要包括:

(1)管理过程。包括评审、检查、文档管理、不合格品管理、配置管理、内部质量审核和管理评审。

(2)支持过程。包括合同评审、子合同管理、采购、培训、进货检验、设备检验,度量和服务。

在 CMM 中,有一些对应的关键过程域,如:

(1) 需求管理(Requirements Management)。需求管理与 ISO 9001:2000 的合同评审是对应的。其目的是保证客户的要求得到一致的理解,并且组织有能力满足客户要求。当客户要求发生变化时,要保证组织原来的和变化了的承诺可以实现,并保证变化正确地传递到组织各有关部门。

(2) 软件子合同管理(Software Subcontract Management)。软件子合同管理对应于 ISO 9001:2000 的采购过程控制。其目的是选择合适的分包商并对他们进行有效的管理。

(3) 软件质量保证(Software Quality Assurance)。软件质量保证对应于 ISO 9001:2000 的设计评审、验证、确认和过程检验以及产品检验。其目的是通过对软件项目开发过程中适当的、可见的阶段性成果和最终产品进行检查,实现对软件产品的质量管理。

(4) 软件配置管理(Software Configuration Management)。软件配置管理对应于 ISO 9001:2000 的文件控制和产品标识,其目的是建立和维护软件项目产品在其整个生命周期中的完整性。

(5) 培训程序(Training Program)。培训程序的目的是提高员工的技能和知识,使他们可以更有效、更好地完成任务。培训是组织主动地、有计划地安排的活动,但特殊的软件项目应该提出具体的培训要求。

(6) 同行评审(Peer Reviews)。同行评审的目的是尽早和有效地清除软件工程产品的缺陷。同行评审非常重要,并且可以使用软件产品工程描述的技术活动之外的其他有效的工程方法,如 Fagan 风格的审查、结构化遍历及其他许多评审方法。

9.4.5 软件质量控制与保证

ISO 9000 对质量管理体系有效性评价的第二个方面是文件化的质量过程是否被充分地展开,并有效地贯彻和实施。CMM 的每一个关键过程域由五个公共特征组成,或者说这些公共特征实际上刻画了过程的承诺、能力、活动度量和验证。其中承诺和能力定义了质量活动的方针、目标、方法和资源等;活动描述了质量过程的要求;度量和验证描述了对质量活动的质量保证。

软件质量控制的主要目标就是按照质量策划的要求,对过程进行监督和控制。质量控制的主要内容如下:

(1) 组织中的与质量活动有关的所有人员,按照职责分工进行质量活动。

(2) 所有质量活动按照已经策划的方法、途径、相互关系和时间有序地进行。

（3）对关键过程和特殊过程,实施适当的过程控制技术,如统计过程控制（Statistical Process Control,SPC）以保持过程的稳定性,并在有控制的情况下,提高过程的能力。

（4）所有质量活动的记录,都被完整、真实地保存下来,以供统计分析使用。

现代质量理论认为:"质量形成于过程"。所以软件过程流的管理,是软件质量控制中非常重要的环节。过程流管理的基本原则如下:

（1）按计划和设定条件启动和结束过程流中的质量活动。目前许多软件组织都是在软件详细设计还没有做完或者完全确认之前,就匆忙开始编码,结果导致设计不断地改变,程序不断地推翻重写,程序员不断地抱怨,整个项目进度一再延期。这也从反面进一步说明过程质量控制的重要性。在实践中,应该根据项目特点,进行适当策划。例如,有些实验性、创新性的项目,只有通过编码和程序运行验证,才能进行设计的确认,对于这样的项目,编码活动可以放在设计过程中,甚至作为软件详细设计的一个子活动或者阶段。反之,可以放在软件生产过程中。过程管理则根据不同的策划进行相关的过程控制。

（2）过程控制的出发点是预防不合格。按照计划对中间产品进行验证,防止不合格的产品非预期地转入下道工序。

（3）记录和保持必要的过程活动的质量记录。过程是组织的财富,过程数据则是这些财富的内涵和证明。如何记录和保持过程数据是软件组织质量管理工作的最艰巨,也是最必要的工作,否则,无法可依,无据可循,质量过程就成了一纸空文,无任何价值。

软件质量保证的目的是向组织的内部或外部提供信任证据。对内向组织的管理者表明组织的质量管理处于良好的状态,所有质量活动有效地运行;对外向顾客表明,组织有能力满足顾客的要求,提供符合质量要求的产品和服务。

9.4.6　软件质量的度量和验证

软件质量的度量分为产品质量度量和过程质量度量两大类型。

产品质量度量依赖于具体的产品标准,通过测量获得产品质量特性的有关数据,辅以合适的统计技术以确定产品或同批产品是否满足规定的质量要求。一些有关软件产品的度量技术已经比较成熟,如复杂性度量和可靠性度量。

软件过程质量的度量目前还是一个新兴的课题。一些实用的统计技术,如测试过程中的 Bug 发生率、千行误码率等,已经得到比较广泛的应用,但对软件质量过程的度量,远不如制造业成熟。这是因为一直以来,软件作为一种高智力、高创造性的工作在进行着。随着信息技术对全社会的渗透,软件工程的理论发展,使软件业越来越向制造业靠拢。社会需要成熟的软件产品,这种成熟不是体现在简单复制等再生产环节的成熟,而是整个软件设计、开发、生产过程的成熟。

ISO 9001:2000 强调"组织应采用适宜的方法对质量管理体系过程进行监视,并在适用时进行测量。这些方法应证实过程实现所策划的结果的能力。"并且组织应收集和分析适当数据,以确定质量管理体系的适宜性和有效性并识别可以实施的改进。

CMM 关键过程域的公共特征(Common Features)之一——度量与分析(Measurement and Analysis)这样描述:"度量与分析描述了对过程的度量以及对度量结果进行分析的要求,典型的度量和分析,是确定活动执行的状态和有效性。"

ISO 9000:2000 中对验证(Verification)的定义是"通过提供客观证据对规定要求已得到满足的认定"。CMM 在关键过程域的公共特征之一——验证实现(Verifying Implementation)中这样描述:"验证实现是保证活动按照已经建立的过程执行的一系列步骤。典型的验证有管理部门的评审、审核和软件质量保证。"

在软件质量管理中,对软件产品的验证,通常包括对各级设计的评审、检查,各个阶段的测试等。对软件过程的验证,则是对过程数据的评审和审核。ISO 9000 中的内审和管理评审正是执行过程验证的主要活动。CMM 每个关键过程域的公共特征——验证实现,都包括了对过程的验证。

软件质量的度量和验证,体现了对质量管理体系有效性评价的最后一个方面,即文件化的质量管理体系是否适合于有效地实现预期的目标。

9.4.7　软件质量改进

质量改进是现代质量管理的必然要求,ISO 9000 要求组织定期进行内审和管理评审,采取积极有效的纠正预防措施,保持组织的质量方针和目标持续适合组织的发展和利益攸关方的期望。在前面介绍的组织支持过程中,内部质量审核和管理评审,即是为质量改进而定义的过程,质量改进过程也是重要的质量过程。CMM 中没有明确定义质量改进的关键过程域,但 CMM 要求成熟度级别的上升和五级定义的缺陷预防、技术革新管理和过程变更管理都是致力于质量改进的工作。

软件质量策划需要对软件过程的质量改进的具体要求,如时间、资源、计划、目标等进行策划和准备。具体进行过程改进的活动包括:

1. 度量与审核

质量管理体系的目的是赢得顾客满意,因而软件组织应该实施适当的活动或过程对顾客的满意程度予以记录并进行科学的分析。顾客的满意程度信息主要来自两个方面:一方面来自顾客或其他方(如认证机构)对组织能力的满意程度,信息主要来自顾客对软件组织评审和第三方对组织质量管理体系的审核;另一方面来自顾客对软件组织产品的满意程度,这样的信息可以从对软件产品售后的维护和跟踪以及对市场的调查得到。

组织应在适当的阶段对软件产品及其实现过程进行测量和监督,以验证产品是否满足预期的要求以及产品的实现过程是否具有持续满足预期目的的能力。这样的测量和监控应在质量策划时予以明确。

内部质量管理体系审核是组织对质量管理体系进行监控的重要手段。组织应定期开展质量管理体系审核以评价质量管理体系对质量管理体系要求的符合性和满足质量要求方面的有效性。内审的策划和准备是组织质量策划的主要内容。

2. 纠正和预防措施

对于质量管理体系运行时发现的不合格情况,组织应该针对其原因采取并实施纠正措施。"纠正"和"纠正措施"是两个不同的概念。"纠正"针对不合格情况本身,而"纠正措施"是针对造成不合格的原因。预防措施同纠正措施也不同,预防措施的目的是消除潜在的不合格原因,防止不合格发生;而纠正措施的目的在于消除实际的不合格原因,防止不合格再发生。

组织应恰当使用来自各方的信息,如包括影响产品质量的有关过程,对不合格的评定结果、审核报告、评审报告、服务报告、质量记录、顾客投诉,通过对信息分析,发现、分析不合格的潜在原因,针对这些原因采取相应的预防措施。

纠正和预防措施是质量改进的重要手段。组织必须对其进行认真的策划和执行,并客观评价其有效性,以确保组织的过程能力得到了实际的改善和提高。

3. 管理评审

管理评审是组织实现持续改进的重要环节。组织的最高管理者应定期进行管理评审,就质量方针和质量目标对质量管理体系的现状和适应性进行评价。由于软件行业是一个飞速发展的行业,技术进步和市场发展速度非常快,要满足顾客和市场的要求,就必须使组织的经营跟得上行业发展的速度。因而对于软件组织来说,管理评审应该更加频繁地开展,特别是应在适当的时机及时进行以适应顾客和市场要求的变化,抢占领先的地位。

9.4.8 软件能力成熟度模型

软件能力成熟度模型(Capability Maturity Model, CMM)是卡内基—梅隆大学软件工程研究院(Software Engineering Institute, SEI)为了满足美国联邦政府评估软件供应商能力的要求,于 1986 年开始研究的模型。

持续的过程改进意味着许多小的、循序渐进的改进步骤,而不是革命性的变革。CMM 提供了一个框架将这些渐进的步骤组织成五个成熟度的级别,为持续的过程改进奠定了基础。五个成熟度级别定义了度量组织软件过程和评估软件过程能力的尺度,是一个良定义并螺旋式上升的阶梯型层次结构。CMM 模型五级阶梯式结构如图 9 – 11 所示。

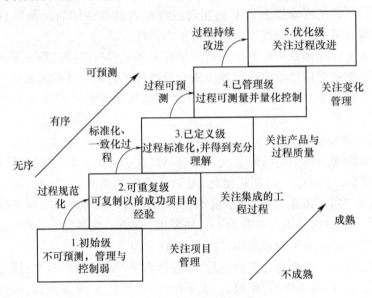

图 9 – 11 CMM 模型示意图

CMM 的各个级别都建立了一组关键过程区域(Key Process Area,KPA),这些 KPA 定义了一组过程目标,对软件工程的过程能力提出了明确的要求。如果满足了这组目标,则说明软件过程的某些重要活动已经稳定。随着成熟度级别的上升,目标要求也逐步提高,促使组织有计划、系统地走向更加成熟和完善。

第 1 级(初始级):这时的软件组织没有任何对质量和过程的管理,软件的开发和生产处于无序的状态,产品的成功完全依赖于个人的天才和努力。所以,第 1 级的组织通常不能提供稳定的软件开发和维护的活动和环境。事实上,当一个组织缺乏系统、有效的管理手段时,任何好的软件过程实践所可能获得的利益都将因为无计划的管理而大打折扣。处于第 1 级别的组织,其软件过程的能力是无法预计的,因为软件过程随着工作的进展经常变化,而且这种变化是无序和随意的,进度、预算、功能和产品质量通常都无法预计。产品性能依赖于个人的天分、知识和主动性,几乎没有一个过程是稳定的。

　　第 2 级(可重复级):对基本的项目过程建立了成本、进度和功能实现情况的跟踪管理,将成功的项目经验总结成必要的工程学科定律,并使之能重复用于后面类似项目的开发中。处于第 2 级组织的项目管理者的注意力已经从技术转移到项目的组织和管理上,并建立了基本的软件管理过程。他们应该具备两种能力:其一,尽可能准确地确定项目的状态,并在有关人员之间进行必要的沟通;其二,尽可能准确地估计所作决定将会对项目产生的影响,形成文档,并依据进度、工作努力程度和产品质量因素等进行评审。总之,处于第 2 级的组织,他们的项目计划和跟踪管理过程是稳定的,以前的成功经验得以重复利用。新项目的实际计划都可以依据以往项目的执行经验。项目的执行过程处于项目管理系统的有效控制之下。

　　第 3 级(已定义级):软件过程的管理和工程活动都已形成标准,并以文件的形式确定下来,成为组织的标准软件过程。所有项目的开发和维护活动都必须遵循这些已被证明的、制度化的软件过程标准,但可以视项目的具体特征,根据制度化的裁剪准则进行剪裁。在第 3 级,贯穿于整个组织的软件开发和维护的标准过程已经制度化,并形成文档。这些标准过程包括软件工程过程和管理过程两个方面,并被集成为一个整体。第 3 级建立的过程可以帮助软件管理者和技术人员更加有效地工作。组织在标准化软件过程后,可以开拓出更为有效的软件工程实践。第 3 级的组织应该建立一个小组,专门负责协调和管理软件过程,如软件工程过程组(Software Engineering Process Group,SEPG),并对全体员工都应行相关的培训,以保证管理者和技术人员都有足够的经验和技能履行他们的职责。总之,处于第 3 级的组织,其软件工程活动和管理活动都应该是稳定并且可重复的,表现出标准化和一致性的特征。产品线、费用、进度以及产品质量都得到较好的控制。对软件公共的活动、角色和责任都进行了明确的定义,体现出较好的软件过程成熟能力。

　　第 4 级(已管理级):第 4 级的组织对软件产品和软件过程都建立了量化的质量目标,并建立了组织范围内的过程数据库,以收集所有的过程数据,一些重要的软件质量活动的生产能力和质量都可按照已定义的度量程序进行度量。这些度量为定量估计以后项目的成本、进度等提供了基础。由于尽可能减小了过程在执行中发生变化的机会,每一个过程都处于可接受的度量范围之内,所以,所有项目的产品和过程都达到了可控制的状态。对于过程执行中特殊的、有影响的特殊变化能够被及时发现,并可以和一般的随机偶然变化区分开来。由于对过程和过程性能进行了科学的定义和管理,当面对新的应用领域时,在学习相关领域知识和计划阶段就可能发现存在的主要问题和风险,使风险规避提前到计划段甚至更前。总之,处于第 4 级的组织,过程是可度量和可操作的,因此它的特征具有可预言性。组织可以在界定的范围内预计其软件过程的进展和产品质量。超出范围时，也可以采取适当的行动来适应情况和控制变化的发展。

第 5 级(优化级)：组织有足够的能力和良好的方法识别过程的缺陷，并采取有效的措施避免缺陷的非预期或重复发生。第 5 级的组织可以收集有效的软件过程数据，通过对数据的度量，分析新技术的成本效益，并对软件过程改进提出适当的建议。建立良好的技术变化管理机制，促使好的软件工程实践的革新思想脱颖而出，并辐射到整个组织，使组织的软件过程得到持续的改进和完善。

9.4.9　ISO 9000 和 CMM 的关系

ISO 9000 是国际标准化组织凝炼全世界先进的质量管理经验而形成的质量管理体系国际标准，已经在全球范围内得到了广泛的采用，它对推动组织的质量管理发挥了积极的推动作用。

CMM 是 SEI(Software Engineering Institute)应美国国防部要求，专门针对软件组织的一个质量管理模型，同时也是软件采购组织评价供应方合格软件提供能力的一个软件过程能力评估模型。CMM 自 1987 年发布以来，立即得到了软件组织的普遍认同，已经成为事实上的工业标准。

事实上，ISO 9000 和 CMM 并不是孤立或彼此矛盾的。它们的产生根源都来自于 W. E. Deming 和 J. M. Juran 的全面质量管理(TQM)的思想。TQM 最早被 IBM 公司的 Ron Radice 和 Watts Humphrey 应用于软件(工程)过程。1986 年，Humphrey 从 IBM 退休之后加入了卡内基—梅隆大学的软件研究所。他所带去的想法与经验成就了软件能力成熟度模型 CMM 的基础。

所以，ISO 9000 和 CMM 产生于同一质量管理理论体系，它们必然存在着许多的共同之处。ISO 9000 作为一个公共的质量管理标准，更多地提出了对质量管理的要求；而 CMM 作为一个评估软件组织过程能力的模型，则更多地阐述了对过程的定义、分解、控制和度量。所以 ISO 9000 和 CMM，尤其是与 CMM2、CMM3 级，是可以相互补充、相辅相成的。

当然，这里有必要提一下在软件的质量管理方面目前存在的两个误区：

1. ISO 9000 不适用于软件组织

持这种观点的人认为：软件开发是高度知识密集型的工作，是开发人员的智力创作，对开发人员的知识和技术水平要求较高。实施 ISO 9000 难以达到预期的效果——保证软件组织开发出符合要求的软件产品的能力。

ISO 9000 是一个公共的质量管理标准，来源于制造业，但 ISO 9000 既不是产品标准，也不是某一领域的技术标准，而是指导组织建立、实施质量管理体系的管理标准。它具有两种主要职能，即管理和保证职能。它提供了一个比较科学的管理和保证机制,而这正是任何组织都需要的。因此,本质上 ISO 9000 适用于所有的组织。

同时,为了更好地在各个领域应用 ISO 9000,ISO/TC 176 在 1994 版的标准中,将产品分为四类,即硬件、软件、流程性材料和服务,并发布了 ISO 9000 – 3(ISO 9001 在计算机软件的开发、供应、安装和维护中的应用指南),针对软件开发的特点制定了相应的补充性指南。2000 版的 ISO 9000 标准采用了过程方法的模式结构,充分考虑了标准对各种规模和类型的组织的适应性,因此,ISO 9000 从原理和方法上都可以适用于软件组织。

2. 软件组织难以实施 ISO 9000

持这种观点的人认为:软件组织是一个以设计为主要质量过程的组织,创造性劳动占据了大部分的质量活动。ISO 9000 来源于制造业,要求建立文件化的质量管理体系,并要求相关人员严格按照程序执行,可能会在一定程度上约束软件工程师的创造性思维,或者无法对软件工程的实践进行有效的管理。

产生这种认识的根源是,没有充分理解 ISO 9000。同时也是由于质量管理的咨询和技术人员对软件工程缺少正确的理解,因此为软件组织建立了一个僵化的质量管理体系,导致生产效率的下降和管理成本的增加。

事实上,软件工程理论认为,软件应该按照工程的方法去实现和生产。工程就是一种将过程进行系统组织的体系,所以软件生产的根本还是过程,只是软件过程有其特殊的性质,不能照搬制造业对过程的识别、定义和控制手段。ISO 9000 强调的是过程管理的要求,而不是过程方法。所以在软件组织完全可以实施 ISO 9000,只是必须根据软件工程的特点识别和策划软件过程,进而建立有效的软件质量管理体系。

所以,ISO 9000 和 CMM 都同样适用于软件组织。但以我国软件组织的情况而言,大多数目前还处于无序的管理水平,过程没有定义和规范,质量管理没有明确的要求,文档不健全,不能反映真实设计或者甚至于根本没有。如果仅仅采用 CMM2 级标准,由于只是针对项目层面的过程管理,无法建立组织的标准质量管理体系,很难看到管理的效率,甚至可能引起管理混乱。而如果从 CMM3 级入手建立质量体系,则这种跳级方式对本身资质并不很好的软件组织来说,难度太大,同时也会给组织带来沉重的压力。大多数组织可能难以承受从一开始就按照 CMM3 级目标进行软件质量管理体系建设所带来的改革、工作量和经济上的负担。所以对大多数软件组织而言,综合导入 ISO 9000 和 CMM 是一个比较好的选择。一方面从体系上导入 ISO 9000 的质量管理体系,建立组织的标准质量管理准则和质量管理要求,使组织有一个宏观的质量管理体系和框架;另一方面在质量策划上,引入 CMM 的管理模型,建立基本的项目管理体系和过程定义方法,即可逐步地实现软件过程改进。

9.4.10　软件组织如何建立质量管理体系

软件组织必须根据组织现有管理模式的成熟能力选择合适的质量管理标准或模型。一般而言,软件组织可以基于 CMM 或 ISO 9000 - 3(ISO 9001 在计算机软件的开发、供应、安装和维护中的应用指南)的质量管理要求,而不必刻意进行认证。其目的是进行过程改进,提高内部质量管理水平。

建立和实施质量管理体系通常由下述几个步骤组成:

1. 确定顾客的需求和期望

组织采用质量管理体系的目的是为了不断追求顾客满意,因而软件组织建立质量管理体系首先要明确顾客对于组织的需求和期望。这里提到的顾客需求和期望与软件工程中提到的用户需求在含义上有所区别,它不仅包括顾客对软件组织提供的产品的质量要求,还包括顾客对于组织过程能力以及质量管理体系的质量保证能力的要求。顾客在决定向组织购买或委托研制软件产品前往往需要对组织的软件开发能力和质量保证能力进行考查。软件组织的首要任务是确认顾客的要求。这样的要求来源于顾客对于具体软件产品的要求,市场对于软件产品的要求,相关的法律、法规以及行业的规定与规范的要求等。

具体来说,组织应该:

(1)明确组织应遵守的法律法规以及行业规定。

(2)建立自己的顾客需求调查方法,了解市场动向,从而在合同发生前有可能在组织和技术上进行调整。

(3)建立科学有效的顾客需求分析方法和规范,确保对顾客明确的和隐含的要求的识别。

(4)为改善顾客满意度建立相关的机制。

2. 建立组织的质量方针和质量目标

软件组织在确定了顾客的要求之后,就要以满足这些顾客要求为前提制定组织的质量方针和质量目标。软件组织对于顾客需求和期望的确定,以及与之对应的质量方针和质量目标的制定反映了组织"以顾客为关注焦点"的质量管理原则。

质量方针是组织的最高管理者制定的组织在质量方面的宗旨,是组织对质量和顾客满意的追求与承诺,同时还要兼顾其他相关方(如社会利益、环境保护等)的要求和利益诉求。质量方针应该体现组织的总目标,是组织经营总方针的组成部分。质量方针要形成文件并由最高管理者发布。其内容应该简明,易于在组织内理解和贯彻执行。

对于软件组织,质量方针应考虑如下几个基本方面:

(1) 软件行业在国内外技术发展的动态和本组织在市场中的定位。

(2) 产品的定位和顾客需求的预测。

(3) 组织的经营方针与目标。

(4) 组织的现有能力和技术发展规划。

(5) 最高管理者的管理理念。

(6) 相关的法律法规和行业规定。

质量目标是实现质量方针的具体要求。它通过过程管理将质量方针和方针的实施联系起来,是架在质量方针和实际操作之间的桥梁。质量方针的要求应高于现状,迫使组织追求前进的方向,且有能力达到(形象的说法是"跳着脚可以够得到")。质量目标作为质量管理体系审核的依据,应该是可以衡量和考核的。质量目标在实施中要分解细化到部门和岗位,结合部门和岗位的工作。

3. 确定实现目标必需的过程和职责

质量管理体系是质量管理的运作实体,而质量管理体系又是通过质量过程来实施的。所以,组织建立质量管理体系的主要工作是确定组织过程,制定相关的程序,确定执行过程的管理职责以及对这些管理职责的分配。

组织首先要识别过程,这是实现过程控制的基础。不能识别过程就无法定义过程,当然也谈不上对过程的控制。

识别过程的基本方法是业务过程分割法:首先罗列出组织的业务,然后针对每项业务,罗列出业务的实现步骤,将业务的实现步骤按一定的规则进行划分,即可得到业务实现的一系列过程。针对每一个过程,确定其输入和输出,并为从输入到输出的实现制定详细的控制办法并配备充分的资源,即构成了过程管理。

对于软件组织来说,基本的业务模型是软件生命周期模型。软件组织可以以软件生命周期作为基本的模板对组织过程进行识别。一般来说,同软件生命周期相关的过程包括合同管理(包括合同的评审、创建以及修订工作)、需求分析、项目策划、设计、编码、测试、验收、复制、交付、安装、服务、对于软件生命周期各阶段的评审和验证等。除此之外,组织还必须对其他一些辅助支持过程进行识别,如子承包方的评价和控制、培训以及过程改进需要的内审、管理评审等。

对组织过程进行识别后,就要对组织过程进行定义。目的是明确过程的输入和输出、过程的活动和资源、过程与过程之间的接口关系、过程执行的程序以及执行过程的管理职责等。

另外,软件组织应建立其"标准软件过程"及其剪裁准则。这里的"标准软件过程"不同于前面"过程"的意义,它由"过程"组成并包含软件产品的整个生成过程。为了阐述软件项目对不同领域、生命周期、方法论和工具的需要,软件组织可能需要多种"软件过程","标准软件过程"为软件开发项目和软件维护项目提供了一个通用的模板,它给项目确定了基本的开发过程和步骤。一般来说,软件组织使用软件生命周期模型作为"标准软件过程"的描述。组织应明确"标准软件过程"中各"过程"要素之间的相互关系,并为"标准软件过程"的使用和裁剪提供准则。

组织过程定义应该体现以下质量管理的原则:

(1)过程方法:组织过程的识别和确定,将相关的资源和活动作为过程进行管理。

(2)领导作用和全员参与:确定和分配管理职责,创造可以使员工充分参与质量活动的环境和机制,以期实现组织的目标。

(3)基于事实的决策方法:确定对过程数据和信息的测试、度量和分析方法。

(4)管理的系统方法:确定组织的标准软件过程及其裁剪准则,以期提高组织的有效性和效率。

4. 形成质量管理体系文件

质量管理体系要求以文件化的形式,使组织的管理要求形成制度。质量管理体系文件是质量管理体系的具体体现,是质量管理体系运行的法规性依据。质量管理体系文件一方面使得组织对于质量管理体系的要求和规定以文字形式确定下来并予以贯彻,另一方面可为组织取得顾客信任和第三方认证提供证据。质量管理体系文件一般包括以下三个层次:

1)质量手册

质量手册是阐明一个组织的质量方针,并规定其质量管理体系的文件。质量手册的形成要在组织的质量方针和质量目标得到明确以后,在组织的管理职责、资源管理、产品实现、组织的产品、过程、体系和顾客满意的测量、分析和改进方面进行系统的描述。质量手册常应包括或涉及:

(1)质量方针;

(2)影响质量的管理、执行、验证或评审工作的人员职责、权限和相互关系;

(3)质量管理体系程序和说明;

(4)对质量管理体系所包括的过程顺序和相互作用的表述;

(5)关于手册的评审、修改和控制的规定。

2)程序文件

程序文件是质量手册的支持性文件,是对各项质量活动采取方法的具体描述。"书面或文件化程序中通常包括活动的目的和范围;做什么和谁来做,何时、何地以及如何做,采用什么材料、设备和文件;如何对活动进行控制和记录。"书面化的程序应具有可操作性和可检查性,是质量管理体系实施中必须遵守的具有约束力的文件,也是对与质量有关的管理、技术和人员控制的依据。

3) 作业指导书

形成文件的程序一般不涉及纯技术性细节,这些细节通常在作业指导书中加以规定。作业指导书是用以指导某个具体过程、产品形成的技术性细节描述的可操作性文件,如操作规范、文档规范等(外来的与质量管理相关的技术性文件也可以放在这个层次)。这个层次还包括各种表格、报告等。质量记录也可以放到这个层次上,或者作为第四个层次存在于质量管理体系文件中。

9.5　软件配置管理

在开发计算机软件的过程中,变更(change)是不可避免的,并且,变更增加了共同为某一项目工作的软件工程师之间的混淆程度。如果变更进行前没有经过分析、变更实现前没有被记录、没有向那些需要知道的人报告变更或变更没有以可以改善质量及减少错误的方式被控制时,混淆将会产生。

软件配置管理(Software Configuration Management,SCM)是应用于整个软件过程中的庇护性活动。因为变更可能发生在任意时间,设计 SCM 活动以便:①标识变更;②控制变更;③保证变更被适当地实现;④向其他可能有兴趣的人员报告变更。

清楚地区分软件维护和软件配置管理是很重要的。维护是发生在软件已经被交付给客户并投入运行后的一系列软件工程活动,而软件配置管理则是贯穿于软件生存周期的,直至软件退出运行后才终止的一组跟踪和控制活动。

9.5.1　软件配置项

软件过程的输出信息可以分为三个主要的类别:①计算机程序(源代码和可执行程序);②描述计算机程序的文档(针对技术开发者和用户);③数据(包含在程序内部或在程序外部)。这些项包含了所有在软件过程中产生的信息,总称为软件配置项(Software Configuration Items,SCI)。

一个 SCI 可被考虑为某个大的规约中的某个段落或在某个大的测试用例集中的某个测试用例,更实际地,一个 SCI 是一个文档、一个全套的测试用例或一个命名的程序构件(如 C++函数或 Ada 的包)。

除了那些从软件工程工作产品导出的 SCI 外,很多软件工程组织也将软件工具列入配置控制之下,也就是说,特定版本的编辑器、编译器和其他 CASE 工具都被"固定"作为软件配置的一部分。因为这些工具被用于生成文档、源代码和数据,所以当对软件配置进行改变时,它们必须是可用的。

9.5.2 基线

基线是一个软件配置管理的概念,它帮助人们在不严重阻碍合理变更的情况下来控制变更。IEEE Std. No. 610.12 – 1990 定义基线如下:

已经通过正式评审和批准的某规约或产品,它因此可以作为进一步开发的基础,并且只能通过正式的变更控制规程被改变。

在软件工程的范围内,基线是软件开发中的里程碑,其标志是通过一个或多个软件配置项的交付且这些 SCI 已经经过正式技术评审而获得认可。例如,某设计规约的元素已经形成文档并通过评审,错误已被发现并纠正,一旦规约的所有部分均通过评审、纠正和认可,则该设计规约变成一个基线,任何对程序体系结构(记录在设计规约中)进一步的变更只能在每个变更被评估和批准之后方可进行。

在 SCI 被评审并认可后,它们被放置到项目数据库(也称为项目库或软件中心存储库)中。当软件工程项目组中的某个成员希望修改某个基线 SCI 时,该 SCI 被从项目数据库复制到工程师的私有工作区中,然而,这个提取出的 SCI 只有在遵循 SCM 控制的情况下才可以被修改。

9.5.3 SCM 过程

任何关于 SCM 过程的讨论均涉及下列问题:

(1)一个组织如何标识和管理程序(及其文档)的很多现存版本,以使得变更可以高效地进行?

(2)一个组织如何在软件被发布给客户之前和之后控制变更?

(3)谁负责批准变更并给变更确定优先级?

(4)如何保证变更已经被适当地进行?

(5)用什么机制去通知其他人员已经发生的变更?

这些问题导致我们对五个 SCM 过程的定义:标识、版本控制、变更控制、配置审核和配置状态报告。

9.5.4 软件配置中对象的标识

为了控制和管理软件配置项,每个配置项必须被独立命名,然后用面向对象的方法组织。有两种类型的对象可以被标识:基本对象和聚合对象。基本对象是软件工程师在分析、设计、编码或测试中创建的"文本单元",例如,一个基本对象可能是需求规约的一个段、模块的源程序清单,或一组用于测试的测试用例。一个聚合对象是基本对象和其他聚合对象的集合,例如,"设计规约"是一个聚合对象,在概念上,它可被视为一个命名(标识的)指针表,指向基本对象。

每个对象均具有一组唯一地标识它的特征:名字、描述、资源表以及"实现"。对象名是无二义性地标识对象的一个字符串。对象描述是一个数据项的列表,它们标识:

(1) 该对象所表示的 SCI 类型(如文档、程序、数据)。

(2) 项目标识符。

(3) 变更和/或版本信息。

资源是"由对象提供、处理、引用或需要的实体",例如,数据类型、特定函数或甚至变量名都可以作为对象资源;实现是一个指针,对基本对象而言指向"文本单元",对聚合对象而言则指向 null。

假定在一个对象层次中的唯一关系是沿着层次树的路径是不现实的,在很多情况下,对象跨越对象层次的分支相互关联,配置对象之间的相互关联可以用模块互连语言(Module Interconnection Language,MIL)表示,MIL 描述配置对象间的相互依赖,并能够自动建立系统的任意版本。

9.5.5　版本控制

版本控制结合了规程和工具来管理在软件工程过程中所创建的配置对象的不同版本。配置管理使得用户能够通过对版本的选择来指定可选的软件系统的配置,这一点的实现是通过将属性关联到每个软件版本上,然后通过描述一组所期望的属性来指定(和构造)配置。

演化图是一种表示一个系统的不同版本的方式,演化图中的每个结点均是聚合对象,即软件的完整版本。软件的每个版本是一组 SCI (源代码、文档、数据)的集合,并且每个版本可能由多种不同的变体(variant)组成。为了阐明这个概念,考虑一个由实体 1、2、3、4 和 5 组成的简单程序的版本,其中实体 4 仅仅当软件用彩色显示时才被使用,实体 5 仅当单色显示器可用时才被实现,因此,可以定义该版本的两个变体:①实体 1、2、3 和 4;②实体 1、2、3 和 5。为了构造某程序的给定版本的适当变体,可以为每个组件实体赋于一个"属性元组"——一个特征表,它们将定义当某软件版本的特殊变体被构造时是否使用该组件实体。

另一种将实体、变体和版本之间的关系概念化的方法是将它们表示成对象池(object pool)。配置对象与实体、变体和版本之间的关系可以表示为一个三维空间。实体维由相同版本且属于同一变体的配置对象组成;变体维由相同版本且属于不同变体的配置对象组成,版本维定义为当对一个或多个对象进行了较大的修改时,则产生一个新的版本。

9.5.6　变更控制

由于用户需求的变化和纠正错误、改进设计及编码的需要,配置项及其版本的变动是不可避免的。变更控制是对发生的变动进行评估、决策(批准或拒绝)、实施更改和跟踪更改结果的过程。

变更控制应遵守如下准则:

(1)任何配置项及其版本只有经配置审核符合要求时才能进入配置管理数据库;

(2)未经配置变动控制小组同意,任何已存入配置管理数据库的配置项及其版本不得变动;

(3)配置管理数据库应放置在专门的计算机或存储器的专用受控区内,并应设置可靠的信息安全保护机制;

(4)任何配置变动都应得到专设的配置变动控制小组的批准,并按正式的配置变动规程进行。

变更活动一般按以下规程进行:

(1)变更请求由软件用户或开发者以正式形式提出;配置管理人员登记提出者名单、请求变动的配置项版本及变动内容;

(2)配置变更控制小组对每项变动请求认真分析,确定其性质,找出所有受影响的配置项,并在权衡利弊后决定批准或拒绝请求;

(3)如果请求得到批准,要把批准变动的内容、允许变动的版本及其他信息记录在案;

(4)由得到授权的人员实施变动过程;

(5)经配置审核后合格的新版本存入配置管理数据库。

9.5.7　配置审核

由于配置状态是软件项目负责人、软件系统工程师与其他软件开发人员以及软件用户了解软件开发状态的正式依据,因此,为保证软件配置管理的严肃性和可靠性,软件配置管理小组必须承担正式的配置审核责任。具体地说,它应完成的主要检查或审核任务如下:

(1)审核配置项是否完备,特别是关键性的配置项是否遗漏;

(2)检查所有配置项的基线是否存在,基线产生的条件是否齐全;

(3)审核每份技术文档作为某个配置项版本的描述是否精确,是否与相关版本一致;

（4）检查每项已被批准的变动是否都已实现；审核每项配置变动是否是按配置变动规程或有关标准进行的；

（5）检查每个配置管理人员的责任是否明确，是否实际上尽到了责任；

（6）检查配置信息安全是否受到破坏，评估安全保护机制的有效性。

9.5.8　配置状态报告

配置状态报告（Configuration Status Reporting，CSR）有时称为状态记账，是一个 SCM 任务，它回答下列问题：①发生了什么事？②谁做的此事？③此事是什么时候发生的？④将影响别的什么？

配置状态报告由诸多 CSR 条目组成，每当一个 SCI 被赋与新的或修改后的标识时，则一个 CSR 条目被创建；每当一个变更被变更控制小组批准（产生一个已获批准的变更请求）时，一个 CSR 条目被创建；每次当配置审计进行时，其结果作为 CSR 任务的一部分被报告。CSR 的输出可以放置到一个联机数据库中，使得软件开发者或维护者可以通过关键词分类访问变更信息。此外，CSR 报告被定期地生成，并允许管理者和开发者评估重要的变更。

配置状况报告在大型软件开发项目的成功中扮演了重要角色，当涉及到很多人员时，有可能会发生"左手不知道右手在做什么"的综合症。两个开发者可能试图以不同的或冲突的意图去修改同一个 SCI；软件工程队伍可能花费几个月的工作量针对过时的硬件规约建造软件；明了某种变更有严重副作用的人并不知道该变更已经进行。CSR 通过改善所有相关人员之间的通信以排除这些问题。

第10章 软件测试技术

10.1 软件测试基础

IEEE软件工程标准术语中,软件测试被定义为:"使用人工和自动手段来运行或测试某个系统的过程,其目的在于检验它是否满足规定的需求或是弄清预期结果与实际结果之间的差别"。这个定义指出了软件测试是通过运行程序以检验软件是否满足软件需求的一个过程。在此概念下,软件测试人员通过设计测试用例(即输入数据、操作步骤及其预期的输出结果),并利用这些测试用例去运行程序,以发现开发人员完成的软件产品中的错误与缺陷。

软件测试是我们通常所讲的一个更为广泛的主题——验证和确认(Verification and Validation,V&V)的一个部分。验证指的是保证软件正确地实现了某一特定功能的一系列活动,确认指的则是保证软件的实现满足了用户需求的一系列活动。

验证和确认包含了范围很广的SQA(Software Quality Assurance)活动,其中包括正式技术评审、质量和配置审计、性能监控、仿真、可行性研究、文档评审、数据库评审、算法分析、开发测试、质量测试和安装测试等。

软件测试确实是质量可以被评估(更实际点说,错误可以被发现)的最后的堡垒,但是,测试不应当被视为一个安全网。正像人们所说的那样:"你不能测试质量,如果你开始测试的时候它不在那里,那么当你完成测试的时候它仍然不会在那里。"质量在软件的整个过程中都和软件结合在一起。方法和工具的正确使用、有效的正式技术评审和可靠的管理与测度都是保证软件质量不可或缺的手段。

10.1.1 测试目标

什么是测试? 它的目标是什么? Glen Myers给出了关于测试的一些规则,这些规则也可以看作是测试的目标或定义:

(1) 测试是一个为了发现程序中的错误而执行程序的过程;

(2) 一个好的测试用例是指:(通过测试用例的顺利执行)很可能发现迄今为止尚未发现的错误的测试用例;

230

（3）成功的测试是发现了至今为止尚未发现的错误的测试。

上述目标隐含了一个观点上的戏剧性变化，它们和通常的观点（一个成功的测试是指没有找到错误的测试）正好相反。我们的目标是设计这样的测试：它们能够系统地揭示不同类型的错误并且耗费最少时间与最小工作量。

如果成功构造了测试（根据上面陈述的目标），则能够在软件中揭示错误。测试的第二个好处在于它证实了软件依据规约所具有的功能及其性能需求。此外，构造测试时的数据收集提供了软件可靠性以及软件整体质量的一些信息。但是，有一件事测试无法完成：测试无法说明错误和缺陷不存在，它只能表示软件错误和缺陷已经出现。

10.1.2　测试原则

在设计有效的测试用例之前，软件工程师必须理解指导软件测试的基本原则。

（1）所有的测试都应可追溯到客户需求。正如我们所知，软件测试的目标在于发现错误，而最严重的错误（从客户角度来看）是那些导致程序无法满足需求的错误。

（2）应该在测试工作真正开始前较长时间就进行测试计划。测试计划可以在需求模型一完成就开始，详细的测试用例定义可以在设计模型被确定后立即开始，因此，所有测试可以在任何代码被产生前就被计划和设计。

（3）Pareto 原则可应用于软件测试。简而言之，Pareto 原则暗示着测试所发现错误中的 80% 很可能起源于 20% 的程序模块。当然，问题在于分离这些有疑点的模块并进行彻底的测试。

（4）测试应从"小规模"开始，逐步转向"大规模"。最初的测试通常把焦点放在单个程序模块上，进一步测试的焦点则转向在集成的模块簇中寻找错误，最后在整个系统中寻找错误。

（5）穷举测试是不可能的。甚至一个大小适度的程序，其路径排列的数量也非常大，因此，在测试中不可能运行路径的每一种组合，然而，充分覆盖逻辑并确保使用程序设计中的所有条件是有可能的。

（6）为了达到最有效，应该由独立的第三方来构造测试。"最有效"指发现错误的可能性最高的测试（测试的主要目标），而创建系统的软件工程师并不是构造软件测试的最佳人选。

10.1.3　可测试性

软件可测试性就是一个计算机程序能够被测试的容易程度。在理想的情况下,软件工程师在设计计算机程序、系统或产品时应该也愿意考虑可测试性,这就使得负责测试的人能够更容易设计有效的测试用例。因此,一个包括可能的设计思路、编程特性等的检查表对软件工程师是有用的。下面是一组可测试软件的基本特征:

(1) 可操作性。"运行得越好,被测试的效率越高。"系统的错误很少(错误增加测试过程中的分析和报告开销);没有阻碍测试执行的错误;产品按功能阶段演化(允许同时开发和测试)等。

(2) 可观察性。"你所看见的就是你所测试的。"每个输入有唯一的输出;系统状态和变量可见或在运行中可查询;过去的系统状态和变量可见或在运行中可查询(如事务日志);所有影响输出的因素都可见;容易识别错误的输出;通过自测机制自动检测内部错误;自动报告内部错误;可获取源代码等。

(3) 可控制性。"对软件的控制越好,测试越能够被自动执行与优化。"所有可能的输出都产生于某种输入组合;通过某种输入组合,所有的代码都可能被执行;测试工程师可直接控制软件和硬件的状态及变量;输入和输出格式保持一致且是结构化的;能够便利地对测试进行刻画、自动化和再生等。

(4) 可分解性。"通过控制测试范围,能够更快地分解问题,执行更灵巧的再测试。"软件系统由独立模块构成;能够独立测试各软件模块等。

(5) 简单性。"需要测试的内容越少,测试的速度越快。"功能简单性(例如,特征集是满足需求所需的最小集合);结构简单性(例如,将体系结构模块化以限制错误的繁殖);代码简单性(例如,采用代码标准为检查和维护提供方便)等。

(6) 稳定性。"变更越少,对测试的破坏越小。"软件的变更是不经常的;软件的变更是可控制的;软件的变更不影响已有的测试;软件失效后得到良好恢复等。

(7) 易理解性。"得到的信息越多,进行的测试越灵巧。"设计能够被很好地理解;内部、外部和共享构件之间的依赖性能够被很好地理解;设计的变更被通知;可随时获取技术文档;技术文档组织合理;技术文档明确详细;技术文档保持精确性等。

10.2 软件测试策略

软件测试策略把软件测试用例的设计方法集成到一系列已经周密计划过的步骤中去,从而使软件测试得以成功地完成。软件测试策略为软件测试和/或软件开发人员、质量保证组织和客户提供了一个路线图(road map)。这个路线图描述了测试的步骤,以及当这些步骤在计划和实施的过程中,需要多少工作量、时间和资源。因此,任何测试策略都必须和测试计划、测试用例设计、测试执行和测试结果数据的收集与分析结合在一起。

人们已经提出了许多软件测试策略,所有这些策略都为软件测试和/或软件开发人员提供了一个供测试用的模板,而且它们都包含下列的类属特征:

(1) 测试开始于构件层,然后"延伸"到整个基于计算机的系统的集成。

(2) 不同的测试技术适用于不同的时间点。

(3) 测试是由软件的开发人员和/或独立的测试组(对大型系统或高层测试来说)来管理的。

(4) 测试和调试是不同的活动,但是调试必须能够适应任何的测试策略。

软件测试策略必须提供可以用来检验一小段源代码是否得以正确实现的低层测试,同样也要提供能够验证整个系统的功能是否符合用户需求的高层测试。一种策略必须提供指南,并且为管理者提供一系列的重要里程碑。因为测试策略的步骤是在软件完成的最终期限的压力已经开始出现的时候才开始进行的,所以测试的进度必须是可测量的,而且问题要尽可能早地暴露出来才好。

软件测试策略可以放在螺旋的语境里来考虑(图 10-1)。单元测试从螺旋的漩涡中心开始,它着重于软件以源代码形式实现的各个单元;测试沿着螺旋向

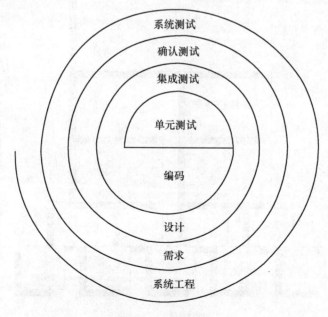

图 10-1　测试策略

233

外前进就到了集成测试,这时的测试主要针对软件的体系结构的设计和构造;再沿着螺旋向外走一圈,就遇到了确认测试,要用根据软件需求分析得到的需求对已经建造好的系统进行确认;最后,要进行系统测试,也就是把软件和其他的系统元素放在一起进行测试。为了对计算机软件进行测试,沿着螺旋的流线向外,每转一圈都拓宽了测试的范围。

从过程的观点来考虑测试的整个过程的话,在软件工程环境中的测试事实上是顺序实现的四个步骤的序列,这些步骤表示在图 10 – 2 中。最开始,测试着重于每一个单独的模块,以确保每个模块都能正确执行,所以将其称为单元测试。单元测试大量地使用白盒测试技术,检查每一个控制结构的分支以确保完全覆盖和最大可能的错误检查;接下来,模块必须装配或集成在一起形成完整的软件包,集成测试解决的是与验证和程序构造相关的问题,在集成过程中使用最多的是黑盒测试技术,当然,为了保证一些大的分支的覆盖,也会用一定数量的白盒测试技术;在软件集成(构造)完成之后,一系列高阶测试(high – order testing)就开始了,确认测试(标准在需求分析阶段就已经确定了的)是必须进行的测试,确认测试提供了对软件符合所有功能的、行为的和性能的需求的最后保证,在确认过程中,只允许使用黑盒测试技术。

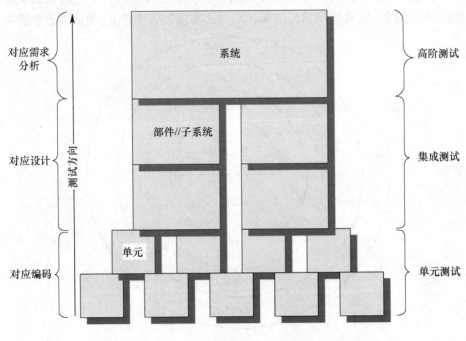

图 10 – 2　软件测试步骤

最后阶段的高阶测试步骤已经超出了软件工程的边界,而属于范围更广的计算机系统工程的一部分,软件一旦经过验证之后,就必须和其他的系统元素(如硬件、人员、数据库)结合在一起。系统测试要验证所有的元素能正常地啮合在一起从而满足整个系统的功能/性能要求。

10.2.1　单元测试

单元测试完成对最小的软件设计单元——软件构件或模块的验证工作。使用构件级设计描述作为指南,对重要的控制路径进行测试以发现模块内部的错误。测试的相关复杂度和发现的错误是由单元测试的约束范围来限定的。单元测试通常情况下是面向白盒的,而且这个步骤可以针对多个构件并行进行。

单元测试中,对模块接口的测试保证进出程序单元的信息是正确流动的;对局部数据结构的测试保证临时存储的数据在算法执行的整个过程中都能维持其完整性;对边界条件的测试保证模块在极限或严格的情形下仍然能够正确执行;对控制结构的测试保证在一个模块中的所有语句都能执行至少一次;最后,要对所有错误处理路径进行测试。

对穿越模块接口的数据流的测试需要在任何其他测试开始之前进行,如果数据不能正确地输入和输出的话,所有的其他测试都是没有实际意义的。此外,在单元测试过程中,对执行路径的选择性测试是最主要的任务。

单元测试通常被当作是附属于编码步骤的。在源代码级的代码被开发、评审和语法正确性验证之后,单元测试用例设计就开始了。对设计信息的评审能够为建立有效的测试用例提供指导,每一个测试用例都应当和一系列的预期结果联系在一起。

因为一个构件(模块)本身不是一个单独的程序,所以必须为每个单元测试开发驱动程序和/或桩模块(stub)软件。在绝大多数应用中,一个驱动程序只是一个接收测试数据,并把数据传送给被测构件(模块),然后打印相关结果的“主程序”。桩模块的功能是替代那些隶属于被测试构件(模块)的从属模块(被调用的)。一个桩模块或“空子程序”使用从属模块的接口,可能要做一些极少量的数据操作,打印入口处的验证信息,然后返回控制到被测试模块。

驱动程序和桩模块都是额外的开销,是两种都属于必须开发(通常不是正式的设计)但又不能和最终软件一起提交的软件,如果驱动程序和桩模块很简单的话,那么额外开销相对来说是很低的,但许多模块使用“简单”的额外软件是不能进行足够的单元测试的。在这些情况下,完整的测试可能要推迟到集成测试步骤时再完成(这时也会用到驱动程序和桩模块,但数量会少很多)。

10.2.2 集成测试

集成测试是通过测试发现和接口有关的问题来构造程序结构的系统化技术，它的目标是基于已通过单元测试的模块构造一个设计中所描述的程序结构。

通常存在进行非增量集成的倾向，也就是说，使用"一步到位"的方法来构造程序。所有的构件都预先结合在一起，整个程序作为一个整体来进行测试，其后的结果通常是混乱不堪的，会遇到许许多多的错误，错误的修正也是非常困难的，因为在整个程序的庞大区域中想要分离出一个错误是很复杂的。

增量集成是一步到位的方法的对立面。程序先分成小的部分进行构造和测试，这个时候错误比较容易分离和修正，接口也更容易进行彻底测试，而且也可以使用系统化的测试方法。

10.2.2.1 自顶向下集成

自顶向下集成测试是一种构造程序结构的增量方法。模块集成的顺序是首先集成主控模块（主程序），然后按照控制层次结构向下进行集成。从属于（和间接从属）主控模块的模块按照深度优先或者宽度优先的方式集成到整个结构中去。

深度优先集成首先集成结构中的一个主控路径下的所有模块。主控路径的选择是有些随意的，它依赖于应用程序的特性。宽度优先集成首先沿着水平方向，把每一层中所有直接从属于上一层模块的模块集成起来，然后继续下一层的集成工作。

集成的整个过程由以下5个步骤来完成：

（1）主控模块被用作测试驱动程序，所有的桩模块替换为直接从属于主控模块的模块。

（2）根据集成的实现方法（如深度或宽度优先），下层的桩模块一次一个地被替换为真正的模块。

（3）在每一个模块集成的时候都要进行测试。

（4）在完成了每一次测试之后，又一个桩模块被用真正的模块替换。

（5）可以用回归测试来保证没有引进新的错误。

（6）整个过程回到第（2）步循环继续进行，直至这个系统结构被构造完成。

自顶向下集成策略在测试过程的早期验证主要的控制和决策点。在一个好的因子化的程序结构中，决策的确定往往发生在层次结构中的高层，因此首先会被遇到。如果主控的确存在问题，尽早发现它是很重要的。如选择了深度优先集成，软件的某个完整的功能会被实现和证明。

自顶向下策略似乎相对来说不是很复杂，但是在实践过程中，可能会出现逻辑上的问题。例如,当高层测试需要首先完成较低层次测试后才能实施的情况下,在自顶向下测试开始的时候,桩模块代替了低层的模块,因此,在程序结构中就不会有重要的数据向上传递,测试者只有下面的三种选择:①把测试推迟到桩模块被换成实际的模块之后再进行;②开发能够实现有限功能的用来模拟实际模块的桩模块;③从层次结构的最底部向上来对软件进行集成。

第一种实现方法(把测试推迟到桩模块被换成实际的模块之后再进行)使我们失去了对许多在特定测试和特定模块组合之间的对应性的控制,这样可能导致在确定错误发生原因时的困难性,并且会违背自顶向下方法的高度受限的本质。第二种方法是可行的,但是会导致很大的额外开销,因为桩模块会变得越来越复杂。第三种方法就变成了后面提到的自底向上集成测试了。

10.2.2.2 自底向上集成

顾名思义,自底向上集成测试是从原子模块(如在程序结构的最低层的模块)开始来进行构造和测试的。因为模块是自底向上集成的,在进行时要求所有从属于某个给定层次的模块总是存在的,而且也不再有使用桩模块的必要。

自底向上集成策略可以使用下列步骤来实现:

(1)低层构件被组合成能够实现软件特定子功能的簇(cluster)。

(2)写一个驱动程序(一个供测试用的控制程序)来协调测试用例的输入和输出。

(3)对簇进行测试。

(4)移走驱动程序,沿着程序结构的层次向上对簇进行再组合,直至最顶层。

集成在向上进行的过程中,对单独测试驱动程序的需求减少了。事实上,如果程序结构的最上两层是采用自顶向下集成策略的,那么所需的驱动程序数目就会明显减少,而且簇的集成也会明显简化。

10.2.2.3 回归测试

每当一个新的模块被当作集成测试的一部分加进来的时候,软件就发生了改变。新的数据流路径被建立起来,新的 I/O 操作可能也会出现,还有可能激活新的控制逻辑。这些改变可能会使原本工作得很正常的功能产生错误。在集成测试环境中,回归测试是对某些已经进行过的测试的子集的重新执行,以保证上述改变不会引入新的错误。

在更广泛的意义上,任何种类的测试都是为了发现错误,而错误总是要被修改的,每当软件被修改的时候,软件配置的某些方面,如程序、文档或者数据也被修改了,回归测试就是用来保证这些由于测试或者其他原因的改动不会带来不可预料的行为或者附加的错误。

回归测试可以通过重新执行所有的测试用例的一个子集人工地进行,也可以使用自动化捕获/回放工具来进行。捕获/回放工具使软件工程师能够捕获到测试用例的输入和结果,然后进行回放和比较。

回归测试集可以包括三种不同类型的测试用例:

(1) 沿用的能够测试软件的原有功能的测试用例。

(2) 用于可能会被修改影响的软件功能的附加测试用例。

(3) 注重于修改过的软件构件的测试用例。

在集成测试进行的过程中,回归测试集可能会变得非常庞大。因此,回归测试集应当设计为仅包含在主要的软件功能中出现的一个或多个错误类所涉及的测试用例,每当进行一个修改时,就对每一个程序功能都重新执行所有的测试,这是不实际的而且也是效率很低的。

10.2.3　确认测试

当集成测试结束的时候,软件就全部组装到一起了,接口错误已经被发现并修正了,而软件测试的最后一部分(确认测试)就可以开始了。确认可以通过多种方式来定义,但是,一个简单的定义是当软件可以按照用户合理的期望的方式来工作的时候,确认即算成功。合理的期望在描述软件的所有用户可见的属性的文档——软件需求规格说明中被定义。一般需求规格说明包含了标题为"合格性需求"的章节,其中的信息形成了确认测试方法的基础。

软件确认通过一系列的证明软件功能和需求一致的黑盒测试来达到。测试计划列出了要进行的测试种类,并定义了为了发现和需求不一致的错误而使用的详细测试用例的测试过程。计划和过程都是为了保证所有的功能需求都得到了满足,所有性能需求都达到了,文档是正确且合理的,其他的需求也都满足了,如可移植性、兼容性、错误恢复、可维护性等。

在每个确认测试用例被执行时,会出现以下两种可能的情况之一:①与需求规约一致的功能或性能特性是可接受的;②与需求规约的偏差被发现时,要列出问题清单。在这个阶段所发现的偏差或者错误往往是无法在原定进度下得到修改的。与用户协商解决这些缺陷的方法往往是有必要的。

确认过程中的一个重要的元素是配置评审。评审的目的是保证软件配置的所有元素被正确地开发和分类,而且有支持软件生存周期的维护阶段的必要细节。

10.2.4　系统测试

软件要和其他的系统成分(如硬件、人、信息)集成起来,然后要进行一系列系统集成和确认测试。这些测试不属于软件工程过程的研究范围，而且也不只是由软件开发人员来进行的，然而，在软件设计和测试阶段采用的步骤能够大大增加软件成功地在大的系统中进行集成的可能性。

　　系统测试事实上是对整个基于计算机的系统进行考验的一系列不同测试。虽然每一个测试都有不同的目的，但所有测试都是为了整个系统成分能正常地集成到一起并且完成分配的功能。

　　恢复测试（recovery testing）是通过各种手段，让软件强制性地以一系列不同方式发生故障，然后来验证恢复是否能正常进行的一种系统测试方法。如果恢复是自动的（由系统本身来进行的），重新初始化、检查点机制、数据恢复和重启动都要进行正确验证。如果恢复是需要人工干预的，那么要估算平均修复时间（Mean – Time – To – Repair，MTTR）是否在可以接受的范围之内。

　　安全测试（security testing）用来验证集成在系统内的保护机制是否能够实际保护系统不受到非法侵入。引用 Bezier 的话来说："系统的安全当然必须能够经受住正面的攻击，但是它也必须能够经受住侧面的和背后的攻击。"

　　在安全测试过程中，测试者扮演着一个试图攻击系统的黑客角色。测试者可以尝试通过外部的手段来获取系统的密码，可以使用可以瓦解任何防守的客户软件来攻击系统；可以把系统"制服"，使得正常用户无法访问；可以有目的地引发系统错误，期望在系统恢复过程中侵入系统；可以通过浏览非保密的数据，从中找到进入系统的钥匙等。只要有足够的时间和资源，好的安全测试就一定能够最终侵入一个系统。系统设计者的任务是要把系统设计为要攻破系统而付出的代价大于攻破系统之后得到信息的价值。

　　应力测试（stress testing）是在一种需要超常数量、频率或容量的方式下执行系统。例如：①当平均每秒出现 1 个或 2 个中断的情形下，应当对每秒出现 10 个中断的情形来进行特殊的测试；②把输入数据的量提高一个量级来测试输入功能会如何响应；③应当执行需要最大的内存或其他资源的测试用例；④使用在一个虚拟的操作系统中会引起颠簸的测试用例；⑤可能会引起大量的磁盘驻留数据的测试实例。从本质上来说，测试者是想要破坏程序。

　　应力测试的一个变体是一种称为敏感性测试（sensitivity testing）的技术。在有些情况下（最常见的是在数学算法中），在有效数据界限之内的一个很小范围的数据可能会引起极端的甚至是错误的运行或者引起性能的急剧下降。敏感性测试就是要发现在有效数据输入类中的可能会引发不稳定或错误处理的数据组合。

　　性能测试（performance testing）是用来测试软件在集成系统中的运行性能的。性能测试可以发生在测试过程的所有步骤中，即使是在单元层，一个单独模块的性能也可以使用白盒测试来进行评估,然而,只有当整个系统的所有成分都集成到一起之后,才能检查一个系统的真正性能。

性能测试经常和应力测试一起进行,而且常常需要硬件和软件设备,这就是说,在一种苛刻的环境中衡量资源利用(如处理器周期)常常是必要的。外部的测试设备可以监测执行的间隔,当出现情况(如中断)时记录下来。通过对系统的检测,测试者可以发现导致效率降低和系统故障的情况。

10.3　软件测试方法

10.3.1　测试与调试

测试和调试的过程有着重要的差别。调试是从某个已发现的错误出发,以搞清楚错误是怎样发生为目的而进行的程序执行过程。测试则是以发现错误为目的而对程序的执行过程。这项工作可由原来的开发者、测试小组的成员、质量保证(QA)小组成员或最终的用户来做。所进行的测试可以是严格和正式的,也可以非正式的。不管谁来测试也不管测试什么,目标都是一样的——发现错误。

10.3.2　白盒测试

白盒测试又称结构测试、逻辑测试或基于程序的测试,目的是对软件的内部结构和工作原理进行检查。白盒测试可以发现以下错误:

(1)通过对程序模块所有独立的执行路径的测试,可以发现模块中所有独立路径的使用错误。

(2)通过对所有逻辑判定取"真"与取"假"两种情况的测试,可以发现所有逻辑判定错误。

(3)通过在循环边界和运行界限内执行循环体,可以发现在上下边界及可操作范围内的循环错误。

(4)通过测试内部数据结构,可以发现内部结构错误。常用的白盒测试技术有逻辑覆盖测试、数据流测试和基本路径测试等。

10.3.2.1　逻辑覆盖测试

逻辑覆盖是以程序内部的逻辑结构为基础的测试技术。常见的逻辑覆盖有语句覆盖、条件覆盖、判定覆盖(分支覆盖)、条件/判定覆盖、修正条件/判定覆盖等。

1)语句覆盖

语句覆盖是最起码的测试要求,语句覆盖就是设计若干个测试数据运行被测程序,使得每一可执行语句至少执行一次。

2) 条件覆盖

条件(condition)是指不含布尔操作符的布尔表达式。条件覆盖(Condition Coverage)就是设计若干个测试数据,运行被测程序,使得程序中每个判定中的每个条件的可能取值至少执行一次。

3) 判定覆盖

判定(decision)是指由条件以及 0 或多个布尔操作符组合而成的布尔表达式。判定覆盖(Decision Coverage)又称为分支覆盖,就是设计若干测试数据,运行被测程序,使得程序中每个双值判定的取真分支和取假分支至少执行一次。对多值的分支语句,如 C 语言中的 case 语句,也应确保对每一分支的每一种可能结果都进行测试。

4) 条件/判定覆盖

条件/判定覆盖(Condition/ Decision Coverage)就是设计足够的测试数据,使得判定中每个条件的所有可能取值至少执行一次,同时每个判定的所有可能结果至少执行一次。换言之,即是要求各个判定的所有可能的条件取值组合至少执行一次。

5) 修正条件/判定覆盖

修正条件/判定覆盖(Modified Condition/ Decision Coverage)就是设计足够的测试数据,使得每一个程序模块的输入和输出点至少出现一次,在程序中的每个条件的所有可能的输出结果至少被执行一次,并且每个判定的每一个条件必须能够独立影响一个判定的输出,即在其他条件不变的前提下仅改变这个条件的值,而使判定结果改变。

10.3.2.2 数据流测试

数据流测试就是用控制流程图对变量的定义和引用进行分析判断,查找出未定义的变量或定义了而未使用的变量。这些变量可能是拼错的变量、变量混淆或丢失了语句。数据流测试一般使用工具进行。

数据流测试通过一定的覆盖准则,检查程序中每个数据对象的每次定义、使用和消除的情况。数据流测试步骤如下:

第 1 步:将程序流程图转换成控制流程图。

第 2 步:在每个链路上标注对有关变量的数据操作的操作符号或符号序列。

第 3 步:选定数据流测试策略。

第 4 步:根据测试策略得到测试路径。

第 5 步:根据路径获得测试输入数据。

10.3.2.3 基本路径测试

　　理论上的路径测试是指测试程序中所有可能的路径。实践中,一个简单的程序其路径都是一个庞大的数字,因此要达到路径全部覆盖几乎是不可能的,即使自动化测试也是困难的。因此,如何选择测试执行路径对测试的有效性相当关键。

　　基本路径测试方法是在程序控制流图的基础上通过分析控制结构的环路复杂性,导出基本可执行路径集合,根据这个基本集合设计测试数据。这些测试数据可保证在测试中对程序的每条可执行路径至少执行一次。

　　程序控制流图是描述程序控制结构的一种方法,它使用图形符号描述逻辑控制流,每一种基本控制结构有一个相应的流图符号。圆称为控制流图的一个结点,一般代表一个或多个无分支 PDL(程序设计语言)或源代码语句。一个处理方框序列和一个菱形判定框也可被映射到一个结点。箭头称为边或连接,表示控制流的方向。一条边必须终止于一个结点,即使该结节并不代表任何语句,如在选择或多分支结构中分支的汇聚处。边和结点圈定的范围称为区域。

　　当判定中的条件表达式是复合条件时,即条件表达式是由一个或多个逻辑运算符连接的逻辑表达式时,则需要将复合条件的判定改变为一系列只有单个条件的嵌套的判定。

　　程序的环路复杂度是程序逻辑复杂性的一种度量,它以图论为基础。对于程序而言,如果程序的控制流图是强连通的,并用 G 表示,$V(G)$ 表示其环路复杂度,那么,$V(G) = E - N + 2$,其中 E 表示 G 中边的数目,N 表示 G 中结点的数目。在图论中,强连通是指图中的任何一个结点至少有一条通路通向其他任意一个结点。为了保证程序控制流图是强连通的,可用虚线画一条从出口点出发并与入口点相连的边。

　　$V(G)$ 不仅是程序复杂程度的一种度量,也表示了程序基本路径集合中的独立路径数目,是测试输入数据的上界。独立路径是指程序中至少引进一组新的处理语句集合或一个新条件的任一路径。从控制流图来看,一条独立路径必须至少包含一条在其他独立路径中从未用过的边。

　　环路复杂性可用如下 3 种方法之一来计算:

　　(1) $V(G) =$ 流图中区域的数量;

　　(2) $V(G) = E - N + 2$,E 是流图中边的数量,N 是流图中结点的数量;

　　(3) $V(G) = p + 1$,p 是流图中判定结点的数量。

　　基本路径测试步骤如下:

　　第 1 步,以详细设计或源代码作为基础,使用流程图符号画出程序的控制流图 G;

第 2 步,计算控制流图 G 的环路复杂性 $V(G)$;

第 3 步,确定独立路径的一个基本集;

第 4 步,设计测试输入数据,使基本集中的每条路径都被执行;

第 5 步,用测试数据执行程序,并将实际结果与期望结果进行比较。

10.3.3　黑盒测试

黑盒测试是测试者把程序看成一个黑盒,即完全不考虑程序的内部结构和处理过程。测试者仅专注于发现程序中未按规范运行的情况,并且仅按程序的使用说明设计测试用例。一般来说,用这种方法查出程序中的所有错误只能使用穷举输入测试。所谓穷举输入测试就是把所有可能的输入都作为测试情况使用,黑盒测试又称为功能测试。

10.3.3.1　基于图的测试方法

黑盒测试的第一步是理解软件中模块化的对象以及这些对象间的关系。一旦这一步完成,第二步是定义一组保证"所有对象与其他对象都具有所期望的关系"的测试序列,换而言之,软件测试首先是创建重要对象及其关系的图,然后导出测试序列以检查对象及其关系并发现错误。

为了完成这些步骤,最好先创建一个图,图中的结点代表对象,连接代表对象间的关系,结点权值描述结点的属性(如特定的数据值或状态行为),连接权值描述连接的特征。

有以下几种基于图的测试方法:

(1)事务流建模。结点代表事务的步骤,连接代表步骤之间的逻辑连接。

(2)有限状态建模。结点代表不同用户可见的软件状态,而连接代表状态之间的转换。

(3)数据流建模。结点是数据对象,而连接是将数据对象转换为其他对象时发生的变换。

(4)时间建模。结点是程序对象,而连接是对象间的顺序连接。连接权值用于指定程序执行时所需的时间。

一般而言,基于图的测试以定义结点和结点权值开始,即标识对象及其属性。数据模型可以作为起始点,但是要注意很多结点是程序对象(不在数据模型中显式表示),为了标识图的起点和终点,可以定义入口结点和出口结点。

标识结点以后,就可以建立连接和连接权值,连接一般应当命名,但是对代表程序对象间控制流的连接除外。

分别研究每个关系(图连接),以便导出测试用例。研究顺序关系的传递性可以发现关系在对象间传播的影响。关系的对称性也是设计测试用例的重要指导,如果连接是双向(对称)的,测试这种特征很重要。很多计算机程序的UNDO功能实现了这种对称性,也就是说,在一个动作已经完成后UNDO允许该动作被撤消。应该彻底测试这一点并标识所有的异常(即不能使用UNDO的地方)。最后,图的每个结点都应当有到自己的关系,本质上是"空操作"循环,因此,自反关系也应当进行测试。

开始设计测试用例时,第一个目标是结点的覆盖度,这意味着测试不应当遗漏某个结点,且结点的权值(对象属性)是正确的。接着,考虑连接的覆盖率。基于属性测试每个关系,例如,测试对称关系以表明它的确是双向的,测试传递关系以表明存在传递性,测试自反关系以表明存在空操作。

10.3.3.2　等价划分

等价划分是一种黑盒测试方法,它将程序的输入域划分为数据类,以便导出测试用例。理想的测试用例是独自发现一类错误(如字符数据的处理不正确),否则该错误可能在被观察之前需要执行很多用例。等价划分试图定义一个测试用例以发现尽可能多的(一类而不是一个)错误,从而减少必须开发的测试用例数。

等价划分的测试用例设计基于对输入条件的等价类评估。如果对象由具有对称性、传递性或自反性的关系连接就存在等价类。等价类表示输入条件的一组有效或无效的状态。一般地,输入条件通常是一个特定的数值、一个数值域、一组相关值或一个布尔条件。可按照如下指导原则定义等价类:

(1)如果输入条件指定一个范围,可以定义一个有效等价类和两个无效等价类。

(2)如果输入条件需要特定的值,同样可以定义一个有效等价类和两个无效等价类。

(3)如果输入条件指定集合的某个元素,可以定义一个有效等价类和一个无效等价类。

(4)如果输入条件是布尔表达式,可以定义一个有效等价类和一个无效等价类。

10.3.3.3　边界值分析

工程实践经验表明,输入域的边界比中间更加容易发生错误,可将边界值分析(Boundary value Analysis,BVA)作为一种测试技术。

边界值分析是一种补充等价划分的测试用例设计技术。BVA不是选择等价类的任意元素,而是选择等价类边界元素作为输入的测试用例设计方法。同时BVA方法不仅注重于输入条件,而且也从输出域导出测试用例。

BVA的指导原则在很多方面类似于等价划分:

（1）如果输入条件指定为以 a 和 b 为边界（$a < b$）的范围，测试用例应当包含 a、b，略小于 a 和略小于 b 的值。

（2）如果输入条件指定为一组值，测试用例应当包括其中的最大值和最小值，还应当包括略大于最小值的值和略小于最大值的值。

（3）指导原则（1）和（2）也适用于输出域，例如，工程分析程序要求输出温度和压强的对照表，测试用例的期望输出应当涵盖可反映所允许最大值项和最小值项的输出报告。

（4）如果内部程序数据结构有预定义的边界（如数组有 100 项），测试用例要在其边界测试数据结构。

10.3.3.4　因果图

因果图法主要用于检查各种输入条件的组合以及相互之间的制约关系。当有多个输入条件时，仅考虑各条件单独输入的情况（这是等价类方法和边界值分析方法的特点）是不够的，输入条件之间的相互组合可能会产生一些新的情况，因此，必须对输入的各种组合以及相互之间制约关系加以考虑。但要检查输入条件的组合不是一件容易的事情，把所有输入条件划分成等价类，它们之间的组合情况也相当多。

因果图的基本原理是通过画因果图，把用自然语言描述的功能转换为判定表，最后为判定表的每一列设计一个测试用例，其步骤如下：

第 1 步，分析软件需求，确定原因（输入条件或输入条件的等价类）和结果（输出条件），并给每个原因和结果赋予一个标识符。

第 2 步，分析软件需求，找出原因和结果之间的关系，根据这些关系画出因果图。

第 3 步，在因果图上标明约束或限制条件。这是由于有些原因与原因之间、结果与结果之间的组合情况不可能出现。

第 4 步，把因果图转换为判定表。

第 5 步，把判定表的每一列作为依据设计测试数据。

原因与结果之间的关系有：

（1）恒等关系。表示原因与结果之间一对一的对应关系。若原因出现，则结果出现；若原因不出现，则结果也不出现。

（2）非关系。表示原因与结果之间的一种否定关系。若原因出现，则结果不出现；若原因不出现，反而结果出现。

（3）或关系。表示若几个原因中有一个出现，则结果出现，只有当这几个原因都不出现时，结果才不出现。

（4）与关系。表示若几个原因都出现，结果才出现。若几个原因中有一个不出现,结果就不出现。

原因与原因之间或结果与结果之间可能出现的约束条件如下:

(1) E(互斥):它表示 a、b 两个原因不会同时成立,两个中最多有一个成立。

(2) I(包含):它表示 a、b、c 三个原因中至少有一个必须成立。

(3) O(唯一):它表示 a 和 b 当中必须有一个且仅有一个成立。

(4) R(要求):它表示当 a 出现时,b 必须也出现。不可能 a 出现,b 不出现。

(5) M(屏蔽):它表示当 a 是 1 时,b 必须是 0;而当 a 为 0 时,b 的值不定(此约束仅对输出结果有效)。

10.3.3.5　比较测试

在航天测控领域,任务系统的可靠性要求比较高,此时,需要冗余的硬件和软件以减小错误的可能性。对冗余软件而言,可用相同的测试数据测试并期望产生相同的输出,执行所有冗余版本并进行结果比较以保证系统可靠性。

同样的规约有不同的实现时,利用其他黑盒技术(如等价划分)设计的测试用例可以作为另一个版本的输入,如果每个版本的输出相同,就可以假定所有的实现都正确,如果输出不同,就要调查各个版本以发现错误所在。大多数情况下,可用自动化工具进行输出比较。

比较测试只能作为验证手段,而不能作为确认手段,也就是说,只能保证软件实现过程无错,并不能够保证软件本身无错,如果规约本身有错,所有的版本都可能反映该错误。

10.3.3.6　正交数组测试

有很多应用的输入域是相对有限的。也就是说,输入参数的数量不多,而且每个参数能取的值也是明显界定的。当这些数量非常小时(例如,三个输入参数的取值各为三个离散值),则有可能考虑每个输入排列并穷尽地测试所有输入域。然而,当输入值的数量增加且每个数据项的离散值数量增加,穷举测试将变得不实际或不可能。

正交数组测试可以被应用于输入域相对较小但对穷举测试而言又过大的问题。正交数组测试方法对于发现错误和区域错误(region fault)(一种错误类别,它和软件构件内部的错误逻辑有关)相关的错误特别有用。

在应用正交数组测试方法时,首先要根据被测软件的规格说明找出影响功能实现的操作对象和外部因素,把它们当作因子,而把各个因子的取值当作状态,生成二元的因子——状态表。因此,需要对软件需求规格说明中的功能要求进行划分,把整体的概要性的功能要求进行层层分解与展开,分解成具体的、有相对独立性的基本功能要求。这样就可以把被测软件中所有的因子都确定下来,并为以后确定因子的权值提供参考依据。确定因子和状态是正交数组测试法的关键之处,因此需要尽可能全面、准确地确定值,以确保测试完整和有效。

其次,对各因子与状态进行加权筛选。对于因子个数较多、取值范围较广且各因子与状态在被测软件中所起的作用也大不一样的情况,必须对因子及其状态加以选择,否则,最后的测试数据集将会相当庞大。在选择因子和状态时,通常根据其重要程度、出现频率的大小以及测试的需要确定权值。

最后,利用正交表进行各因子的状态组合,构造有效的测试输入数据集,并由此建立因果图,这样可大大减少测试数据。

第 11 章　测控计算机系统设计与开发

11.1　测控计算机系统设计与开发任务综述

测控计算机系统是测控系统中信息获取、汇聚、处理分析和实施指挥控制的基础单元,是测控系统的粘合剂、效能倍增剂和中枢神经。可从三个层面来看待测控计算机系统,第一个层面,测控计算机系统是由网络(一般而言是局域网络)互连的独立计算机系统组成的分布式处理系统,其中计算机系统可以加接专用外部设备(如时间统一接口部件、双机/多机控制接口部件和中断管理接口部件等),并具有不同的功能定位,统称为功能结节,如有数据交换结节、数据处理结节、指挥显示控制结节甚至还有集中数据存储结节;第二个层面,对每个功能结节而言,由计算机硬件和软件组成;那么,第三个层面,对软件而言,软件又可分为系统软件和应用软件。系统软件是直接运行于硬件平台之上,且为应用软件提供运行环境与平台的软件集合,主要完成计算机系统硬件管理、调度管理、通信管理和资源管理。系统软件也可称为系统平台支撑软件,一般包括操作系统、数据库管理系统、编译链接工具以及实现时间统一管理、双机/多机管理和中断管理的软件中间件。应用软件则是完成特定任务所需具体功能的软件,例如,有遥测处理软件、轨道计算软件和轨道预报软件等,习惯上把这里界定的应用软件称为测控软件,同时考虑到实现时间统一管理、双机/多机管理和中断管理的中间件具有测控系统特有和自主研发的特点,也把它们纳入测控软件的范畴。因此,我们将测控软件定义为:测控软件是指服务于导弹试验、卫星发射任务,实现测控目标的跟踪、测量和控制以及显示功能的计算机应用软件,以及为满足测控系统实时性和可靠性要求而研制开发的属于系统软件范畴的特定中间件。

测控计算机系统的设计工作主要包括如下活动:①测控计算机系统任务要求分析,主要确定测控系统对计算机的功能、性能、接口、可靠性等要求并作为测控计算机系统设计的输入;②测控计算机系统结构设计;③通用计算机选型,综合分析市场流行的商用计算机系统的体系架构、操作系统以及中间件,确定测控计算机系统的选型;④网络系统设计;⑤测控计算机系统中间件设计;⑥测控软件体系结构设计。

11.2 测控计算机系统任务要求分析

测控计算机系统任务要求来源于测控任务,或者说是测控系统总体和测控系统用户对测控计算机系统提出的功能、性能、接口、可靠性等要求。

测控计算机系统本质上是一个数据(信息)处理系统,但在以下四个方面具有不同于通用数据处理系统的特殊要求。

(1)系统扩展能力。扩展是指根据测控任务的要求,在通用计算机系统的基础上进行功能扩展,与各类测控专用设备一起形成一体化的测控计算机系统。例如,需要由两台或多台通用计算机众通过功能扩展形成具有双工或多工控制功能的计算机簇;再如,通用计算机系统需要通过硬件或软件扩展方式接收处理时间统一系统的时统信号从而保证测控时间的时序同步等。

(2)数据处理能力。计算机必须具有较强的数据处理能力,才能快速实时完成复杂的弹道计算、飞行器姿态计算以及其他所需信息加工处理任务,才能提供高精度的准实时或事后处理结果。

(3)实时性。在测控系统中,测控计算机的计算和数据处理工作必须与飞行器的飞行同步进行,并且必须在规定的极短时间内(如 50ms,甚至 20ms,或更短)完成所赋予的工作量。

(4)可靠性。测控计算机系统作为测控系统的中枢神经就决定了其高可靠性要求,尤其在关键时段,必须绝对可靠,以保证测控任务和指挥调度的顺利完成。

测控计算机系统任务要求分析的目的是确定系统的功能定位,即从系统需求入手,从用户观点出发建立系统用户模型。用户模型从概念上全方位表达系统需求及系统与用户的相互关系。系统分析在用户模型的基础上,建立适应性强的独立于系统实现环境的逻辑结构。

分析阶段独立于系统实现环境,可以保证建立起来的系统结构具有相对的稳定性,便于系统维护、移植或扩充。

在系统分析阶段,系统的逻辑结构应从以下三方面全面反映系统的功能与性能:

① 信息。完整描述系统中所处理的全部信息。

② 行为。完全描述系统状态变化所需的处理或功能。

③ 表示。详细描述系统的对外接口与界面。

11.3 测控计算机系统结构设计

计算机系统结构设计的目标是,在各类器件(如最新的超大规模集成电路)

的基础上,合理平衡软硬件界面,提出满足通用用户要求的系统结构。而测控计算机系统结构设计的目标是将独立的计算机系统作为基本的系统组成要素,建立组成要素之间的结构(交互和关联关系),以完成测控任务要求。

测控计算机系统可以采用不同的体系结构如集中式结构,即由单套计算机完成所有的测控任务。为了提高系统的可靠性,通常采用双机热备冗余技术,而在双工系统中通常只有主处理计算机独立工作,另一台作为备份计算机。这种体系结构正是早期测控计算机系统所采用的体系结构,随着计算机和网络技术的飞速发展和测控领域拓展以及测控要求的不断提高,这种体系结构早已不适用了。

还有一种选择,就是将测控计算机系统设计成真正意义上的分布式体系结构,这种体系结构的基本组成要素是多台独立自主计算机,而各组成要素之间的交互应具有如下主要特征:①系统中的任意两台计算机都可以通过通信手段交换信息;②系统中各台计算机没有主、备之分,都独立自主,既没有控制整个系统的主机,也没有受控于它机的从机;③系统的资源为所有用户共享;④系统中的若干台计算机可以互相协作完成同一项任务,或者说一个程序可分布于几台计算机上并行运行。然而,要真正做到系统内无管理者,各方自治、平等确非易事,而在实时性要求较高的测控计算机系统中更不容易实现。

目前,基于技术发展和测控任务要求特点而做出的最佳选择是将测控计算机体系结构设计成功能分布式体系结构。这里的功能分布式体系结构实际上是分布式体系结构的一个变种,功能分布式体系结构同样采用网络互连设备将担负不同任务的独立计算机连接在一起,同样是协同完成一个总任务。区别在于,基于功能分布式体系结构的测控计算机系统在系统层面的管理、调度机制上未实现全分布系统所要求的动态性和灵活性。事实上,在功能分布式系统中,主要采用静态功能分配,可减少动态调度的复杂性和滞后性,为了提高可靠性,各计算机仍采用冗余措施。功能分布式结构既具有分布式结构可扩展性好、修改灵活的特点,又可随着航天任务和测控需求的增加,方便地扩充功能、修改和升级相应部分;又简化了软件设计,提高了测控系统的可靠性。按功能分解软件匹配于各功能计算机,可从根本上简化软件,提高系统可靠性。可以说,功能分布式结构是技术与工程相结合的必然产物。

11.4　通用计算机选型

11.3 节的测控计算机系统结构设计中,把通用计算机作为测控计算机系统的组成元素,在 2.1.1 节已经介绍了计算机系统的分层结构,本节按照分层原理讨论通用计算机系统选型的问题。

11.4.1　计算机硬件选型

计算机硬件选型可以认为是在计算机系统分层结构的第二层,也就是机器语言层对计算机的功能、性能指标进行衡量分析。选型的主要任务是:通过对国内外主流计算机厂商的产品在技术层面(CPU、硬件体系结构、硬件可靠性、系统稳定性)、市场占有率以及技术服务层次上的全面调研,掌握目前国内外计算机技术现状、应用水平及发展趋势,并结合测控系统对计算机系统(尤其是中心计算机系统)的需求分析,从技术上得出组成测控计算机系统的通用计算机选型的分析结论。

选型应分类进行。我们一直强调测控计算机系统是由通用计算机系统、网络和中间件、应用软件组成的功能分布系统,关键点在于,支持完成不同功能的通用计算机集合通常是不同的,或者说组成不同功能子系统的计算机之间存在异构关系。例如,完成数据处理任务的计算机属于关键任务机,通常可采用RISC 架构服务器,而完成显示功能的计算机则可考虑选用 CISC 架构服务器。

在计算机硬件选型这个层面,我们主要关心的是计算机体系结构,即 CPU 的指令系统风格,处理机/存储器与输入输出设备间数据交互与互连方式等。值得一提的是,随着计算机体系结构研究与集成电路技术的发展,独立的计算机系统(服务器级)基本上都采用了多处理机技术,因此在选型中也必须关注处理机之间的互连方式,通常选型范围局限于 SMP(基于共享存储的多处理机系统)结构。SMP 结构由于非常易于编程而得到广泛采用,常用的企业级、部门级服务器以及中低档服务器一般都是 SMP 结构,其内部构成又可分三种基本模式:UMA(均匀存储器存取)、NUMA(非均匀存储器存取)和只用高速缓存的 COMA模式。SMP 结构中的不同模式选择,主要应综合考虑:扩展性是否受限,扩展性能是否保持与 CPU 数量的线性关系,如果使用高速缓存取代内存是否解决高速缓存一致性问题,是否保有易于编程、结构简单的优点等因素。

选型工作应包括计算机体系结构原理分析和关键指标测试两个步骤。关键测试指标主要有 CPU 性能、中断响应时间、磁盘读写所需的时间、存储器存取花费的时间、与外设通信耗费的时间等。可以考虑采用厂家提供或第三方的基准测试程序。

11.4.2　操作系统选型

计算机操作系统选型可以认为是在计算机系统的分层结构的第三层,也就是操作系统虚拟机层对计算机的功能、性能指标进行衡量。

从发展历史来看,从 20 世纪 60 年代至今,测控计算机操作系统经历了由无到有、由自主研制到选用成熟的商用产品的历程,并且主要是根据硬件平台来选择操作系统。从 80 年代末开始,关键测控计算机选用了适用于 VAX 计算机平台的 VMS 操作系统上,后来又采用了适用于 alpha 小型机平台的 openVMS 操作系统。20 世纪初,经论证确定了基于 SUN 计算机平台的 Solaris 操作系统;非关键测控计算机,如显示工作站等,则一般选用 Windows 操作系统。

随着技术的不断发展,未来基于 RISC 平台的操作系统应该主要在 UNIX 类和 Linux 类之间选择。

UNIX 类操作系统主要有 IBM 的 AIX,HP 的 HP－UX,Sun 的 Solaris,SCO 的 SCO UNIX,中软的 COSIX 等。

Linux 有许多种类:RedHat Linux、Turbo Linux、红旗 Linux、Slackware Linux、Caldera Linux 等。由于 Linux 源代码开放,许多有实力的公司都在利用这个机会发展自己的操作系统,所以全球有许多各种各样的 Linux 操作系统。Linux 的未来仍然在企业级服务器和嵌入式应用领域,在桌面操作系统上只能是微软的补充。目前 Linux 在企业级服务器市场的占有率已经超过了 30%,比微软的 NT 还多,而在 PC 这里,Linux 只能代表着一种方向和趋势,尚不可能成为主导。

各主要 RISC 服务器厂家在长期经营的操作系统上有了一些共同的趋向。各自的 UNIX 操作系统都不同程度地支持一些实时机制,如对 POSIX 1003.1b 和 POSIX 1003.1c 标准的支持,使原本始于分时机制的 UNIX 系统也能兼顾实时业务处理。这其中的一个原因是硬件系统的性能发展使这种兼顾成为可能。另一种倾向是,除 Sun 公司固守独立外(据了解,其内部也有运行在 IA 上的 Solaris 版本),UNIX 系统在向 IA－64 架构靠拢。IBM 不仅利用 Summit 芯片组将 IA－32 和 IA－64 架构融为一体,而且与英特尔合作,将它新一代的 AIX 5L 操作系统变成在 IA－64 平台上的 UNIX 和 Linux 兼容操作系统。同样,康柏公司不但为 IA－64 出让了 Alpha 芯片技术,而且计划将其 Tru64 UNIX 和与英特尔一直共同在发展 IA－64 架构上合作的老伙伴 HP 的 HP－UNIX 融合,形成一个 IA－64 平台上的新 UNIX。同时,康柏还计划将它的基于实时处理而设计的 OpenVMS 操作系统移植到 IA－64 上继续发展。

国内几家 IA 服务器公司在亚太地区也越来越有名气,如联想,浪潮,曙光,方正等。这些架构在 IA－32 上的服务器厂商大都支持 UNIX 或 Linux 操作系统。中软公司在发展 COSIX(UNIX 类)和中软 Linux,中科红旗公司在发展 Red Flag (红旗)Linux 操作系统,联想在发展 Happy(幸福)Linux 操作系统。

综上所述,操作系统可能有如下的发展趋势:

(1) UNIX 仍将是 RISC 计算机上的主流操作系统,并将能支持 IA－64

架构;

（2）各家 UNIX 系统都不同程度地支持实时处理标准,支持内核抢占机制;

（3）Linux 仍将百花齐放地发展,除了服务器和嵌入式应用领域,在桌面操作系统也将有所进步;

（4）UNIX 与 Linux 渐有兼容之势;

（5）Linux 的发展将有助于 IA-64 架构计算机的市场扩张。

11.4.3　操作系统实时性分析

实时操作系统必须在如下 5 个方面满足特定的要求:

（1）可靠性要求,系统的稳定运行度;

（2）响应性,系统对中断后的灵敏响应程度;

（3）可确定性,系统按照预先确定的固定时间或时间间隔执行操作;

（4）用户可控性,系统允许用户按优先级和用较小的时间间隔（如毫秒级）控制任务等;

（5）故障弱化性,系统在发生故障时保持其基本功能运行和数据完整的能力程度。

为了满足以上 5 个方面的要求,实时操作系统必须具备如下特征:

（1）快速的进程或线程切换;

（2）迅速响应外部中断的能力;

（3）通过诸如信号、信号量和事件之类进程通信机制,实现多任务处理;

（4）使用特殊的顺序文件,快速存储数据;

（5）基于优先级的抢占式调度;

（6）最小化禁止中断的时间间隔;

（7）用于使任务延迟一段固定的时间或暂停/恢复任务的机制。

操作系统实时性的评判准则:

1. 占先式内核

当系统响应很重要时,要使用占先式内核。当前最高优先级的任务一旦就绪,总能立即得到 CPU 的控制权,而 CPU 的控制权是可知的。使用占先式内核使得任务级响应时间得以最优化。

2. 调度策略分析

任务调度策略是直接影响实时性能的因素。强实时系统和准实时系统的实现区别主要在选择调度算法上。选择基于优先级调度的算法足以满足准实时系统的要求,而且可以提供快速的响应和大的系统吞吐率。当两个或两个以上任务有同样优先级时,通常用时间片轮转法进行调度。对硬实时系统而言,需要使用的算法就应该是调度方式简单、反应速度快的实时调度算法。尽管调度算法多种多样,但大多由单一比率调度算法(RMS)和最早期限优先算法(EDF)变化而来。前者主要用于静态周期任务的调度,后者主要用于动态调度,在不同的系统状态下两种算法各有优劣。在商业产品中采用的实际策略常常是各种因素的折衷。

3. 任务优先级分配

每个任务都有其优先级。任务越重要,赋予的优先级应越高。应用程序执行过程中诸任务优先级不变,则称之为静态优先级。在静态优先级系统中,诸任务以及它们的时间约束在程序编译时是已知的。反之,应用程序执行过程中,任务的优先级是可变的,则称之为动态优先级。

4. 时间的可确定性

强实时操作系统的函数调用与服务的执行时间应具有可确定性。系统服务的执行时间不依赖于应用程序任务的多少。系统完成某个确定任务的时间是可预测的。

以下为主要的 UNIX 类和 Linux 操作系统实时性分析:

Tru64 UNIX 原为 OSF/1。它是 Mach 系统(微内核)与 AIX 系统特色的结合,然而 Mach 是 BSD4.3 系统的发展,AIX 是 UNIX System V Release 2(SVR2)的发展。虽然 BSD4.3 和 SVR2 都属于 SVR4 之前的传统 UNIX 系统(拥有了一个非抢占性内核),但 Mach 对 BSD4.3 系统结构进行了重新组合,形成了微内核结构。Tru64 UNIX 在组合 Mach 与 AIX 系统情况下增加了具有全抢占的、固定优先级的轮流调度策略和先进先出调度策略;中断在一条指令执行完后能够立即响应,对于长指令在其间有几个响应点,以减少中断响应时间;进程间的关联转换相当小;进程间通信采用信号、信号量等机制,便于用户使用;Tru64 UNIX 支持实时时钟和计时器功能,实时时钟的分辨率为 1ms,利用它进程可以进行较高分辨率的睡眠;间隔计时器函数支持一次性和周期性的功能,其间隔可以是相对时或绝对时两种形式;不过对于微内核技术,《操作系统—内核与设计原理》一书的作者 Willian Stallings 进行过分析,阐明微内核系统结构有一个潜在的性能缺点,通过微内核构造和发送信息、接受应答并解码所耗费的时间比进行一次系统调用的时间要多,但由于其他因素作用,很难统计出性能到底损失了多少。不论对微内核如何优化,这些性能损失总是存在的。

Solaris 是基于 UNIX System V Release 4(SVR4)和 SunOS 进一步发展的操作系统。SVR4 解决的方法是把耗时的内核处理过程分为几段,中间设置了几个抢占点,在这些点上可以实现内核抢占。而 Solaris 则更进一步,把相关的数据结构都用适当的方法(如 mutex lock、semaphore 等)保护起来,构成真正的全抢占内核,使 Solaris 在实时环境中能很好地应用。Solaris 操作系统支持实时进程的固定优先级的轮流调度策略和先进先出调度策略,中断在一条指令执行完后能够立即响应,对于长指令在其间有几个响应点,以减少中断响应时间;进程关联转换小;进程地址锁定、进程间的同步和通信采用多种手段:包括信号机制、管道、命名管道、信息队列、信号量和共享内存;同时支持 POSIX 和 System V 标准的进程间通信。支持的计时器有两种功能:时间邮戳功能和间隔计时器功能。时间邮戳功能为实时应用提供对流逝时间的测量,其时间精度可达到纳秒,但是硬件计时器的时间分辨率为微秒;间隔计时器功能为被调度的实时应用提供指定的时间。计时器的时间形式可以是一次性或周期性的。指定间隔计时器可以是相对时或绝对时,分辨率为微秒。输入/输出采用异步 I/O。实时文件可以使用存储器映射及其同步机制在进程空间与磁盘空间之间进行直接的 I/O 传递。网络通信有异步和同步两种方式。

　　AIX 操作系统是 UNIX SVR2 的发展。然而 SVR2 属于 SVR4 之前的传统 UNIX 操作系统,这就说明了它的原有内核是非抢占性的。尽管 IBM 把现在的 AIX 和 Linux 两个系统融合为一体,在内核中增加了抢占点,使其能支持当前的通用标准,但它的主要目标是使 AIX 操作系统通用化,能够在各种领域中被广泛应用。AIX 操作系统支持实时进程的固定优先级轮流调度策略和先进先出的调度策略,支持的进程间通信手段包括信号机制、System V IPC 信息队列、信号量、共享内存,也支持进程的地址锁定、异步 I/O 以及各种网络通信等。

　　HP – UX 是基于 4.3BSD 和 UNIX SVR3 的操作系统,它主要应用于非实时领域。系统在内核中增加了抢占点,支持固定优先级的实时进程调度策略,同样也支持进程间的通信机制:包括信息队列、信号量、共享内存等;支持进程的地址锁定、异步 I/O 以及各种网络通信。

　　IRIX 是基于 UNIX System V Release 4(SVR4)发展的操作系统,其主要发展体现在快速的 3D 图形处理、数字媒体和对称多处理方面。IRIX 利用了 SVR4 的内核,因此其内核中设有多个抢占点,在这些点上可以实现内核抢占;IRIX 支持实时进程的固定优先级的轮流调度策略;进程间关联转换非常小;支持进程地址锁定机制,进程间的同步和通信采用多种手段:包括信号机制、管道、命名管道、信息队列、信号量和共享内存等。

　　SCO UNIX 操作系统源自 Xenix2 和 UNIX SVR3.2 系统,它的应用主要在非实时领域。SCO UNIX 目前在内核增加了抢占点,按照标准支持实时进程的固定优先级的轮流调度策略和先进先出调度策略,支持的进程间通信包括信号机制、System V IPC 机制的信息队列、信号量、共享内存,也支持进程的地址锁定、异步 I/O 以及各种网络通信等。

Linux 操作系统是 UNIX SVR4 和 4.3BSD 系统的结合。根据 SVR4 系统的内核特点,在内核中设置了多个抢占点,以实现内核抢占。对于实时进程,具有固定优先级的轮流调度策略和先进先出调度策略,支持的进程间通信包括信号机制、System V IPC 机制的信息队列、信号量、共享内存,也支持进程的地址锁定、异步 I/O 以及各种网络通信等。Linux 目前有许多种,但多数大同小异。由于系统低层一致,编程接口也都一致,在图形界面上有些差异,主要是各公司的风格不同,但趋势是向 Windows 系统的图形界面靠拢,这也是 Linux 在努力面向低端服务器、PC 服务器以及 PC 等桌面市场的表现。

表 11-1 简要列出了上述各 UNIX 操作系统的实时特性。

表 11-1 操作系统实时性比较表

操作系统	进程抢占	优先级调度	中断响应	进程通信	计时器分辨率
Tru64 UNIX	全抢占	固定	一条指令后	信号、信号量等	1ms
Solaris	全抢占	固定	一条指令后	信号、信号量等	1μs
AIX	设有抢占点	固定	一条指令后	信号、信号量等	1μs
HP-UX	设有抢占点	固定	一条指令后	信号、信号量等	1μs
IRIX	设有抢占点	固定	一条指令后	信号、信号量等	1μs
SCO UNIX	设有抢占点	固定	一条指令后	信号、信号量等	1μs
Linux	设有抢占点	固定	一条指令后	信号、信号量等	1μs

11.5 网络系统设计

网络系统是测控计算机系统的重要组成部分,其主要作用是连接基于功能分组的独立自治计算机或计算机组,在系统层面实现全局互连、互通和互操作。

局域网设计原则:①应用原则。局域网的设计应遵循"服务于应用需求"的原则,也就是说,要在测控功能计算机组之间信息交互需求的基础上设计网络。②主流技术原则。设计时,最好采用当前业内成熟的主流技术和相关标准。③可扩展原则。可扩展性主要指网络规模和网络带宽的扩展能力。④可管理原则。网络技术的发展趋势是网络功能不断提高,网络对用户变得越来越透明,而测控任务的高可靠性和强实时性要求则要求对网络维护和网络故障处理的可控性,因此在网络设计中应平衡网络功能与人工干预的关系。

11.5.1 分层网络设计

分层网络设计需要将网络划分成不连续的层,每一层提供特定的功能,与它在整个网络中的角色对应。通过分离网络上的各种现有功能,以模块化思想设计网络,有利于提高网络的可伸缩性和性能。典型的分层设计模型包含了三层:接入层、汇聚层和核心层。

接入层与终端设备打交道。接入层的主要目的是提供一种设备到网络的连接方法,控制哪些设备允许在网络上通信,即将流量导入网络,执行网络访问控制等网络边缘服务。

汇聚层主要汇集从接入层交换机接收到的数据,将这些数据发送到核心层,然后路由到最终目的地。汇聚层使用策略和广播域边界控制网络流量,广播域是由 VLAN 之间的路由功能实现分离的,VLAN 是在接入层定义的,它允许将交换机上的通信分隔成单独的子网,汇聚层交换机通常是高性能的设备,具有高可用和冗余功能,确保可靠性。

分层设计的核心层是互连网络的高速骨干,核心层是汇聚层设备之间互连的关键,因此,其高可用和冗余功能非常重要。核心层汇合了来自所有汇聚层设备的通信,因此,它必须具备快速转发大数据量的能力。

测控计算机系统的网络一般可简化为两层结构:核心层和接入层。这意味着核心层也要承担汇聚层的功能。基本形式描述如下:核心层由两台三层千兆交换机组成。两台交换机通过之间的千兆链路聚合连接,并配置为 HSRP/VRRP 组,形成二层交换负载均衡,三层交换互为备份。核心交换机组不仅是交换中心,同时也是整个网络中所有 VLAN 的路由中心。

接入层由两两堆叠的交换机组成,每个堆叠单元都通过两条聚合链路分别连接到两台核心交换机上,聚合端口由堆叠单元中的两台交换机各提供一个端口形成,构成上行链路冗余。

11.5.2　VLAN 划分

为了抑制局域网中的广播流量,隔离不同的广播域,应进行 VLAN 划分。在 4.3.2 节中已经介绍了几种 VLAN 划分的方法与准则,考虑到可靠性因素,一般采用静态的基于端口划分方法,也就是说,根据功能和应用等因素将用户逻辑上划分为一个个功能相对独立的工作组(VLAN),而在配置每个 VLAN 时要采用基于端口的配置方法。配置 VLAN 的工作主要在各接入层交换机上进行,如全部采用思科系列交换机,可考虑使用 VTP 协议进行 VLAN 的集中(全局)配置。

11.5.3　生成树协议的使用

为了避免二层交换网络中的单点故障引起网络中断,可以采用交换机冗余技术,然而冗余链路在带来稳定的同时又造成了网络中的环路。而环路问题会引起广播风暴、多帧复制及 MAC 地址表的不稳定等不良结果。应运而生的生成树协议则在这个问题上给出了解决的方法,它可以通过阻断冗余链路来消除桥接网络中可能存在的路径回环,同时当活动路径发生故障时可以激活冗余备份链路恢复网络连通性。

生成树协议可以分为 STP,RSTP,PVST,MSTP 等,考虑到协议的收敛速度以及协议是否适应 VLAN 和交换机间一般采用 Trunk 连接(trunk 端口汇聚将多条物理连接汇聚为一个带宽更大的逻辑连接)等因素,应优先采用 PVST 或 MSTP 协议。

值得说明的是,如果使用思科系列交换机,还可考虑综合使用 FlexLink 协议。FlexLink 能够提供第 2 层永续性,一般在接入交换机和汇聚(核心)交换机之间运行。它的收敛时间优于生成树协议/快速生成树协议。FlexLink 在 Cisco Catalyst 3000 和 Cisco Catalyst 6000 系列交换机之间实施,收敛时间低于 100ms。FlexLink 成对部署,即需要在两个端口上同时部署。其中一个端口为主端口,另一个端口为从端口。这两个端口可以是接入端口、EtherChannel 端口或中继端口。FlexLink 只关闭 FlexLink 对上的生成树协议。换言之,只有为 FlexLink (主、从)配置的上行链路端口才会关闭生成树协议。

11.5.4　路由冗余的规划

VLAN 之间的信息交换需使用三层交换(路由),为保证可靠的信息交换,需要为每个 VLAN 配置至少两条路由,并通过 HSRP/VRRP 协议实现 IP 传输失败情况下的不中断服务。具体地说,就是用于在局域网内源主机无法动态地学习到首跳路由器 IP 地址的情况下防止首跳路由的失败。HSRP/VRRP 组内多个路由器都映射为一个虚拟的路由器。HSRP/VRRP 保证同时有且只有一个路由器代表虚拟路由器进行包的发送,而主机则是把数据包发向该虚拟路由器。这个转发数据包的路由器称为主路由器。如果这个主路由器在某个时候由于某种原因而无法工作的话,则处于备份状态的路由器将被选择来代替原来的主路由器。HSRP/VRRP 使得局域网内的主机看上去只使用了一个路由器,并且即使在它当前所使用的首跳路由器失败的情况下仍能够保持路由的连通性。

路由冗余的配置是在核心交换机(含三层交换功能)上进行的,至于采用 HSRP 还是 VRRP 协议,需根据交换机支持哪种协议而定。

11.5.5　组播协议配置

组播路由协议可以分为两个大类:一类是密集模式;另一类是稀疏模式。由于测控计算机系统网络中要求使用组播服务的组播组数量相对来说是少量的,因此组播路由协议采用"协议无关组播—稀疏模式（PIM－SM）协议"。PIM 协议可利用各种单播路由协议建立起来的单播路由信息表，也可以使用分离的组播路由信息表完成反向路径（Reverse Path Forward）检查功能，根据接收者的需求形成不同的组播数据转发树。

采用 PIM－SM 协议，为了形成数据转发的共享树，需要选取一个称为汇聚点（Rendezvous Point, RP）的路由器，成为转发树的根。由于 RPF 检查使用共享树的 RP，因此 RP 的位置是成功实现 PIM－SM 协议的关键。RP 应该放置在网络连接的核心结点，以减少路由的开销。同时为了有效地控制网络传输的时延，为组播网络提供负载均衡和冗余，以保证传输的可靠性，全网可采用 Anycast RP 工作模式，从而实现域内 RP 之间的负载分担和冗余备份。全网中设置多个 RP 同时为相同的组播组工作。对某一个源或接收者来说，将选择单播拓扑结构中离他们最近的 RP 为他们注册，减少了网络传输流量，在运行中也更便于监控和管理。

Anycast RP 的工作模式使多个 RP 之间协同工作，互为热备份。须静态设置 Anycast RP，包括其 IP 地址。来自网内用户的组播源和接收者通过 PIM－SM 协议分别向距离他们最近的 RP 注册。

MSDP 协议提供了一种为一个域中多个 RP 及多个不同域中的 RP 交换活动源信息的机制。全局范围内的组播路由表就不需创建和维护，节省了路由器内存，提高了效率。网中的 Anycast RP 之间配置成 MSDP 全连接成员关系。任一个 MSDP 成员收到的 SA 消息不会传给其他的成员，既减少了全网 SA 风暴的可能性，又简化了成员之间数据转发反向路径形成的过程。MSDP 的 Cache Source－active 状态在所有成员路由器中开启。缓存 SA 信息，减少"数据源加入"的时延。通过在路由器上设置 ACL，完成 MSDP 的 SA－Filtering，包括特殊固定地址过滤和安全路由源地址过滤。

11.6　测控计算机系统的中间件设计

一般说来，中间件有两层含义。从狭义的角度上讲，中间件意指 Middleware，它是表示网络环境下处于操作系统等系统软件和应用软件之间的一种起中介作用的分布式软件，通过 API 的形式提供一组软件服务，可使得网络环境下的若干进程、程序或应用可以方便地交流信息和有效地交互与协同。简言之，中间件主要解决异构网络环境下分布式应用软件的通信、互操作和协同问题，它可屏蔽并发控制、事务管理和网络通信等各种实现细节，提高应用系统的易移植性、适应性和可靠性。从广义的角度上讲，中间件在某种意义上可以理解为中间层软件,通常是指处于系统软件和应用软件之间的中间层次的软件,其主要目的是对应用软件的开发提供更为直接和有效的支撑。

测控计算机系统是由功能分布的一组子系统组成的,而完成特定功能的子系统则是由一组计算机组成的,为满足测控计算机系统的高可靠性要求,这组计算机通常要形成两两互为备份的双机热备系统或者形成 $N+K(N \geqslant K)$ 多机备份系统,因此需要设计双机管理中间件和多机管理中间件。同时为保证测控计算机系统各功能子系统之间的信息交互,也要设计消息中间件。

11.6.1 双机管理中间件设计

双工热备系统的两台独立计算机支持硬件冗余,而双工管理中间件则负责管理双工热备的两台计算机,一旦主机出现严重故障,根据系统切换原则进行自动或人工切换。

双工管理中间件由双工设备驱动程序、双工控制进程、双机状态通信进程和双工管理系统服务与命令组成。双工设备驱动程序主要对双工控制部件进行管理。双工控制进程主要完成对本机设备、进程和其他异常状态的收集、整理和判别,根据当前本机和它机的设备、进程和其他异常状态进行自动切换,使主机变为副机,原副机变为主机。双机状态通信进程主要是通过网络或串口使构成双工热备的双机相互传递各自的状态信息,保证双机状态信息的相互共享。双工管理系统服务与命令是该部分的外部接口。双工管理软件提供人工切换和自动切换两种切换方式,人工切换由双工控制台按键实现,自动切换是双工管理软件的主要任务。

(1) 双工设备驱动程序面向双工控制部件,从系统内核方式完成与之有关的各种内部处理。主要完成如下功能:

① 初始化数据结构,对有关单元赋初值,如设备特性、设备中断优先级的初始化等。

② 初始化设备寄存器,设置各种数据结构为初态,分配系统资源,使能设备控制状态寄存器中断允许位。

③ 修改设备寄存器,启动设备开始工作,等待设备中断。

④ 识别中断、处理中断。读控制状态寄存器的内容和系统时间,并把它存入公共单元。

⑤ 如果系统主副状态发生变化,用事件标志通知用户进程;保存中断时的系统时间。

(2) 双工控制进程的主要功能为双工控制的初始化、双工状态的建立、清超时计数器、获取系统错误信息、获取网络信息、分析用户信息、获取用户进程超时信息、读写双工控制状态寄存器、交换双机信息、完成系统自动切换、记录双工日志。当两台构成双工热备的计算机开机后,双工控制进程按默认主副机状态建立双工运行状态,完成双工控制初始化,以固定周期运行监控系统,定期清超时计数器,收集系统、设备与用户进程的状态,形成系统状态字并发送到它机,与它机状态信息保持一致,如果发现主机异常或接收到用户进程的切换申请,根据它机的状态和自动切换原则决定是否切换,并将故障信息和切换现场录入双工日志。

（3）双机状态通信进程主要完成它机状态信息的接收,并把它机状态信息放入公共单元,供双工控制进程判断和记录。双工管理服务和命令主要包括向用户提供双机状态、接洽切换、用户向双工管理传送信息、请求切换、撤销等待切换服务以及分析双工日志命令等。

11.6.2 多机管理中间件设计

多机动态分布管理把多机分为功能主机和备机两种。根据 $N + K(N \geq K)$ 多机备份体制,功能主机可以是多台,备机也可以是多台。各功能主机运行不同的实时测控软件,备机按照备份的方案作好备份其他功能主机的准备。一旦某台功能主机出现严重故障,该机器立即自动脱机,其功能由备机承担。原功能主机修复后可以备机身份重新加入多机系统。备机出现故障时,自动退出多机系统进行修复,修复后加入系统仍然作为备机。多机管理中间件提供了接洽多机中断和获取多机任务分配表服务,把各机的联脱机变化以及本机所承担的任务及时通知用户进程,保证运行于多机系统的应用软件可以根据多机系统状态进行合理调度。

多机管理中间件由多机设备驱动程序、多机动态管理进程、多机状态信息通信进程和多机管理系统服务与命令组成。多机设备驱动程序主要对多机部件进行管理。多机动态管理进程主要完成对本机设备、进程和其他异常状态进行收集、整理和判别,根据当前本机和它机的设备、进程和其他异常状态实施动态切换,使功能主机变为备机,原备机变为功能主机,维持多机任务分配表。多机状态信息通信进程主要是通过以太网使多机状态信息保持一致、相互共享。多机动态管理系统服务和命令是该部分的外部接口。

11.6.3 消息中间件设计

面向消息的中间件(Message – Oriented Middleware,MOM)指的是利用高效可靠的消息传递机制进行平台无关的数据交换,并基于数据通信来进行分布式系统的集成。通过提供消息传递和消息排队模型,它可在分布环境下扩展进程间的通信,并支持多通信协议、语言、应用程序、硬件和软件平台。

目前的消息中间件中有两种消息处理模型,即点对点(Point – To – Point, PTP)的消息处理模型和发布订阅(Publish – Subscribe,Pub/Sub)的消息处理模型。在点对点模型中,消息生产者称为发送者,而消息消费者称为接收者。发送者向队列发送一条消息,每个消息都包含具体队列的地址,而且一条消息只能被一个消息接收者接收。发布订阅是一种一对多的发布模式。此模式中,客户端应用向 topics(主题)发布消息,topic 反过来被另外对此主题感兴趣的客户所订阅。所有订阅客户将收到每一份消息(遵从一定的服务质量、连接和选择)。

测控计算机系统中的消息中间件设计应满足以下要求或约束。

在网络通信方面,用户可使用消息中间件向服务器发送消息,该消息既可通知某个事件发生,也可请求服务器执行某个服务。如果是请求服务的消息,则消息中包含了相关的参数,而服务器处理完毕会返回一个包含结果的应答消息。并且应用程序仅负责将消息放入消息队列或从消息队列中取出消息来进行通信,与此关联的全部活动,如维护消息队列、维护程序和队列之间的关系、处理网络的重新启动和在网络中移动消息等均应有消息中间件负责完成,即由消息中间件隔离或透明化网络的复杂性。

在支持分布协调方面,消息中间件应支持异步的消息传输模式。用户将待发送的消息交给消息中间件后,可继续处理其他业务,其后用户可在适当时刻查询结果是否返回。这种异步消息机制松散了客户与服务器之间的耦合关系,以提高测控计算机系统的伸缩性。

消息中间件应支持组通信,即将同一条消息发送给多个服务器;也就是说消息中间件不仅要支持点对点的消息处理模型,也要支持发布订阅的消息处理模型。

在可靠性和容错方面,消息中间件应保证可靠递送的实现,即支持消息队列,该队列将消息缓存到永久存储器中从而保证消息的持久性。客户将消息输入队列后,如果服务器不可用,则队列将该消息保存直至服务器重新可用,将消息发送给服务器后才允许从队列中删除该消息。

在实时性方面,消息中间件要保证按序递送的同时无论采用点对点的消息处理模型,或发布订阅的消息处理模型,其发送者与接受者之间的统计平均传输时延不应大于未使用消息中间件时的统计平均传输时延的 1.5 倍。传输时延包括发送者将消息放入传送缓冲区的时间、消息排队时间、传输时间和消息放入接收缓冲区的时间。

在异构性方面,为提高测控计算机系统的灵活性与适应性,消息中间件产品应支持不同的操作系统,如 UNIX、Windows(DOS)和 Linux 等,消息中间件应提供类似 IDL 编译器的工具,支持同时生成客户端的存根(stub)和服务端的框架(skeleton),而不应由用户硬编码在客户代码和服务器代码中。

11.7　测控软件体系结构设计

11.7.1　测控软件体系结构设计的重要性

软件体系结构是跨越现实世界(问题域)和计算机世界(解域)之间的一座桥梁。从面向业务的需求,到最终的面向技术的软件系统,要跨越很大的鸿沟。软件体系结构设计就是要完成从面向业务到面向技术的转换。软件体系结构设计结果体现了各种功能、性能和质量要求需求进行架构设计,最终的软件架构包含了结构、协作和技术等方面的重要决策,为系统化的开发活动奠定了基础。

具体而言,测控软件体系结构设计的重要性包括以下几个方面。

可以进一步梳理、确认任务需求。测控计算机任务要求分析阶段的主要任务是确定测控计算机系统的功能、接口要求以及性能、可靠性等质量要求,而测控软件体系结构设计则可看作是任务需求再梳理的过程。因为任务要求是体系结构设计的约束或输入,设计的第一要务是要满足设计约束(任务要求),不能为用户和客户实现特定目标的软件系统是没有生命力的。

体系结构设计本身是控制复杂性的过程。体系结构设计运用了"基于问题深度分而治之"的理念,通常,对于一个独立的测控软件系统而言,首先被划分为不同的子系统或分系统,每个部分承担相对独立的功能,各部分之间通过特定的交互机制进行协作。伴随着对软件系统的依次分解,系统设计人员应当不断做出决策,例如,需要划分成哪些模块,每个模块的职责为何,每个模块的接口如何定义,模块间采用何种交互机制,如何满足约束和质量属性的需求,如何适应可能发生的变化等。

软件体系结构设计为系统化团队开发奠定了基础。软件体系结构是开发人员、管理人员、和用户开展交流的基础,它规定了软件系统的各元素如何彼此相关的设计决策,从而可以把不同模块分配给不同小组分头并行开发,而软件体系结构本身在这些小组中间扮演了"桥梁"和"合作契约"的作用。每个小组的工作覆盖了"整个问题的一部分",各小组之间可以互相独立地进行并行工作。

有助于提高测控软件产品质量。清晰的软件体系结构将各个模块的职责划分得有条不紊,每个模块都有清晰的接口,这相当于间接降低了开发难度(或者说,混乱的体系结构人为地增加了开发难度),利于提高软件质量。另一方面,以架构为中心的增量开发会不断地发布软件系统的可执行版本,最初的版本所包含的业务功能并不多,这时可以重点测试软件架构对质量属性需求的满足程度,并及早做出架构调整。这显然也利于提高软件质量。

有利于软件复用。7.1 节介绍的软件复用概念中提到,按照软件复用对象的不同,可以将软件复用分为产品复用和过程复用。从产品复用的角度看,体系结构(更确切地说是体系结构设计的半成品—软件框架)处于复用粒度的最高端,复用粒度从小到大的排列顺序是:函数(方法)、对象(类)、模块、组件(构件)、框架。从过程复用的角度看,体系结构设计过程处于系统实现的最源端和最顶层,合理、规范、完备和一致的软件体系结构设计结果和过程的复用是软件复用的最高层次和最高境界。

11.7.2 测控软件体系结构设计的原则

1. 基于多视图的软件体系结构设计

什么是软件体系结构视图呢? Philippe Kruchten 在其著作《Rational 统一过程引论》中写道:"一个体系结构视图是对于从某一视角或某一点上看到的系统所作的简化描述,描述中涵盖了系统的某一特定方面,而忽略了与此方面无关的实体。"软件体系结构的每个视图分别关注不同的方面,针对不同的目标和用途。也就是说,体系结构要涵盖的内容和决策太多了,超过了人脑"一蹴而就"的能力范围,因此采用"分而治之"的办法从不同视角分别设计;同时,也为软件体系结构的理解、交流和归档提供了方便。

软件架构设计中,会牵扯到很多概念和技术,如逻辑层(Layer)、物理层(Tier)、子系统、模块、接口、进程、线程、消息和协议等。而利用 6.3.3 节介绍的"4+1"视图模型的概念,可以一次只围绕少数概念和技术展开,分别着重研究软件架构的不同方面。

2. 在体系结构设计中遵循面向对象的设计原则

传统的结构化方法也称作功能分解法(functional decomposition)。其基本思想是,以过程抽象来对待系统的需求,其主要思想就是对问题进行功能分解,如果分解后得到的功能过大,那么再对这些功能进行分解,直到最后分解得到的功能可比较方便地处理和理解为止。而面向对象软件开发方法在描述和理解问题域时采用截然不同的方法。其基本思想是,对问题域进行自然分割,以更接近人类思维的方式建立问题域模型,从而使设计出的软件尽可能直接地描述现实世界,具有更好的可维护性,能适应用户需求的变化。面向对象设计原则体现了分解、抽象、模块化、信息隐蔽等思想,遵循 6.5.5.5 节中介绍的面向对象设计 5 原则,是保证软件体系结构设计合理、有效的基本要求。

例如,好的架构设计必须把变化点错落有致地封装到软件系统的不同部分,为此,必须进行关注点分离。Ivar Jacobson 在《AOSD 中文版》(aspect – oriented software development)中写道:好的架构必须使每个关注点相互分离,也就是说系统中的一部分发生了改变,不会影响其他部分。即使需要改变,也能够清晰地识别出哪些部分需要改变。如果需要扩展架构,影响将会最小化。已经可以工作的每个部分都将继续工作。那么,如何在设计中体现分离关注点的思想呢? 首先,可以通过职责划分来分离关注点。面向对象设计的关键所在,就是职责的识别和分配。每个功能的完成,都是通过一系列职责组成的“协作链条”完成的。当不同职责被合理分离之后,为了实现新的功能只需构造新的“协作链条”,而需求变更也往往只会影响到少数职责的定义和实现。无论是对象、模块,还是子系统,它们所承担的职责都应该具有高内聚性,否则对象之间的松耦合性就失去了基础。其次,可以利用软件系统各部分的通用性的不同进行关注点分离。不同的通用程度意味着变化的可能性不同,将通用性不同的部分分离有利于通用部分的重用,也便于对专用部分进行修改。另外,还可以先考虑大粒度的子系统,而暂时忽略子系统是如何通过更小粒度的模块和类组成的。在实际中,软件设计人员常常将系统划分为一组子系统,并为子系统定义明确的接口,其中随其后的开发工作慢慢展开。这样做可以避免陷入过多的细节当中,所谓“忘却是一种能力”,就是指软件设计人员必须有在更高层面思考的能力。

3. 合理有效地运用体系结构风格和框架技术

体系结构风格为特定上下文中重复出现的问题提供了通用的职责划分方案。体系结构风格关注的都是如何提供一个“协作模型”,这个协作模型通过明确协作中不同角色所担负的职责,达到“为特定上下文中的问题提供解决方案的目的”。软件体系结构不是软件,而是关于软件如何设计的重要决策。软件体系结构决策涉及到如何将软件系统分解成不同的部分、各部分之间的静态结构关系和动态交互关系等。经过完整的开发过程之后,这些体系结构决策将体现在最终开发出的软件系统中。

框架是一种特殊的软件,它并不能提供完整无缺的解决方案,而是为构建解决方案提供良好的基础。一般地,框架是系统或子系统的半成品;框架中的服务可以被最终用系统直接调用,而框架中的扩展点是供应用开发人员定制的“可变化点”。

我国学者温昱给出的定义是:“框架是可以通过某种回调机制进行扩展的软件系统或子系统的半成品。”Frank Buschmann 等人给出的定义是:“框架是一个可实例化的、部分完成的软件系统或子系统,它为一组系统或子系统定义了架构,并提供了构造系统的基本构造块,还为实现特定功能定义了可调整点。”

在体系结构设计中,区分体系结构与框架的不同功用是很关键的。体系结构是面向应用的,无论是从组成或决策的观点都是用于指导提出职责划分方案,层次较高,应用于全局。"体系结构将软件系统描述为计算组件及组件之间的交互",Shaw 的这个定义从"软件组成"的角度解析了软件体系结构的要素:组件及组件之间的交互。可以充分利用软件体系结构风格作为指导软件系统分割与交互的指南。

框架是面向底层技术的,主要用于局部设计,例如,确定框架在整个架构中处在什么位置,在众多框架技术中选择合理、有效和适用的都成为软件架构设计的重要环节。例如,采用 MVC 架构的软件包含了这样三种组件:Model、View、Controller。同时,为了达到一定的目的,这三种组件必须通过交互来协作,View 创建 Controller,Controller 根据用户要求调用 Model 的相应服务,而 Model 会将自身的改变通知 View,View 则会读取 Model 的信息以更新自身。

关于框架再强调一下,框架可以分为应用框架、中间件框架、基础设施框架三大类。基础设施框架的通用性很强,它是对系统基础功能的接近完整的实现,并留有扩展的余地。例如,著名的 ACE（Adapted Communication Environment）就是一个面向对象的、跨平台的、开放源码的网络编程基础设施框架。而中间件则囊括了很广的范围,如数据访问中间件、消息中间件、事务处理中间件和各种互操作中间件等。由于在实践中也需要对这些中间件进行按需定制或根据集成需要而扩展,因此大量出现中间件框架也就不足为怪了。例如,实现对象请求代理（Object - Request Brokers, ORB）的框架就有 Borland 推出的 VisiBroker 和 GNOME 工程组开发的 ORBit 等。应用框架的使用是最广泛的。例如,Web 应用框架 Struts,而 Eclipse 完全可以视为开发桌面应用的应用框架,还有 OpenLaszlo 等富客户端应用框架,不一而足。当然,在国内最广为人知的框架可能要数微软推出的 MFC 了。MFC 针对 Windows 桌面应用的通用特点,采用自底向上的方式对 Win32API 进行了封装,实现了基于 MVC 思想的文档——视图架构,并可以方便地支持基于多视图窗口、基于单视图窗口和基于对话框等形式的 Windows 桌面应用。

4. 体系结构设计中必须考虑非功能需求

非功能需求一般指软件的质量要求。一部分非功能需求来自用户。用户要功能,用户也要质量。诸如性能、易用性等软件质量属性,虽然不像功能需求那样直接帮助用户达到特定目标,但并不意味着软件质量属性不是必需的,恰恰相反,质量属性差的软件系统大多都不会成功。用户会说,功能虽然具备了,但质量太差,难以接受。用户在使用软件系统的过程中,其关心的质量属性可能包括易用性、性能、可伸缩性、持续可用性和鲁棒性等。另一部分非功能需求来自开发者和升级维护人员。软件的可扩展性、可重用性、可移植性、易理解性和易测试性等非功能需求,都属于"软件开发期质量属性"之列,它们都将深刻影响开发和升级维护人员的工作,这方面拙劣的质量会使开发和维护变得困难。时间和金钱方面的成本都会增加。非功能需求是最重要的"体系结构决定因素"之一。因此,进行体系结构设计时应当时时牢记:为用户而设计,不仅要满足用户要求的功能,也要达到用户期望的质量;同时,也要关注与开发和维护过程相关的质量特性,虽然这些质量特性不是用户要求的,但对提高开发效率和开发质量是至关重要的,"工欲善其事,必先利其器"的道理完全可以应用于此。

特别值得一提的是测控软件体系结构设计中如何考虑软件的实时性要求。实时性应属于软件的性能,而测控软件的实时性要求应归入硬实时的范畴。目前,测控计算机软件基本上是针对特定型号工程的需求,采用工程化的方法与规范开发完成的。毋庸置言,这样开发的软件可以较好地满足测控系统高可靠性与实时性要求。但是,导弹、航天事业的不断发展,要求测控计算机系统不仅要支撑适用于特定型号任务的专用测控网,而且要支撑适用于多种不同型号任务的公共测控网。因此,为满足测控软件的可重用性,提高软件交互能力,加强测控软件体系结构设计是必由之路;现在的软件开发越来越倚重框架的使用,因此选择何种框架,每个框架在整个架构中处在什么位置,都成为软件架构设计的重要环节。

因此,在测控软件体系结构设计中,第一,要在运用体系结构风格或选用分解或交互决策时,把实时性要求或约束作为前提条件;第二,在选用某种框架技术时,要先对候选框架技术的实时性进行原理分析甚至进行实时性能的测试验证。

11.7.3　组件技术的应用

组件技术应用于测控软件开发中将是技术发展的必然,但是我们必须重视这一应用过程,认真对待应用过程中必须解决的各种技术问题。

首先是基于组件技术的平台选型问题。组件技术从本质上讲,定义了一种应用开发范型与应用运行平台,即只要遵循某种组件开发的标准与规范进行组件开发,并将组件分布在符合该组件技术规范的分布式组件运行平台上,就可以实现测控软件的交互与可重用。目前,主要存在的组件技术规范有 CORBA、COM/DCOM 和 JavaBeans 等几种,CORBA 由对象管理组织(Object Management Group,OMG,有超过 800 家公司参与的联合体)提出并维护,其特点是跨平台、操作系统以及语言独立性;COM/DCOM 由微软独立提出并维护,其 OLE 与 ActiveX 均为基于此的应用,主要基于 Windows 平台,不具有跨平台能力;JavaBeans 由 SUN Microsystems 提出并维护,主要适用基于 Java 的应用。由于存在不同的组件技术标准,各种组件技术也各有优缺点,选择不同的组件技术作为测控软件的基础体系结构将影响到开发工具以及应用的开发范型,因此应依据测控软件的特点,基于以下原则对组件进行选型:

(1) 技术标准与规范的完备性。组件技术是以标准、规范为基础的,故其标准描述必须是形式化的(无二义性)、权威的并具有可操作性。同时它必须是完备的,即要明确规定组件之间的通信机制、组件(或称为服务)的命名机制、组件(服务)的迁移、故障切换管理机制、组件(服务)的生命周期管理(服务的激活、去活)机制、安全性机制以及服务使用者接口规范和服务提供者接口规范等。

(2) 平台与工具支持。所选的基于组件的计算平台应支持不同的操作系统平台如 Windows, Mac OS, UNIX, AS400, V M S 等;应具有图形化的工具支持接口调用、组件命名、组件迁移、故障切换管理、组件的生命周期管理、组件安全性功能;应支持不同的编程语言;应支持使用面向对象的分析、设计与编程等。

(3) 实时性支持。不同的组件技术的最终目的均是提高软件的可重用性,以提高软件的可靠性与开发效率,其实时性支持需要认真加以分析、比较,尽可能选择适合测控软件高实时性要求的组件计算平台。

其次是基于组件技术平台的实时性改造问题。高实时性是测控软件的特点,满足实时性要求是开发测控软件的前提与根本,组件技术从本质上讲是基于高层协议的信息交互与协作,它的侧重点放在交互上,因此在运行效率上很难保证测控软件所要求的高实时性。虽然在前面选型原则中提到了组件的实时性支持原则,在组件规范如 CORBA 中也涉及了实时 ORB 的内容,但商业软件中是否包含实时 ORB 尚未可知,因此必须在基本选型的基础上,着重对所选平台的实时性进行测试、分析,在实时性不能满足的情况下,自主开发实时 ORB。

参 考 文 献

[1] 周得群. 系统工程概论. 北京:科学出版社,2010.

[2] 张维明. 信息系统原理与工程. 北京:电子工业出版社,2002.

[3] 张弛. 异构组件互操作技术研究. 合肥:中国科学技术大学出版社,2008.3.

[4] 陆大绘. 随机过程及其应用. 北京:清华大学出版社,1986.8.

[5] 曹晋华,程侃. 可靠性数学引论. 北京:高等教育出版社,2007.7.

[6] 穆莎 J D,艾里诺 A,奥本 K. 软件可靠性——度量、预计和应用. 姚平,等,译. 北京:机械工业出版
    社,1992.10.

[7] 王青,李怀璋,李明树. 软件质量管理—标准、技术与实践. 北京:中国计划出版社,2002.4.

[8] 冯登国. 网络安全原理与技术. 北京:科学出版社,2003.

[9] 陈明. 网络安全教程. 北京:清华大学出版社,2004.4.

[10] 李增智,陈妍. 计算机网络原理(第2版). 西安:西安交通大学出版社,2000.3.

[11] Andrew S. Tanenbaum. 计算机网络(第3版). 北京:清华大学出版社,1998.7.

[12] 谢希仁. 计算机网络(第2版). 大连:大连理工大学出版社,1996.4.

[13] 王少锋. 面向对象技术教程. 北京:清华大学出版社,2004.1.

[14] 傅麒麟,徐勇. 现代计算机体系结构教程. 北京:希望电子出版社,2002.8.

[15] 郑炜民,汤志忠. 计算机系统结构(第2版). 北京:清华大学出版社,1998.

[16] 徐炜民,严允中. 计算机系统结构(第2版). 北京:电子工业出版社,2003.7.

[17] 陆鑫达. 计算机系统结构. 北京:高等教育出版社,1996.

[18] Roger S. Pressman. 软件工程:实践者的研究方法(原书第5版). 梅宏,译. 北京:机械工业出版社,
    2002.9.

[19] Roger S. Pressman. Software Engineering:A Practitioner's Approach(Fourth Edition)(影印版). 北京:
    机械工业出版社,1999.3.

[20] 徐仁佐,谢旻,郑人杰. 软件可靠性模型及应用. 北京:清华大学出版社,1994.1.

[21] 徐仁佐. 软件可靠性工程. 北京:清华大学出版社,2007.5.

[22] 张友生. 软件体系结构(第2版). 北京:清华大学出版社,2006.11.

[23] 尹平,许聚常,张慧颖. 软件测试与软件质量评价. 北京:国防工业出版社,2008.8.

[24] 贾永年. 计算机在测控网中的应用. 北京:国防工业出版社,2000.4.

[25] 岑贤道,安常青. 网络管理协议及应用开发. 北京:清华大学出版社,1998.

[26] 白彩英等. 计算机网络管理系统设计与应用. 清华大学出版社,1997.

[27] 温昱. 软件架构设计. 北京:电子工业出版社,2007.4.

[28] 汤子瀛,等.计算机操作系统. 西安:西安电子科技大学出版社,2001.8.

[29] 赵瑾,王海源. 条件判定覆盖和修正条件判定覆盖的差异. 上海师范大学学报(自然科学版),2005,
    6:47 – 50.